GNSS 掩星大气探测技术

姜明波　杜智涛　付乃锋　陈　曦　杜晓勇　等 编著

内容简介

自20世纪利用掩星探测原理成功探测火星大气密度以来，掩星探测技术已成功应用于诸多领域。现全球在轨 GNSS 卫星已逾百颗，其所发射的公开信号，能够被临边方向卫星所接收，进而实现对地球中性大气和电离层的高覆盖、高分辨、高精度探测。GNSS 掩星探测数据已成为数值天气预报和空间环境监测的重要信息源，GNSS 掩星探测卫星也已成为全球大气监测卫星体系不可或缺的重要组成部分。

本书从地球大气对 GNSS 信号的折射效应出发，介绍了 GNSS 掩星大气探测系统的组成和原理，回顾了国内外典型掩星大气探测研究计划及成果进展，阐述了 GNSS 掩星接收机设计、掩星数据处理的主要技术及发展，开展了典型掩星资料的比对验证，介绍了掩星大气探测资料的典型应用场景，可供从事气象卫星研制、数值天气预报、空间天气研究、卫星导航应用等专业的学者参考借鉴。

图书在版编目（CIP）数据

GNSS掩星大气探测技术 / 姜明波等编著. -- 北京 : 气象出版社, 2023.10
ISBN 978-7-5029-8070-2

Ⅰ. ①G… Ⅱ. ①姜… Ⅲ. ①卫星导航－全球定位系统－应用－掩星－大气探测 Ⅳ. ①P125

中国国家版本馆CIP数据核字(2023)第197900号

GNSS Yanxing Daqi Tance Jishu
GNSS 掩星大气探测技术

出版发行：气象出版社
地　　址：北京市海淀区中关村南大街46号　　**邮政编码**：100081
电　　话：010-68407112(总编室)　010-68408042(发行部)
网　　址：http://www.qxcbs.com　　**E-mail**：qxcbs@cma.gov.cn
责任编辑：张锐锐　郝　汉　　**终　　审**：张　斌
责任校对：张硕杰　　**责任技编**：赵相宁
封面设计：楠竹文化
印　　刷：北京建宏印刷有限公司
开　　本：787 mm×1092 mm　1/16　　**印　　张**：9.25
字　　数：254千字
版　　次：2023年10月第1版　　**印　　次**：2023年10月第1次印刷
定　　价：98.00元

本书编写组成员

姜明波　杜智涛　付乃锋　陈　曦　杜晓勇

李峰辉　王鹏宇　朱孟斌　程　艳　安　豪

崔耀宗　闫明明　管文婷　赵裕慧　刘　晶

前 言

当前，以美国全球定位系统（GPS）、俄罗斯格洛纳斯卫星导航系统（GLONASS）、欧盟伽利略卫星导航系统（Galileo）和中国北斗卫星导航系统（BDS）为代表的全球卫星导航系统（GNSS）发展迅速并广泛应用。GNSS微波信号具有高精度、全天候和近实时等技术优势，不仅在导航、定位、授时中发挥了重要作用，而且在大气探测、海洋表面高度测量等方面也取得了诸多创新成果，存在广阔应用前景。

GNSS掩星大气探测，是GNSS在气象保障领域的重要应用之一。在低轨道地球卫星（LEO）或飞行器平台上装载掩星接收机，接收被地球大气遮掩的GNSS信号，从接收信号中提取出由于地球电离层和中性大气引起的载波相位的附加延迟量，通过数据处理，计算得到大气折射指数，反演后可获得0～60 km高度大气密度、温度、湿度和气压等大气物理参数，以及90～800 km高度电离层电子密度。科学界普遍认为，GNSS掩星大气探测是21世纪大气探测技术的重要发展方向。

本书共分8章，重点介绍了GNSS掩星大气探测的发展和相关技术。第1章介绍了地球大气环境及GNSS信号在地球大气中的传播特征；第2章概述了掩星大气探测系统组成，并介绍了GNSS掩星探测及反演原理；第3章概述了GNSS掩星探测卫星的研究计划与发展史，从科学实验、系列卫星、组网星座和商业发展四个方面介绍了掩星探测卫星技术成熟至商业落地的过程；第4章介绍了GNSS掩星探测技术及其在不同阶段GNSS掩星接收机中的应用与发展历程；第5章分别详细介绍了多种中性大气及电离层掩星反演算法，总结了两种掩星观测参数反演的特点；第6章评估了不同掩星探测卫星间的产品精度一致性，并分别与全球探空、NCEP（美国国家环境预报中心）及ECMWF（欧洲中期天气预报中心）分析场数据进行对比分析；第7章介绍了GNSS中性大气及电离层掩星探测数据的应用及相关的研究；第8章展望了GNSS掩星技术在探测技术、反演算法产品及产品应用等方面的发展。

限于作者能力水平，书中难免存在疏漏、不足和不妥之处，敬请读者批评指正。

作者

2021年12月

目　录

前　言

第 1 章　地球大气及对 GNSS 信号的折射 …… 1

1.1　地球大气 …… 1

1.2　大气对 GNSS 信号的折射 …… 3

参考文献 …… 7

第 2 章　掩星大气探测系统组成和基本原理 …… 9

2.1　掩星大气探测系统组成 …… 9

2.2　掩星大气探测基本原理 …… 13

2.3　无线电掩星大气探测的特点 …… 17

参考文献 …… 17

第 3 章　掩星大气探测研究计划及发展 …… 18

3.1　科研试验阶段 …… 18

3.2　系列发展阶段 …… 21

3.3　星座发展阶段 …… 24

3.4　商业发展阶段 …… 28

3.5　小结 …… 32

参考文献 …… 32

第 4 章　GNSS 掩星接收机技术及发展 …… 34

4.1　第一代掩星接收机 …… 34

4.2　第二代掩星接收机 …… 35

4.3　第三代掩星接收机 …… 40

4.4　第四代掩星接收机 …… 46

4.5　小结 …… 49

参考文献 …… 50

第 5 章　GNSS 掩星探测数据反演技术及发展 …… 52

5.1　掩星大气探测大气参数反演技术 …… 52

5.2 掩星大气探测电离层反演技术…… 54
5.3 小结…… 58
参考文献 …… 58

第6章 GNSS掩星资料比对验证 …… 61
6.1 验证方法…… 61
6.2 掩星反演结果的一致性…… 62
6.3 掩星反演结果与全球探空的比对…… 73
6.4 掩星反演结果与NCEP分析数据的比对 …… 86
6.5 掩星反演结果与ECMWF分析数据的比对 …… 93
6.6 小结 …… 100
参考文献…… 101

第7章 掩星大气探测资料应用…… 103
7.1 中性大气掩星应用研究 …… 103
7.2 电离层掩星应用研究 …… 119
7.3 小结 …… 125
参考文献…… 125

第8章 掩星大气探测技术发展展望…… 132

附录A 表格清单…… 134

附录B 插图清单…… 135

附录C 术语和缩略语…… 140

第1章　地球大气及对GNSS信号的折射

1.1　地球大气

地球大气是指在地球周围聚集的一层很厚的氮、氧、氢、氦、二氧化碳和甲烷等成分，称为大气圈。像鱼类生活在水中一样，人类生活在地球大气的底部，并且一刻也离不开大气。大气为地球生命的繁衍、人类的发展，提供了理想的环境，它的状态和变化，时时处处影响到人类的活动与生存。地球大气层随着高度的变化，其内含的成分和物理、化学特征均不同。科学家们为了研究揭开大气的秘密，根据其温度变化、成分、电磁特性随高度分布的不同，而把整个大气层分成若干层次。

1. 按大气温度随高度分布的特征，可将大气分为对流层、平流层、中间层、热层和散逸层。

(1)对流层：从地面到10～16 km(数字的阈值为左不包含右包含，下同)处(极地8～9 km，赤道15～18 km)，是大气层的最下层。这一层集中了整个大气层大约四分之三的质量和几乎全部的水汽量。大气的对流特性在这一层十分显著，气温随高度的上升而均匀下降，平均每上升100 m降低0.6 ℃。造成这层大气对流的原因有地表(主要是海洋、陆地)受热不均引起的热力对流、地表起伏不平引起的动力湍流以及冷暖空气交汇引起的强迫升降等。对流运动的强度和伸展的高度随纬度、季节而变化。正是由于这些不断变化着的大气运动，形成了多种多样复杂的天气现象，如风、云、雨、雪、雾、露、雷、雹就多发生在这个层次里，因而也有人称这层为气象层。这层的顶部叫对流层顶，这里气温不再随高度上升而降低，而是基本不变，是一个很稳定的层次，对流层里的天气影响不到这里。这里经常晴空万里，能见度极高，空气平稳。

(2)平流层：从对流层顶向上到55 km高空附近。气温的垂直分布除下层随高度变化不大外，自25 km向上明显递增，到平流层顶达到−3 ℃左右。温度递增的主要原因是平流层的热能大多来源于对太阳辐射(主要是紫外辐射)的吸收，特别是对臭氧的吸收，虽然臭氧的浓度自25 km向上有所减小，但紫外辐射的强度随高度逐渐增强，而且空气密度随高度升高迅速减小，这就导致高层吸收的有限辐射能可以产生较大的温度增量。由于平流层大气的温度垂直分布是递增的，不利于气流的对流运动发展，因而气流运动以平流为主。平流层夏季盛行以极地高压为中心的东风环流，冬季的高纬度则是以极涡为中心的西风环流，晚冬或早春环流调整时，高纬度往往出现下沉气流并造成爆发性增温。平流层中水汽、杂质极少，没有强烈对流运动，气流平稳、能见度好，是良好的飞行层次。平流层虽然水汽极少，天气现象比较少见，但随着气象火箭和卫星的发射，发现这一层中气流等的变化与对流层中的天气变化有着密切联系，相互影响。

(3)中间层：自平流层顶到85 km的大气层被称为中间层。这一层已经没有臭氧，且紫外辐射中波长小于0.175 μm的辐射由于平流层吸收已大为减弱，以致吸收的辐射能明显减小，并随高度递减。因而该层气温随高度升高迅速下降，到顶部降到−83 ℃以下，几乎成为整个大气层中的最低温处。这种温度垂直分布有利于垂直运动发展，所以该层垂直运动明显，又称“上对流层”或“高空对流层”。在中间层顶附近(80～85 km)的高纬地区黄昏时，有时能够观察到夜光云，其状如卷云，银白色、微发青，十分明亮，可能是水汽凝结物。

(4)热层：中间层顶到 800 km 高度的大气层称为热层。这一层比较深厚，但是空气密度较小，其质量只占整个大气层质量的 0.5%。在 270 km 高度上空气密度仅是地面空气密度的百亿分之一，再往上就更稀薄了。热层气温随高度迅速升高。据测定，在 300 km 高度气温已超过 1000 ℃。热层高温的形成和维持主要是吸收了太阳外层(色球和日冕层)辐射的结果。虽然这些辐射只占太阳总辐射中的很小的比例，但被质量极小的大气层吸收，实际上相当于单位质量大气吸收了非常巨大的能量，产生高温，因而被称为热层。热层中的 N_2、O_2、O_3气体成分在强烈太阳紫外辐射(主要是波长短于 0.1 μm 波段)和宇宙射线作用下，处于高度电离状态，不同高度电离程度不均匀。这里空气极其稀薄，尽管热层顶的气温可达 1000～2000 ℃(太阳比较宁静时～太阳活动剧烈时)，但实际上却根本不会感到热。

(5)散逸层：800 km 高度以上的大气层。这一层的气温随高度增高而升高。高温使这层上部的大气质点运动加快，而地球引力却大大减小，因而大气质点中某些高速运动分子不断脱离地球引力场而进入星际空间。这一层也可称为大气层向星际空间的过渡层。散逸层的上界也就是大气层的上界。上界到底有多高？还没有公认确切的定论。以前研究者把极光出现的最大高度作为大气层上界。因为极光是太阳辐射产生的带电离子流与稀薄空气相撞，原子受激发产生的发光现象。极光出现过的最大高度大约在 1200 km，因而大气上界应该不低于 1200 km。据现代卫星探测资料分析，大气上界大体为 2000～3000 km。

2. 地球大气按组分状况可分为均质层和非均质层。离地表约 85 km 高度以下为均质层，层内的大气组分比例相同。约 110 km 高度以上为非均质层，层内大气组分按重力分离后，轻的在上，重的在下。离地表 85～110 km 为均质层到非均质层的过渡层。

3. 地球大气按电磁特性可为中性层、电离层和磁层。

(1)中性层：指自地表至 60 km 左右的大气层。中性层大气虽然有时局部可有较多的带电粒子(如雷暴时)，但一般情况下带电粒子较少。在这个区间，大气主要以分子的形式存在，电磁波在其中的传播是非弥散性的，即传播速度与频率无关。

(2)电离层：指自 60 km 到 500 km 或 1000 km 的大气层，系由较多气体分子吸收了太阳 X 射线和紫外辐射电离而成。习惯上按电子密度的大小，把电离层自下而上分成 D 层(60～90 km)、E 层(90～140 km)、F 层(140～500 km 或 140～1000 km)。各层的高度、厚度和电子密度随昼夜、季节、太阳活动而变化。1000 km 以上也存在电子和离子，但数密度已很小，分布也极不均匀。电离层能反射无线电波，这对于电波通信而言十分重要。电磁波在其中的传播是弥散性的，即传播速度与频率有关。

(3)磁层：地球磁层始于地表以上 500～1000 km 处，向空间延伸至磁层边缘。太阳风动能密度和地磁场能密度相平衡的曲面，就是地球磁层的边界，称为磁层顶。向太阳一侧的磁层顶离地心 8～11 个地球半径，太阳激烈活动时，被突然增强的太阳风压缩到 5～7 个地球半径；背太阳一侧，因太阳风不能对地磁场施以任何有效的压力，磁层在空间可以延伸至几百个甚至一千个地球半径以外，形成一个磁尾。磁尾中，两侧磁力线突然改变方向的界面，称为中性片。磁层顶即作为地球大气的上界。

此外，距地表 20～110 km(也有主张自对流层顶至 195 km 左右)的大气层，由于太阳紫外辐射能使大气分子产生光分解或光电离作用，被分解或电离的物质在一定条件下又能互相发生化学反应，因此，这层大气被称为光化层。

地球大气特有的垂直结构，如图 1-1 所示。

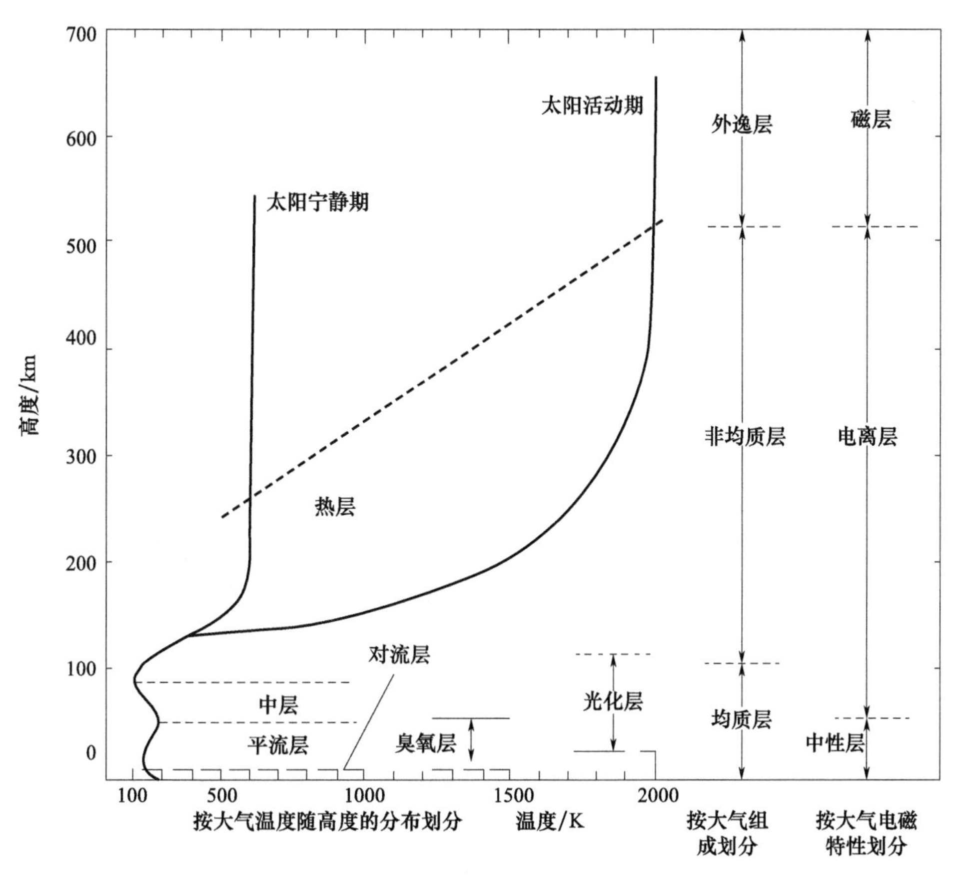

图 1-1　地球大气垂直分层结构

1.2　大气对 GNSS 信号的折射

GNSS(全球卫星导航系统)卫星信号在地球大气中传播时，由于大气层影响，信号在传播路径上会发生折射现象，在中性大气和电离层中的大气折射对信号的影响不同。

1.2.1　中性大气折射

GNSS 信号在中性大气中的折射一般用折射率 n 表示。n 是一个接近于 1 的数，为研究方便，通常用折射指数 N 来代替，两者之间的关系为：$N=10^6(n-1)$。折射指数 N 的大小与大气的组成成分、气压、温度等因素有关。目前常用的计算 N 的经验模型有三种。

(1)Smith-Weintraub 公式

把地球大气看成是理想气体，通常使用的计算大气折射指数的一种简化形式为[1]：

$$N=k_1\frac{P_d}{T}+k_2\frac{P_w}{T}+k_3\frac{P_w}{T^2} \tag{1-1}$$

其中：P_d 为干空气分压(hPa)，P_w 为湿空气分压(hPa)，T 为大气温度(K)。k_1、k_2、k_3 为经验常数，他们的值分别为：$k_1=77.60\pm0.01$ K/hPa，$k_2=72\pm8$ K/hPa，$k_3=(3.75\pm0.03)\times10^5$ K^2/hPa。

对式(1-1)进行变换和近似后有：

$$N=77.6\frac{P}{T}+3.73\times10^{5}\frac{P_w}{T^2} \tag{1-2}$$

其中：P 为大气总气压(hPa)。利用式(1-2)计算的 N 的精度主要取决于气象数据的准确性。对于水汽含量较大的空气，式(1-2)计算的 N 可以精确到 0.5%；对于干燥空气，则可以精确到 0.02%。

(2)Kursinski 公式

在式(1-2)基础上考虑到自由电子和悬浮液态水微粒对折射的影响得到[2]：

$$N=77.6\times\frac{P}{T}+3.73\times10^{5}\frac{P_w}{T^2}+4.03\times10^{7}\frac{n_e}{f^2}+1.4W \tag{1-3}$$

其中：n_e 为自由电子密度(电子/m^3)，f 为信号频率(Hz)，W 为液态水含量(g/m^3)，其余参数与式(1-2)中的相应参数含义相同。

式(1-3)中等号右边第一项是由于大气分子极化的影响，其大小与分子数密度成正比，在 60～90 km 以下占主导地位；第二项主要是由于水汽偶极矩的极化作用，在低对流层作用比较明显；第三项是自由电子的作用，主要作用在 60～90 km 以上的区域；第四项是悬浮在大气中的液态水的作用，对于悬浮在大气中的固体微粒，该项系数应改为 0.6；第四项相对于其他三项对大气折射的影响非常小，因而可以忽略不计。

(3)Thayer 公式

式(1-1)～式(1-3)都是针对理想气体才成立的。考虑大气的非理想状态的性质，大气折射率的计算公式为[3]：

$$N=k_1\frac{P_d}{T}Z_d^{-1}+k_2\frac{P_w}{T}Z_w^{-1}+k_3\frac{P_w}{T^2}Z_w^{-1} \tag{1-4}$$

式(1-4)右边第一项代表了干空气部分的折射率，其余两项的和代表了水汽部分的折射率。P_d、P_w、T 的含义与式(1-1)中相同。各经验常数的大小分别为：$k_1=77.60\pm0.014$ K/hPa，$k_2=64.80\pm0.08$ K/hPa，$k_3=(3.776\pm0.004)\times10^{5}$ K^2/hPa。

Z_d^{-1} 和 Z_w^{-1} 分别是干空气和水汽的压缩因子，描述了非理想气体状态对折射指数的影响，计算这两个参数的经验公式分别为[4]：

$$Z_d^{-1}=1+P_d\left[57.97\times10^{-8}\left(1+\frac{0.52}{T}\right)-9.4611\times10^{-4}\frac{t}{T^2}\right] \tag{1-5}$$

$$Z_w^{-1}=1+1650\left(\frac{P_w}{T^3}\right)(1-0.01317t+1.75\times10^{-4}t^2+1.44\times10^{-6}t^3) \tag{1-6}$$

其中：t 为以摄氏度为单位的大气温度。其余参数含义与式(1-1)同。

对于理想气体而言，Z_d^{-1} 和 Z_w^{-1} 的值都为 1；由于大气事实上的非理想状态，Z_d^{-1} 和 Z_w^{-1} 在地表附近与 1 的差值一般为千分之几，随着高度的增加这个差值呈指数下降[5]。

从以上模型可以看出，中性大气总电磁波折射率与大气的温度、湿度、压力等参数密切相关。

1.2.2 电离层折射

Langley 在 1997 年对电离层进行了定义，电离层是地球大气层中因受电离辐射(主要来自于太阳的紫外线和 X 射线辐射)导致电子存在量足以影响到电磁波传播的区域。该定义并没有直接就电离层距离地面所处的高度而定义，而是根据其对电磁波传播的影响进行了定义[6]。

(1)电离层分层特性

电离层中的电子密度随着高度的变化而发生改变，从逻辑上分析，电子密度必然从地面由零上升至某一高度后达到最大值，然后随着高度的升高而逐渐减小至零(星际空间)。实际上，由于大气密度、成分和太阳辐射量等因素均会随着高度而发生变化，因此电离层中的电子密度分布也必然会呈现出与所处高度密切相关的特性。根据电子密度分布的特性，电离层由低到高被划分为三层，分别是 D 层、E 层和 F 层，其中，F 层又可细分为 F1 层与 F2 层。电子密度往往在距离地面约 300 km 的高度上达到最大值，然后随着高度的升高而缓慢下降，在约 1000 km 处与磁层(完全电离的大气区域)衔接。

D 层位于电离层的最底端，高度为 60～90 km，是由电离程度较低(包含了多种原子和离子团)的大气构成的一层。在 D 层中，由于中性大气成分比重较大，中性粒子间的碰撞非常频繁，与失去电子后的分子结合形成了负离子，因此 D 层的离子密度会大于电子密度。D 层的变化特征与太阳活动及大气密度紧密相关，太阳活动高年期间 D 层的电子密度为低年的 2～3 倍，且夏季的电子密度要比冬季大。在夜间 D 层电子大量消失，因此一般认为夜间不存在 D 层。

E 层位于 D 层和 F 层之间，高度为 90～140 km。E 层主要受到太阳辐射的作用，位置相对来说比较稳定。E 层中存在明显的昼夜、季节和太阳活动周期变化，分别在中午、夏季和太阳活动高年达到最大值。此外，在 90～120 km 的高度上，还存在一个因异常电离而产生的偶发 E 层(Es)，其形态几乎不受太阳辐射的影响，对于不同纬度的地区表现出不同的特征，主要出现在低纬地区的白天、中纬地区的夏季以及极区的夜间。

F 层位于电离层的顶端，从 E 层顶端绵延至数百到数千千米，是电子密度峰值出现的一层。F 层中的电子密度随着昼夜和季节变化的特征非常明显，在夏季的白天，F 层往往可以被进一步分为两层，即 F1 层和 F2 层。F1 层所处的高度为 140～210 km，F2 层在此之上。F1 层和 D 层一样，在夜间也会消失；F2 层则会持久存在，是影响电磁波传播的主要区域。由于 F 层中的电子密度在整个电离层中的占有率最大，因此大尺度上的电离层变化特征与该层的变化密切相关。

电离层电子密度分布如图 1-2 所示。

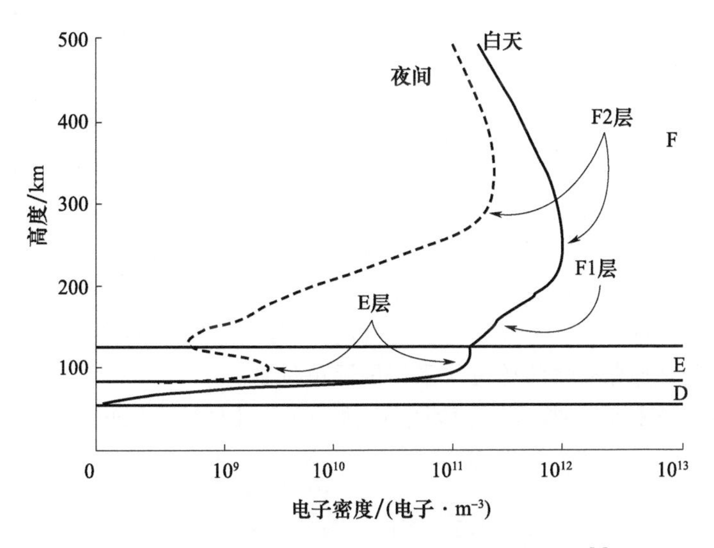

图 1-2　垂直方向上电离层电子密度分布示意图[7]

关于电离层各层对GPS信号的影响，Dubey等曾做过相关的研究和总结[8]。

D层：在可以测量的尺度上，对GPS信号传播没有影响。

E层：通常情况下，对GPS信号传播的影响非常小。

F1层：通常情况下，和E层一起可以对GPS信号传播中的时间延迟产生最高约10%的影响。

F2层：由于高电子密度及强变化性，F2层对GPS信号在电离层中传播的影响最大。

另外，Klobuchar还估计了在1000 km以上的高度(甚至接近GPS卫星的轨道高度)，也就是磁层中的情况：当F2层中的电子密度达到最高值时，白天磁层对GPS信号传播的影响可以达到10%；当F2层中的电子密度达到最低值时，该影响在夜晚可能接近50%。总体上，F2层GPS信号在电离层中的传播过程产生了最主要的影响[9]。

(2)电离层折射指数

电离层对不同频率的电磁波信号具有不同的折射率，从而引起不同的折射效果，这种现象称为色散效应。对穿过电离层的GNSS信号而言，除去一些更加复杂的理论，以及量级足够小的影响因素，考虑更多的仍然是信号在电离层中的折射效应。

折射指数又称为折射率，用来表示电磁波信号在介质中相对于真空环境下的相位传播速度。作为地面附近中性大气和完全电离的磁层之间的缓冲区域，电离层中大量存在的自由电子，影响着电磁波的传播。对于电离层来说，折射率的大小与电磁波的信号频率、信号极化特征、信号传播方向与地磁场之间的夹角等因素有关。经研究表明，GPS信号存在圆极化特征就是为了减小因电离层而引起的误差。

电磁波的电离层折射效应与电离层的结构参数及物理参数密切相关，电离层垂直方向变化要比水平方向变化大1～3个数量级。研究电离层对电磁波传播的影响，一般忽略电离层水平方向的变化，因此折射率就简化成为仅随电离层高度变化的量。同时，由于地磁场的存在，使得电离层表现出各向异性的特性，所以要精确地描述电磁波在电离层这种非均匀各向异性的离化介质中传播的物理过程是非常复杂的。

根据磁离子理论和麦克斯韦方程，忽略电子和离子的速度分布，仅考虑电子的平均飘移速度，从单电子运动方程出发，结合等离子体介质的结构方程，描述电离层折射率的著名Appleton-Hartree(又称为Appleton-Lassen)公式[10]，具体如下：

$$n^2=1-\frac{X}{1-iZ-\frac{Y^2\sin^2\theta_B}{2(1-X-iZ)}\pm\sqrt{\frac{Y^4\sin^4\theta_B}{4(1-X-iZ)}+Y^2\cos^2\theta_B}} \tag{1-7}$$

其中：$X=A_p\frac{N_e^2}{f^2}$，$Y=A_g\frac{|B_0|}{f}$，$Z=\frac{\nu_e}{\omega}$，$A_p=\frac{e^2}{4\pi^2\varepsilon_0 m}$，$A_g=-\frac{e}{2\pi m}$，$i=\sqrt{-1}$，$f$为电磁波频率，$N_e$为电离层中的电子密度，$\theta_B$为电磁波传播方向与地磁场之间的夹角，$B_0$为地磁场强度，$\nu_e$为电子的有效碰撞频率，$\omega=2\pi f$，e为电子电荷量，$m$为电子质量，$\varepsilon_0$为空间介电常数，$A_p$和$A_g$为系数常量。公式中所有参数的单位均采用国际单位制。

对GNSS信号频率而言，电子碰撞频率ν_e远小于ω，因此可以简化为：

$$n^2=1-\frac{X}{1-\frac{Y^2\sin^2\theta_B}{2(1-X)}\pm\sqrt{\frac{Y^4\sin^4\theta_B}{4(1-X)}+Y^2\cos^2\theta_B}} \tag{1-8}$$

式(1-8)中存在的正负号，给电磁波折射率的确定带来了两种不同的解，这主要与电磁波的传播模式有关。

对那些传播方向与地磁场垂直的信号来说，正号代表了传播的普通模式，负号代表了特殊模式；对那些传播方向与地磁场平行的信号来说，正号代表了左手圆极化模式（LHCP），而负号则代表了右手圆极化模式（RHCP）。

将式(1-8)中折射率的表达形式进行二项式扩展，并忽略扩展项中所有小于十亿分之一的项[11]，得到了简化的Appleton-Hartree公式：

$$n_{\pm}=1-\frac{1}{2}X\pm\frac{X|Y\cos\theta_B|}{2}-\frac{1}{8}X^2 \tag{1-9}$$

对GNSS信号的右手圆极化模式而言，则有：

$$n=1-\frac{1}{2}X-\frac{X|Y\cos\theta_B|}{2}-\frac{1}{8}X^2 \tag{1-10}$$

结合式(1-7)中X、Y的具体形式，有：

$$n=1-\frac{1}{2}\frac{A_pN_e}{f^2}-\frac{1}{2}\frac{A_pN_eA_g|B_0|\cos\theta_B}{f^3}-\frac{1}{8}\frac{A_p^2N_e^2}{f^4} \tag{1-11}$$

上式中，把除常量1以外的第一项，也就是与电磁波频率的二次方f^2有关的那一项，称为电离层一阶项。同样的，把与f^3、f^4相关的项分别称为电离层二阶项和三阶项。

另一方面，电离层的一阶项延迟占据了电离层总延迟的99%以上，因此在很多含有GNSS信号的高频系统的电离层研究与应用中，确定电离层折射率时仅考虑一阶项，忽略高阶项(二阶项及其更高阶项)。

从式子可以明显看出，电磁波信号在电离层中的折射率与自身频率息息相关，因此电离层对不同频率信号穿过时所造成的影响也不同，这种现象称为电离层的色散效应。电离层可近似为各向同性的色散介质，其折射指数只依赖于电波频率和电子密度。

参考文献

[1]SMITH S J，PURCELL E M. Visible light from localized surface charges moving across a grating[J]. Physical Review，1953(4)：1069.

[2]KURSINSKI E R，HAJJ G A，SCHOFIELD J T，et al. Observing Earth's atmosphere with radio occultation measurements using the Global Positioning System[J]. Journal of Geophysical Research：Atmospheres，1997，102(D19)：23429-23465.

[3]THAYER S，SCHIFF W. Observer judgment of social interaction：Eye contact and relationship inferences[J]. Journal of Personality and Social Psychology，1974，30(1)：110-114.

[4]DAVIS F D. A technology acceptance model for empirically testing new end-user information systems：Theory and results[D]. Cambridge：Massachusetts Institute of Technology，1985.

[5]FOELSCHE U，KIRCHENGAST G. Tropospheric water vapor imaging by combination of ground-based and spaceborne GNSS sounding data[J]. Journal of Geophysical Research：Atmospheres，2001，106：27221-27231.

[6]LANGLEY N，NOLAN K，NORMAN，L，et al. The improvement guide：A practical approach to enhancing organizational performance[J]. Quality Management Journal，1997，4(4)：85-86.

[7]郑敦勇．基于GNSS的区域电离层模型研究[D]. 南京：东南大学，2015.

[8]DUBEY S，WAHI R，GWAL A K. Ionospheric effects on GPS positioning[J]. Advances in Space Research，2006，38(11)：2478-2484.

[9]KLOBUCHAR J A. Ionospheric time-delay algorithm for single-frequency GPS users[J]. IEEE Transac-

tions on Aerospace and Electronic Systems,1987,23:325-331.
[10]TAYLOR M. The Appleton-Hartree formula and dispersion curves for the propagation of electromagnetic waves through an ionized medium in the presence of an external magnetic field part 1: Curves for zero absorption[J]. Proceedings of the Physical Society,1933,45(2): 245-265.
[11]BRUNNER F K,Gu M. An improved model for the dual frequency ionospheric correction of GPS observations[J]. Manuscripta Geodaetica,1993,18(6):280-289.

第 2 章　掩星大气探测系统组成和基本原理

2.1　掩星大气探测系统组成

掩星大气探测系统一般由空间部分、地面部分和用户部分组成，如图 2-1 所示。空间部分包括全球导航卫星系统 GNSS 和载有 GNSS 掩星接收机(一般包括一副定位天线、两副掩星天线和一台接收机主机)的低轨道地球卫星(或星座)，地面部分包括测控站、数据接收站、基准站网和数据处理中心等。

GNSS-LEO 掩星观测数据的信息流程是：LEO 星载 GNSS 掩星接收机利用掩星天线接收发生掩星的 GNSS 卫星导航定位信号，同时利用定位天线接收 4 颗以上非掩星的 GNSS 卫星信号用于 LEO 精密定轨；地面测控站对 LEO 进行测控，并接收遥测数据；地面数据接收站接收 LEO 下传的掩星数据和定位观测数据；地面基准站同时开展地基观测，用于对 GNSS 卫星进行精密定轨和对掩星数据进行双差分或单差分处理；数据处理中心对掩星数据进行处理得到各级掩星产品，分发到用户；用户对掩星数据处理产品进行验证，并将经验证的产品应用到数值天气预报、气候研究、空间天气研究和保障中。

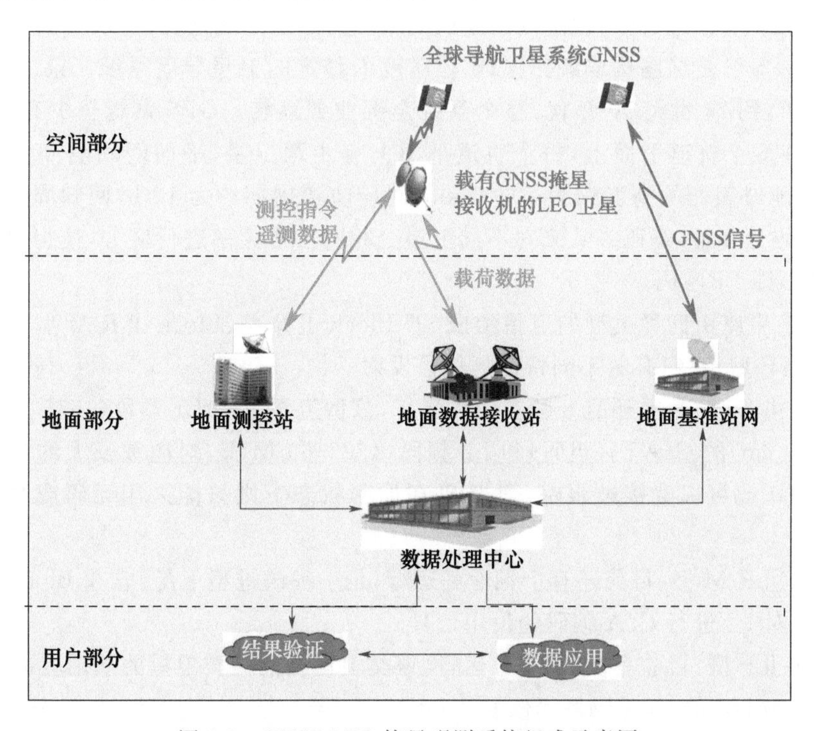

图 2-1　GNSS-LEO 掩星观测系统组成示意图

2.1.1 全球卫星导航系统

全球卫星导航系统(GNSS)是一个能在地球表面或近地空间的任何地点,为适当装备的用户提供24 h三维坐标和速度以及时间信息的空基无线电定位系统,包括一个或多个卫星星座及其支持特定工作所需的增强系统。

全球卫星导航系统国际委员会(ICG)公布的全球四大卫星导航系统供应商,包括美国的全球定位系统(GPS)、俄罗斯的格洛纳斯卫星导航系统(GLONASS)、欧盟的伽利略卫星导航系统(Galileo)和中国的北斗卫星导航系统(BDS),如图2-2所示。其中,GPS是世界上第一个建立并用于导航定位的全球系统,GLONASS经历快速复苏后已成为全球第二大卫星导航系统,二者目前正处在现代化的更新进程中;Galileo是第一个完全民用的卫星导航系统,正在试验阶段;BDS已经具备了全球区域的导航定位、授时服务功能,正由北斗二号逐步过渡到北斗三号,处于全球化快速发展阶段。

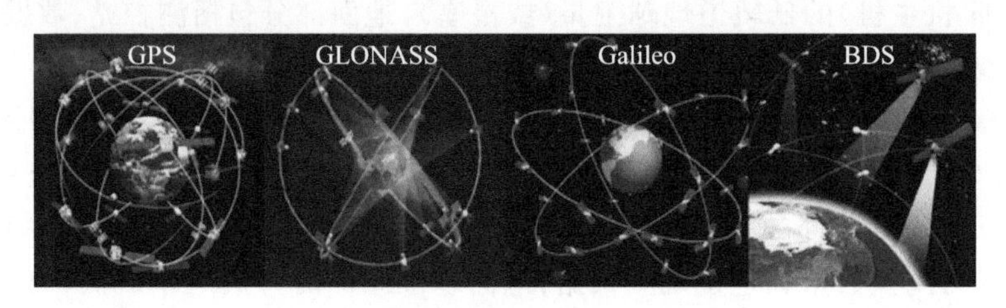

图2-2 世界主要全球卫星导航系统

2.1.1.1 GPS

GPS是美国20世纪70年代末开始建设的第二代卫星导航系统,1994年开始运营并提供服务。目前,GPS已是星座构成最完善、定位精度最稳定的卫星导航系统。第一颗GPS卫星发射于1978年,到20世纪90年代,整个系统全部业务运转。GPS系统至少有24颗卫星在轨,均匀分布在6个轨道平面上,每个轨道平面上有4颗卫星,平面间间隔60°,倾斜角度为55°,卫星距离地球表面的高度约为20200 km,对应轨道周期约为12 h,回归周期为1 d,GPS采用CDMA(码分多址)编码方式来对不同卫星上相同信号频率进行区分,使得每颗卫星有唯一的伪随机码,即PRN码。

目前,GPS星座由四种类型的卫星组成,即Block ⅡR型、Block ⅡR-M型、Block ⅡF型和Block Ⅲ/ⅢF型,它们有着不同特征的信号发射。

(1)Block ⅡR型:目前还有8颗在业务运行,该型卫星发送L1频段(1575.42 MHz,对应波长大约为19 cm)的C/A码(粗码)和L2频段(1227.60 MHz,对应波长大约为24 cm)的P码(精码)。C/A码可以直接被跟踪,而P码在加密状态下则只能采用无码或半无码的跟踪方式。

(2)Block ⅡR-M型:目前还有7颗业务运行,是一种改进型卫星,它在Block ⅡR卫星的基础上增加了对L2进行C/A编码的民用信号。

(3)Block ⅡF型:目前有12颗业务运行,该类卫星在前两类卫星的基础上进一步增加L5频率(1176.45 MHz)的C/A码民用信号。

(4)Block Ⅲ/ⅢF型:为最新一代GPS卫星,目前有4颗业务运行,在前面系列卫星的基础上增加对L1进行C/A编码的民用信号,升级下一代操作控制系统管理所有民用和军用导航信号，并为下一代 GPS 操作提供更高的网络安全性和灵活性。

2.1.1.2　GLONASS

GLONASS 与 GPS 类似，它由俄罗斯国防部运行，首批卫星发射于 1998 年 12 月。GLONASS 设计发射 24 颗卫星，均匀分布在 3 个轨道平面，即轨道平面之间间隔 120°，卫星轨道高度约为 19130 km，大约比 GPS 卫星低 1000 km，轨道周期大约为 11 h 15 min 44 s，对应回归周期为 8 d，轨道倾角约为 64.8°，由于 GLONASS 的高倾角，它比 GPS 能覆盖更多高纬度地区。此外，GLONASS 没有对 L2 进行加密以及人为降低广播卫星的钟差精度（SA），这是相对于 GPS 最大的优点，但这样的优点在 2000 年时不再具备，因为 GPS 也停止了 SA 模式。另一点区别在于，GLONASS 采用 FDMA（频分多址）方法对信号进行编码，根据载波频率来区分不同卫星，即不同卫星信号的频率是不同的，每颗 GLONASS 卫星发播的两种载波的频率分别为（$1602+0.5625\times k$）MHz 和（$1246+0.4375\times k$）MHz，其中 $k=1,2,\cdots,24$，为每颗卫星的编号。1993 年，根据国际电信联盟（ITU）的要求，俄罗斯决定在同一轨道面上相隔 180°（即在地球相反两侧）的 2 颗卫星使用同一频道，在仍保持频分多址的情况下，系统总频道数可减少一半。

为了提高 GLONASS 工作的效率和精度性能，增强系统工作的完善性，于 2003 年开始了 GLONASS 的现代化计划，主要包括改善 GLONASS 与其他无线电系统的兼容性，发射下一代改进型卫星并形成未来的星座，将 GLONASS 的信号编码方式从频分多址改为码分多址。

2.1.1.3　Galileo

Galileo 是欧盟正在建立的世界上第一个具有一定商业性质的完全民用的卫星导航系统，2003 年开始实施该计划，它的轨道高度约为 23616 km，设计 30 颗卫星分布在 3 个轨道平面内，轨道平面倾角为 56°，回归周期大约为 14 h。截至 2020 年初，伽利略系统 26 颗卫星中，22 颗正常运转并提供服务，2 颗在测试中，另 2 颗不可用。

Galileo 系统使用码分多址技术区分不同的卫星，发射的 E1 信号中心频率为 1575.42 MHz，与 GPS L1 的中心频率相同。E5a 信号中心频率为 1176.45 MHz，也与 GPS L5 的频率一致，E5b 信号的中心频率为 1207.14 MHz，与 GLONASS 的 L3 波段重合，可以保证 Galileo 和其他两个系统的兼容性。

2.1.1.4　北斗卫星导航系统

北斗卫星导航系统是我国自主发展、独立运行的全球卫星导航系统。早在 20 世纪 60 年代，我国就开始研究自主导航卫星系统，20 世纪 90 年代逐渐形成北斗卫星系统建设思路，拟分三步走的策略进行建设[1]。

第一阶段是建立北斗导航卫星验证系统，发射 3 颗静止轨道卫星（GEO）完成原理测试，积累技术经验以及为特定用户提供导航和定位服务，此阶段的北斗卫星采用了不同于现在的运行模式，需要在卫星和用户终端之间启动双向通信用于定位，目前，第一代的卫星已停止运行。

第二阶段在 2007—2016 年完成区域卫星导航系统建设，主要在亚洲和太平洋地区提供定位、导航和授时服务。该阶段的北斗卫星称为北斗二号系列。2012 年，完成 14 颗卫星，即 5 颗地球静止轨道卫星、5 颗倾斜地球轨道卫星（IGSO）和 4 颗中圆地球轨道卫星（MEO）的发射组网，北斗二号在兼容北斗一号技术体制基础上，增加了无源定位体制。北斗二号在 B1、B2

和 B3 三个频段提供 B1I、B2I 和 B3I 三个公开服务信号。其中，B1 频段的中心频率为 1561.098 MHz，B2 为 1207.14 MHz，B3 为 1268.52 MHz。

第三阶段是在 2020 年前建设北斗全球卫星导航系统。2020 年 6 月 23 日，北斗三号最后一颗全球组网卫星在西昌卫星发射中心发射成功。7 月 31 日上午，中共中央总书记、国家主席、中央军委主席习近平出席北斗三号全球卫星导航系统建成暨开通仪式，宣布北斗三号全球卫星导航系统正式开通，北斗三号卫星导航系统提供两种服务方式，即开放服务和授权服务。开放服务是在服务区中免费提供定位、测速和授时服务，定位精度为 10 m，授时精度为 50 ns，测速精度 0.2 m/s。授权服务是向授权用户提供更安全的定位、测速、授时和通信服务以及系统完好性信息。设计包括 5 个静止轨道卫星、27 个中圆地球轨道卫星以及 3 个倾斜轨道卫星。GEO 运行高度在 35786 km，分别位于 58.75°E、110.5°E、140°E 以及 160°E 位置上空。MEO 运行高度约为 21528 km，卫星倾角 55°，27 颗卫星分布在 3 个 MEO 轨道上，每个轨道面之间相距 120 °，均匀分布，MEO 轨道与 GPS、Galileo 以及 GLONASS 卫星轨道高度接近，具有全球覆盖能力。IGSO 运行高度在 35786 km，倾角 55°。北斗三号在 B1、B2 和 B3 三个频段提供 B1I、B1C、B2a、B2b 和 B3I 五个公开服务信号，其中 B1 频段的中心频率为 1575.42 MHz，B2 为 1176.45 MHz，B3 为 1268.52 MHz。

2.1.2 LEO 接收系统

LEO 接收系统主要是在 LEO 上搭载的 GNSS 掩星接收系统，接收 GNSS 卫星发射的电波信号，进行精密定位，同时对地球大气进行掩星观测，LEO 运行高度和轨道倾角的选取与具体需要完成的观测任务有关，运行高度一般为 400～800 km，轨道倾角为 70°～90°。因此，这里先简单介绍 GNSS 信号组成及其测量。

2.1.2.1 GNSS 信号组成

GNSS 卫星发射的信号主要分为载波、测距码和导航电文三部分。

载波是指可运载调制信号的高频振荡波，由卫星上的原子钟所产生的基准频率倍频而形成的。一般采用两个或两个以上的 L 波段载波频率，可以较为精确地测定多普勒频移和载波相位，提高测速和定位精度，使用两个频率还可以测定电离层延迟。例如，GPS 卫星 L1、Galileo 卫星 E1-B/C、GLONASS 卫星 L1 OC、北斗卫星 B1 载波频率均为 1575.42 MHz；GPS 卫星 L5、Galileo 卫星 E5a、GLONASS 卫星 L5 OC、北斗卫星 B2A 载波频率均为 1176.45 MHz。

测距码是用于测定从卫星到接收机之间距离的二进制码。根据其性质和用途的不同，测距码可分为粗码(C/A 码)和精码(P 码或 Y 码)两类，每个卫星所用的测距码互不相同且相互正交。C/A 码是用于进行粗略测距和捕获 P 码的粗码，也称捕获码。P 码是精确测定从 GPS 卫星到用户接收机距离的测距码，也称精码。

导航电文是 GNSS 星向用户播发的一组反映卫星在空间的位置、卫星的工作状态、卫星时钟的修正参数，电离层延迟修正参数等重要数据的二进制代码，也称数据码(D 码)。

2.1.2.2 GNSS 信号观测

GNSS 信号观测量一般包括观测时刻、伪距和载波相位等。

(1)观测时刻：在 GNSS 观测数据文件的数据部分，观测时刻记录在每一组观测数据之前。

(2)伪距：伪距观测值源于接收机接收时间与卫星发射时间之间的时间差。伪距中包含了由接收机钟差和卫星钟差以及其他偏差(如大气延迟、时间系统之间的差)所导致的距离误差。

(3)载波相位:载波相位是指接收到的受多普勒频移影响的卫星信号载波相位与接收机本机振荡产生的信号相位之差。一般在接收机时钟确定的历元时刻测量,保持对卫星信号的跟踪,就可记录下相位的变化值,但开始观测时的接收机和卫星振荡器的相位初值是不知道的,起始历元的相位整数也是不知道的,即整周模糊度,只能在数据处理中作为参数解算。

2.1.3　地面系统

地面系统主要包括地面卫星站和数据处理中心。其中地面卫星站完成地面对卫星的控制和与卫星的数据通信任务。数据处理中心主要是协调收集来自各地面卫星站和 GNSS 基准站的观测数据、精密卫星轨道数据,以及模式给出的气象数据,用反演模块计算出各种大气和电离层参数,形成数据产品。

2.2　掩星大气探测基本原理

2.2.1　掩星事件

以 GPS 卫星导航系统进行掩星观测为例进行说明,GPS 卫星在距地面 20200 km 的高度上连续发送 L 波段的两个频率的电磁波信号。在轨道高度为 400～1500 km 高度的 LEO 上安装 GPS 接收机,随着 LEO 围绕地球运动(图 2-3),当某颗 GPS 卫星的信号穿过地球大气层到达 LEO 上的 GPS 接收机时,由于受到地球电离层和中性大气层的作用,信号路径发生了弯曲,从几何光学的角度可以近似认为是 LEO 接收到的信号经历了很小的折射,对应信号有了一定的延迟,信号从开始横切高度为 85 km 左右的中间层顶到横切地球表面,延迟量从1 mm增加到 1 km 左右,这个过程持续的时间为 1 min 左右,称为一个下降掩星事件;相应的,在 GPS 卫星与 LEO 的相对运动中,信号由低到高地扫过地球大气则称为一个上升掩星事件。

利用 GNSS 信号的延迟信息反演地球的大气状态,称为 GNSS 掩星大气探测。

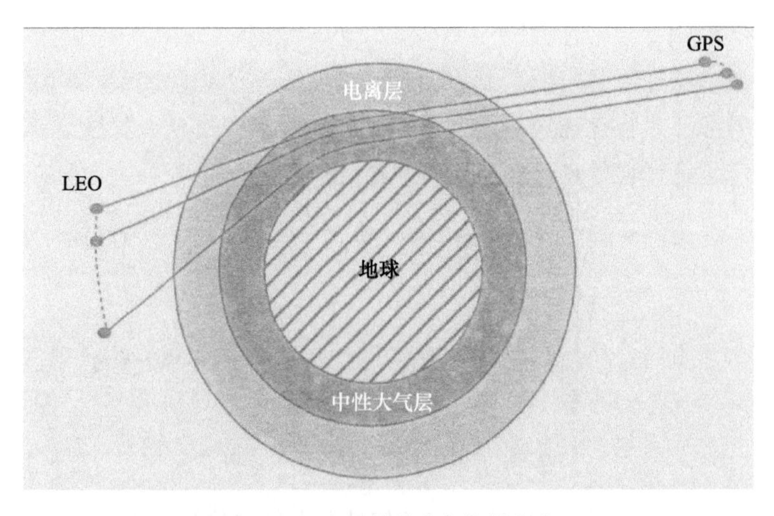

图 2-3　GNSS 掩星大气探测概念

2.2.2 斯涅尔定律

斯涅尔定律，根据荷兰物理学家威理博・斯涅尔命名，又称为折射定律，即当光波从一种介质传播到另一种具有不同折射率的介质时，会发生折射现象（图 2-4），n_1 和 n_2 分别是两种介质的折射率，θ_1 和 θ_2 分别是入射光和折射光与界面法线的夹角，分别称为入射角和折射角，其入射角与折射角之间的关系可以描述为：

$$n_1 \sin\theta_1 = n_2 \sin\theta_2 \tag{2-1}$$

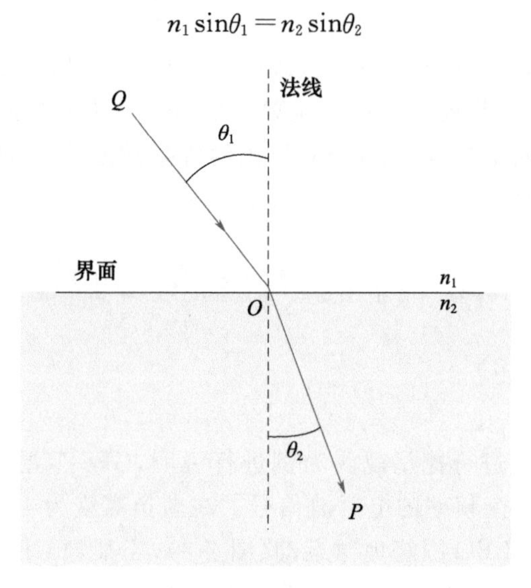

图 2-4　折射定律

GNSS 信号在大气中传播时，信号路径可以用射线路径描述，当将地球看作球形时，可以认为大气折射率 μ 是球面分层水平均匀的，在某一点处的折射率为：

$$\mu = \mu(r) \tag{2-2}$$

其中：r 为地心向径，即该点到地心的距离。

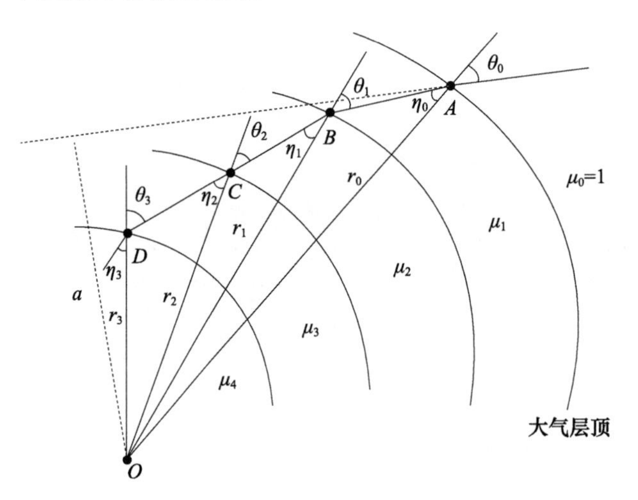

图 2-5　GNSS 信号在大气中折射

如图 2-5 所示，在球对称的假设下，GNSS 信号在大气中传播时可以用斯涅尔折射定律表述为：

$$\mu(r)\sin\theta = a = \text{常数} \tag{2-3}$$

其中：$\mu(r)$为大气的折射指数；r 为折射点与地心间距离；θ 为按折射指数分层的每层大气的入射角；a 为射线进入大气层时的切线与地心间的距离，称为碰撞系数，每条射线有一个 a 值。

2.2.3　掩星瞬间几何关系

掩星事件的某一瞬间几何关系如图 2-6 所示，图中利用了斯涅尔法则，即 GNSS 信号某一时刻的射线路径与 GNSS 卫星和 LEO 同在一个平面内，这个平面称为掩星平面。O 点是折射中心，当将地球看作球形时，折射中心与地心重合。

大气折射对射线路径总的影响可以用图 2-6 中的总折射角表示，它是信号发射方向与接收方向在掩星平面内的夹角。在一个掩星事件中，随着卫星的运动，射线路径由高到低或者由低到高地穿过大气层，大气总的折射角 α 随碰撞参数 a 的变化取决于大气性质在垂直方向上的变化，因此可以通过大气总的折射角 α 随 a 的变化反演大气参数随高度变化的廓线。

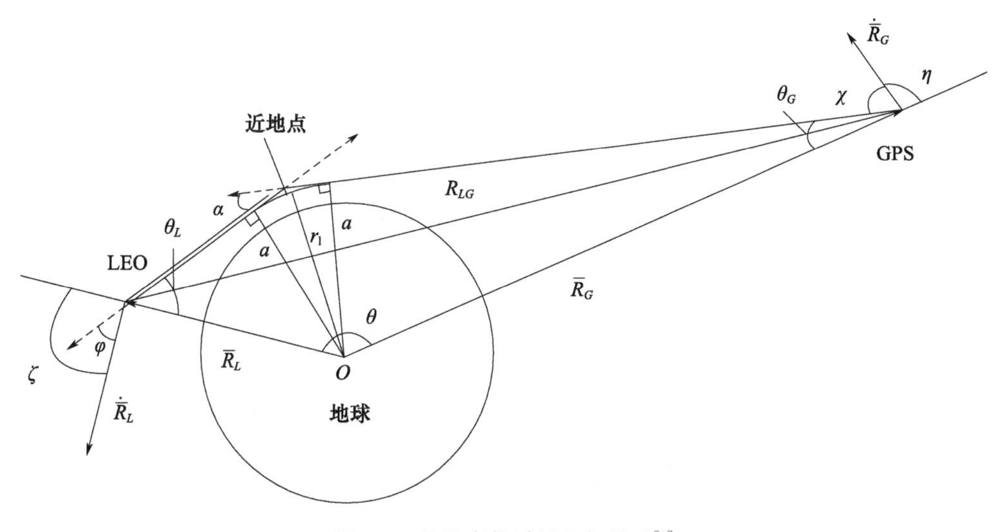

图 2-6　掩星事件瞬间几何关系[2]

（$\bar{R}_L$、$\bar{R}_G$：折射中心到 LEO 和 GPS 卫星的矢量；$\dot{\bar{R}}_L$、$\dot{\bar{R}}_G$：LEO 和 GPS 卫星的速度在掩星平面上的投影；a：射线路径的影响参数，即折射中心到出射与入射信号路径的渐近线中的任意一条的垂直距离；φ：信号入射方向与$\dot{\bar{R}}_L$ 的夹角；χ：信号出射方向与$\dot{\bar{R}}_G$ 的夹角；α：大气总折射角；ζ：$\bar{R}_L$ 与$\dot{\bar{R}}_L$ 之间的夹角；η：$\bar{R}_G$ 与$\dot{\bar{R}}_G$ 之间的夹角；θ：GPS 和 LEO 相对于折射中心的位置矢量之间的夹角；θ_L：$\bar{R}_L$ 与信号入射方向之间的夹角；θ_G：$\bar{R}_G$ 与信号出射方向之间的夹角；R_{LG}：LEO 和 GPS 卫星之间的几何距离；r_t：近地点向径，即射线路径近地点相对于折射中心的集合距离）

2.2.4　大气总折射率

在一个掩星事件的各近地点高度处的折射率，可以通过采样所有时刻 GNSS 信号两个频率的附加相位延迟量序列和各时刻的掩星几何关系计算出来。由于地球大气层的作用，每次采样中两个频率的 GPS 载波都有附加相位延迟：

$$\Delta L_i = L_i - R_{LG} = \int n_i \mathrm{d}s - R_{LG}(i=1,2) \tag{2-4}$$

其中：$\Delta L_i(i=1,2)$为载波 L_1 与 L_2 的附加相位延迟(m)；R_{LG}为 LEO 与 GPS 卫星之间的几何距离(m)；$L_i(i=1,2)$为接收机载波相位路径，即信号经过的等效光学路径长度(m)；等式右边

第一项是 L_1 与 L_2 的折射率在信号路径上的积分。

由上式得到：

$$\Delta L_i + R_{LG} - L_i = 0 \tag{2-5}$$

将式(2-5)对时间求导得到：

$$\Delta \dot{L}_i + \dot{R}_{LG} - \dot{L}_i = 0 \tag{2-6}$$

其中：$\Delta \dot{L}_i(i=1,2)$为附加相位延迟对时间的导数，称为附加多普勒；$\dot{L}_i(i=1,2)$为 f_1、f_2 的载波相位路径对时间的导数，其与多普勒频移的关系为[3]：

$$\dot{L}_i = \frac{\mathrm{d}L_i}{\mathrm{d}t} = c \times \frac{\Delta f_i}{f_i}(i=1,2) \tag{2-7}$$

其中：Δf_i 是 f_i 的多普勒频移，即信号接收频率相对于发射频率的变化。

由多普勒频移与卫星速度的关系可以得到：

$$\dot{L} = |\dot{\bar{R}}_L| \cos\varphi(a) - |\dot{\bar{R}}_G| \cos\chi(a) \tag{2-8}$$

上式中省略了代表两个不同频率的下标。利用式(2-8)和式(2-7)等价于多普勒观测方程：

$$\Delta \dot{L} + \dot{R}_{LG} - (|\dot{\bar{R}}_L| \cos\varphi(a) - |\dot{\bar{R}}_G| \cos\chi(a)) = 0 \tag{2-9}$$

由图 2-6 中的几何关系知道：

$$\varphi(a) = \zeta - \theta_L = \zeta - \arcsin\left(\frac{a}{|\bar{R}_L|}\right) \tag{2-10}$$

$$\chi(a) = \pi - \eta - \theta_G = \pi - \eta - \arcsin\left(\frac{a}{|\bar{R}_G|}\right) \tag{2-11}$$

$$\alpha = \theta - \arccos\left(\frac{a}{|\bar{R}_L|}\right) - \arccos\left(\frac{a}{|\bar{R}_G|}\right) \tag{2-12}$$

对于每次采样，需要解算一次方程式(2-9)。式中的 $\Delta \dot{L}$ 由附加相位延迟量对时间求导得到，$\dot{R}_{LG}$、$|\dot{\bar{R}}_L|$、$|\dot{\bar{R}}_G|$由卫星的速度和位置信息计算。影响参数 a 的计算则需利用式(2-9)～式(2-11)迭代进行。式(2-12)中的 θ、$|\bar{R}_L|$、$|\bar{R}_G|$由卫星的位置信息计算，解算出 a 以后，就可以由该式计算折射角 α。

2.2.5 Abel 反变换反演大气折射率廓线

在球对称大气假设下，碰撞参数为 a 的射线路径的总折射角为：

$$\begin{aligned}\alpha(a_0) &= 2\int_{r_{t0}}^{\infty} \mathrm{d}\alpha = 2a_0\int_{r_{t0}}^{\infty} \frac{1}{\sqrt{r_t^2 n(r_t)^2 - a_0^2}} \frac{\mathrm{dln}(n(r_t))}{\mathrm{d}r_t}\mathrm{d}r_t \\ &= 2a_0\int_{r_{t0}}^{\infty} \frac{\mathrm{dln}(n(r_t))/\mathrm{d}r_t}{\sqrt{r_t^2 n(r_t)^2 - a_0^2}}\mathrm{d}r_t\end{aligned} \tag{2-13}$$

其中：r_{t0}为该射线路径的近地点向径，a_0 为该射线路径对应的影响参数，$n(r_t)$为近地点向径为 $r_t(r_t \geqslant r_{t0})$的射线路径近地点处的大气折射指数。

任意一条射线路径的影响参数 a 与近地点向径 r_t 之间的关系为：

$$a = n \times r_t \tag{2-14}$$

将式(2-14)代入式(2-13)得到：

$$\alpha(a_0) = 2a_0 \int_{a=a_0}^{a=\infty} \frac{\mathrm{dln}n(a)}{\mathrm{d}a} \frac{1}{\sqrt{a^2 - a_0^2}}\mathrm{d}a \tag{2-15}$$

式(2-14)与式(2-15)给出了由折射率廓线计算大气折射角廓线的方法。但是大家所关心的是如何由折射角廓线得到折射率廓线的问题，采用 Abel 变换反演得到[4]：

$$n(a_0)=\exp\left[\frac{1}{\pi}\int_{a_0}^{\infty}\frac{\alpha(a)}{\sqrt{a^2-a_0^2}}\mathrm{d}a\right] \tag{2-16}$$

其中：$n(a_0)$是影响参数为 a_0 的射线路径近地点处的折射率。利用式(2-16)可以由折射角随影响参数变化的廓线反演得到折射率随影响参数变化的廓线。

得到折射率后，利用理想气体状态方程和流体静力学方程，得到干大气的气压、密度、温度等气象参量随高度的变化，再给定一个先验温度剖面作为辅助温度输入，可用迭代法或一维变分方法求解大气的水汽剖面。

2.3　无线电掩星大气探测的特点

利用 GNSS-LEO 掩星技术探测地球大气是一种全新的大气探测方法，与其他探测方法相比，掩星探测具有下列特点。

仪器的长期稳定性。一旦卫星在轨运行，仪器本身就不需要进行调整或校正。

掩星探测不受云和气溶胶的影响，可全天候探测、全球覆盖。每颗低轨卫星每天约能产生 500 次掩星事件，随着 GNSS 与 LEO 星座的发展，每天将能提供成千上万次全球分布的掩星事件。

垂直分辨率高，在平流层垂直分辨率接近 1.0 km，在对流层则可达 200～500 m。

低对流层以上的观测精度高，在对流层上部、平流层下部温度反演精度可达到 1 K。

GNSS 掩星观测资料全球时空分布比较均匀。

廓线观测范围广，从大气层顶(100 km)到低层大气(多数观测可达近地面 1 km 内)。

独立于其他卫星遥感观测。

掩星探测本质上属于临边探测，因此存在水平分辨率的问题，掩星探测的沿迹分辨率在 200～600 km，典型值为 300 km；由于大气低层水汽和温度对折射率的贡献无法分离开来，即存在水汽模糊问题，无法直接由掩星探测数据同时准确反演得到低层大气温度廓线和水汽廓线；在热带和低对流层区域，水汽水平分布不均引起掩星信号多径传播，反演的折射率廓线会存在较大误差。

参考文献

[1]SUN Q. Design of Beidou timing module[J]. IOP Conference Series：Earth and Environmental Science，2020，508(1)：12-20.

[2]MELBOURNE W G，DAVIS E S，DUNCAN C B，et al. The application of spaceborne GPS to atmospheric limb sounding and global change monitoring[R]. Aircraft Communications and Navigation，1994.

[3]HOCKE K. Inversion of GPS meteorology data[J]. Annales Geophysicae，1997，15(4)：443-450.

[4]KURSINSKI E R，HAJJ G A，SCHOFIELD J T，et al. Observing Earth's atmosphere with radio occultation measurements using the Global Positioning System[J]. Journal of Geophysical Research：Atmospheres，1997，102(D19)：23429-23465.

第3章　掩星大气探测研究计划及发展

20 世纪 60 年代，无线电掩星探测技术开始应用于火星等太阳系行星及其卫星探测。20 世纪 80 年代末，美国首先提出了利用全球定位系统掩星探测地球大气的计划。1995 年 4 月，美国成功发射了 MicroLab-1 低轨卫星，以掩星探测技术试验为目的的 GPS/MET 试验拉开了序幕，通过 2 a 左右的试验运行，成功反演得到了 0～60 km 高度中性大气参数廓线以及 100～800 km 的电离层电子密度廓线，GPS/MET 试验成功从理论和技术上实现了无线电掩星技术探测地球大气。

继 GPS/MET 成功试验之后，世界多个国家和地区独自或联合制订 GPS 无线电掩星探测地球大气技术研究计划，开展了该领域的技术研究工作。如 1999 年 2 月，丹麦发射 Ørsted 卫星，南非与美国合作发射 Sunsat 卫星；2000 年 7 月，德国发射 CHAMP 卫星；2006 年 10 月，丹麦发射 MetOp-A 卫星；2007 年 6 月，德国发射 TerraSAR-X 卫星；2009 年 9 月，印度发射 OCEANSAT-2 卫星等。2006 年 4 月 15 日，美国和中国台湾地区合作发射了由 6 颗低地球轨道卫星组成的气象电离层和气候观测星座（COSMIC），进行 GPS 掩星星座业务探测试验。总体来看，掩星大气探测研究计划可以分为以下四个阶段。

3.1　科研试验阶段

1993 年，UCAR（美国大气研究大学联合会）、美国亚利桑那州立大学和 JPL（喷气推进实验室）联合提出 GPS/MET 试验计划，利用无线电掩星技术探测地球的中性大气和电离层。1995 年 4 月 3 日，第一颗低轨卫星 MicroLab-1 发射成功，用于接收 GPS 卫星被大气遮掩时的信号。MicroLab-1 卫星由 OSC（轨道科学公司）制造，如图 3-1 所示，其搭乘 Pegasus 火箭发射升空，轨道高度为 735 km，轨道倾角为 70°。

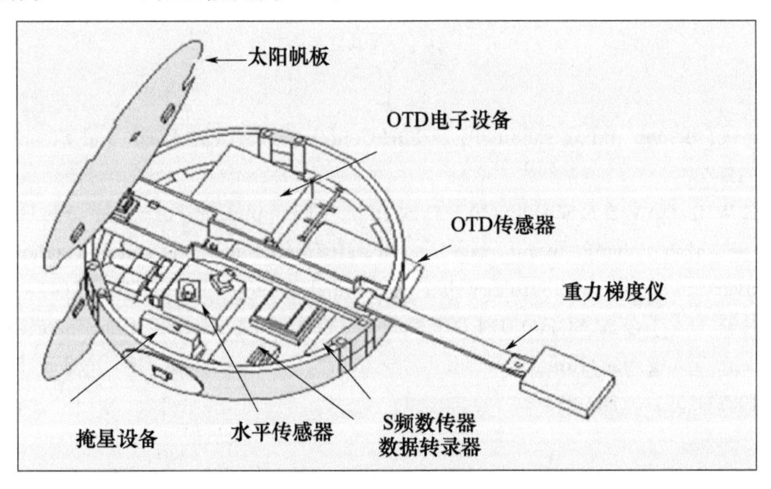

图 3-1　MircoLab-1 卫星结构图

由于 MicroLab-1 卫星上掩星和定位星使用的是同一副低增益的天线观测，并且采用无码接收技术，GPS/MET 实验获得的掩星数据较少，对流层底部的数据不足。1995 年 4 月 26 日，GPS/MET 实验反演的第一条温度廓线与美国空军的对流层大气模型和附近的无线电探空站进行了对比验证，如图 3-2 所示。在 7～30 km 处，三者的吻合度非常好，达到了最初的实验目的，为掩星大气探测技术的进一步发展奠定了坚实的基础。

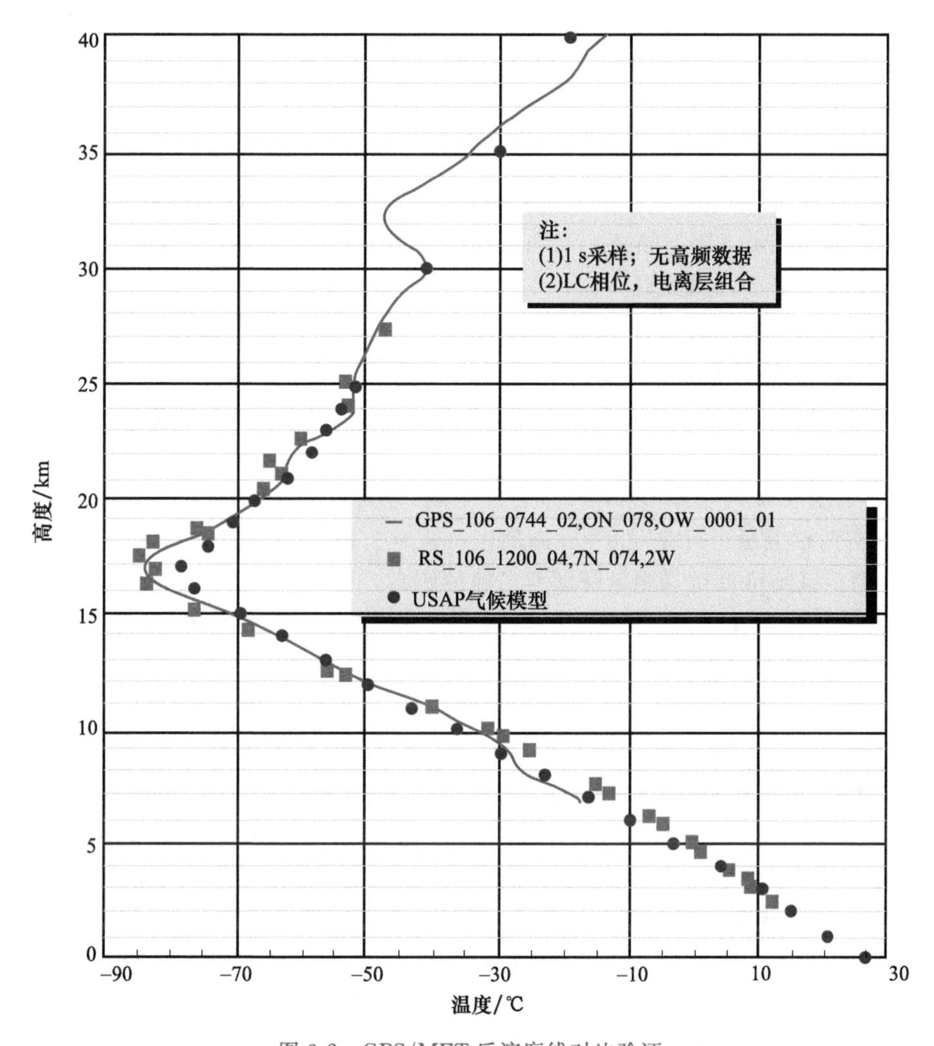

图 3-2　GPS/MET 反演廓线对比验证

GPS/MET 计划的成功实施，促进美国国家航空航天局(NASA)在 1995 年又开展了两个国际掩星探测计划，一个是丹麦的 Ørsted 计划，另一个是南非的 Sunsat 计划。这两个计划中的卫星上都载有类似 GPS/MET 的掩星接收机，于 1999 年 2 月 23 日一起搭乘 Delta 火箭发射升空，经过调试和校验，于 1999 年 9 月接收到有限的探测数据。由于受到这些小卫星天线的限制和 GPS 信号加密的影响，其信号的质量远低于 MicroLab-1。

此后，无线电掩星探测试验逐步走向成熟，下面分别介绍几个典型的试验任务。

(1)SAC-C 计划

SAC-C 是美国和阿根廷合作的一项国际卫星计划，由阿根廷空间委员会(CONAE)负责卫星的研发，NASA 和 JPL 负责提供仪器设备和发射，并负责总体项目管理。卫星重量 463 kg，轨道高度 702 km,倾角 98.2°。

掩星探测载荷是 GPS 掩星和被动式实验单元(GOLPE),由 JPL 提供,包括 1 个 TurboRogue Ⅱ型 GPS 接收机和 4 个高增益天线,分别朝向卫星天顶、天底、前向和后向。朝向天顶方向的天线用于实时跟踪 GPS 卫星信号,可接收 GPS L1、L2 频率信号,获取伪距以便于轨道定位;朝向天底方向的天线用于观测地表和海洋表面发射的信号,可用来研究海洋环流和地面风场;前向和后向天线用于掩星观测,可提供中性大气温度、压力和湿度廓线以及电离层电子密度廓线,同时还可用来研究 GPS 反射自地球表面和地球大气的信号。

(2)CHAMP 计划

CHAMP 计划是由德国空间管理局支持、GFZ(亥姆霍兹波茨坦中心)的科学家于 1994 年提出的小卫星计划,主要用于改善重力场和磁场模型,掩星观测是附属的研究任务。CHAMP 卫星轨道高度为 300 km,轨道倾角 87.2°,设计寿命为 5 a,实际运行至 2010 年 9 月 20 日,获得了多年的高精度掩星观测数据。

CHAMP 计划中使用的 GPS 接收机是 TurboRogue Ⅱ型 GPS 接收机,与 SAC-C 卫星上的掩星接收机一样,掩星和定位卫星为独立的链路,采用了半无码技术,并设计了 10 dBi 的高增益掩星探测天线,大大提高了掩星观测能力和数据质量,提高了探测数据反演成功率。

(3)GRACE 任务

GRACE 任务由美国和德国历时 5 a 合作完成,包含两颗相同的卫星,分别为 GRACE-A 和 GRACE-B,两颗卫星运行在 500 km 高的极轨轨道上,相互间隔 220 km,利用星载 GPS 接收机和微波测距系统可以精确测量两颗卫星间的距离,从而能够绘制出目前世界上最高精度的全球重力场地图,而且每颗 GRACE 卫星每天能够提供 200 次左右的掩星观测数据。

(4)ACE+任务

2001 年 1 月,ACE 和 WATS 两个计划合并,改称 ACE+计划,该计划是欧洲空间局提出的一个重大空间天气计划。它以无线电掩星技术监测地球大气为主要目标,计划提供全球 100~800 km 高精度电离层电子密度和 0~60 km 大气的密度、温度、压力、湿度和位势高度等重要的大气参数。该计划由于受欧洲空间局财政压缩的影响,在 2005 年完成第一阶段研究后项目暂停。

该计划由 4 颗卫星组成一个星座,分布在两个轨道面,每个轨道的倾角为 90 °,为提高卫星掩星观测的效能,优化掩星事件空间分布,卫星轨道高度分别为 650 km 和 800 km,升交点赤经相差 180 °,即两个轨道上的卫星相对逆向运行,单颗卫星质量约 130 kg。ACE+计划还通过增加 LEO-LEO 间的观测,进行独特的对流层水汽测量,扩展了无线电掩星测量的能力。ACE+卫星的掩星大气探测概念如图 3-3 所示。

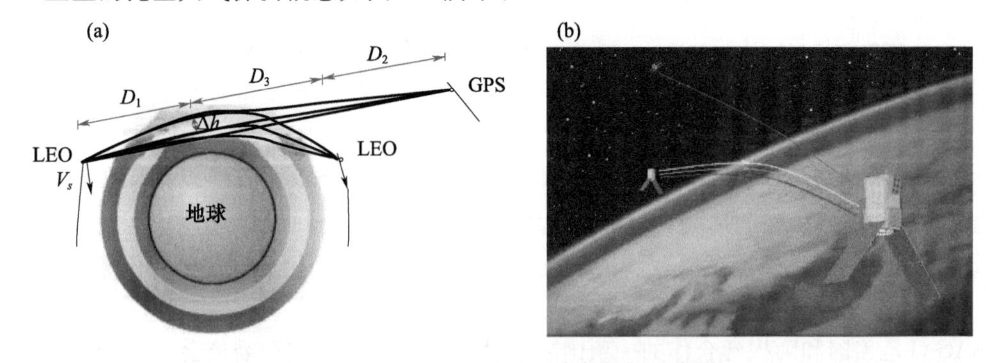

图 3-3 ACE+卫星的掩星大气探测示意图

(图中 D_1 为掩星侧轨道高度以下部分路径,D_2 为非掩星侧轨道高度以下部分路径,D_3 为轨道高度以上部分路径)

ACE＋掩星观测计划采用欧洲开发的GRAS接收机，能够跟踪GPS和Galileo导航系统信号，接收导航星载波相位，称为GRAS＋掩星[1-3]；此外，该系统也可以进行低地球轨道卫星之间的掩星观测，称为CALL掩星，4颗小卫星中的2颗发射X和K波段的信号，另外2颗卫星接收这些信号，发射和接收信号的小卫星反向而行，具有不同的飞行高度。CALL掩星主要是通过测量水汽对X和K波段信号强度的影响，反演大气水汽和温度。

(5)KOMPSAT-5任务

KOMPSAT-5任务由KARI(韩国航空航天研究所)开发和管理，主要任务目标是为地理信息应用提供高分辨率SAR图像、灾害与环境监测以及自然资源调查[4,5]。其于2013年8月22日发射升空，轨道高度为550 km，轨道倾角为97.6°。

卫星搭载的大气掩星和高精度定轨载荷(AOPOD)是第二有效载荷，由IGOR星载双频GPS接收器和LRRA(激光角反射器阵列)组成，主要为POD(精确轨道确定)和GPS无线电掩星测量提供数据。IGOR掩星接收机在TurboRogue Ⅱ (BlackJack)接收机的基础上进行了定制和改进，LRRA包括四个安装在紧凑框架中的角锥棱镜，用于卫星的精密轨道验证。

(6)OCEANSAT-2任务

OCEANSAT-2是印度发射的海洋卫星，观测数据主要应用在海洋研究，如印度次大陆和东南亚的季风传播、沿海区测绘[6]。卫星于2009年9月发射，位于太阳同步近圆轨道，轨道高度约720 km，轨道倾角为98.28°。搭载Ku波段的散射仪和掩星探测仪反演地球物理参数，如悬浮泥沙，黄色物质和浮游植物，海水表面温度(SST)，海洋表面上的风、海况(包括波高等)，以及大气廓线。

掩星探测设备为无线电掩星大气探测器(ROSA)，其由1副定位天线、2副掩星天线、主机和相应的射频电缆组成，在OCEANSAT-2任务中，只能观测到上升的掩星事件。

3.2　系列发展阶段

3.2.1　MetOp卫星

MetOp是欧洲气象卫星开发组织(EUMETSAT)研发的系列极轨气象卫星的统称，MetOp系列由3颗卫星组成，与NOAA(美国国家海洋和大气管理局)极轨卫星一起提供全球气象数据[7]。

MetOp-A卫星是欧洲发射的第一颗极轨气象卫星，重达4 t以上，于2006年10月发射，2007年5月全部载荷业务化运行，是ENVISAT卫星(2002年发射)之后欧洲发射的最大的地球观测卫星，轨道平均高度817 km，倾角为98.704°[8]。2012年9月，MetOp系列第二颗卫星MetOp-B发射，但MetOp-A卫星仍然表现良好，因此，两颗卫星在同一轨道上飞行，相距半个轨道，协同工作，以更好地观察大气的快速演变，2013年4月，MetOp-B成为主要业务运行卫星；该系列卫星最后一颗卫星MetOp-C于2018年11月发射，目前运行良好。

MetOp-Second Generation(MetOp-SG)是第一代MetOp气象业务系列卫星的后续系统，其总体目标是：在2020—2040年，为中期数值天气预报和气候监测提供极地轨道的业务观测和测量；为大气化学、海洋水文学提供服务；与第一代气象卫星衔接，确保极轨气象卫星基本业务气象观测的连续性，同时提高观测的准确性、分辨率、动态范围，另外增加新的测量任务[9]。与当前运行的MetOp系列卫星不同的是，MetOp-SG系列由6颗卫星组成，分为2组，即

MetOp-SG-A 和 MetOp-SG-B，A 组和 B 组卫星携带不同但互补的仪器载荷，这些载荷也将确保提供数据连续性，以及满足气象界不断变化的新仪器需求。

第一代 MetOp 卫星上面搭载的载荷有 12 种，包括：红外大气遥测干涉仪（IASI）、微波湿度探测器（MHS）、大气探测全球导航卫星系统接收机（GRAS）、高性能散射仪（ASCAT）、全球臭氧监测试验设备（GOME-2）、高性能微波遥测单元（AMSU-A1/AMSU-A2）、高分辨率红外辐射遥测计（HIRS/4）、高性能甚高分辨率辐射计（AVHRR/3）、高性能数据采集系统（A-DCS）、空间环境监测仪（SEM）、搜索与救援处理器（SARP-3）、搜索与救援转发器（SARR）。其在卫星上的分布如图 3-4 所示。

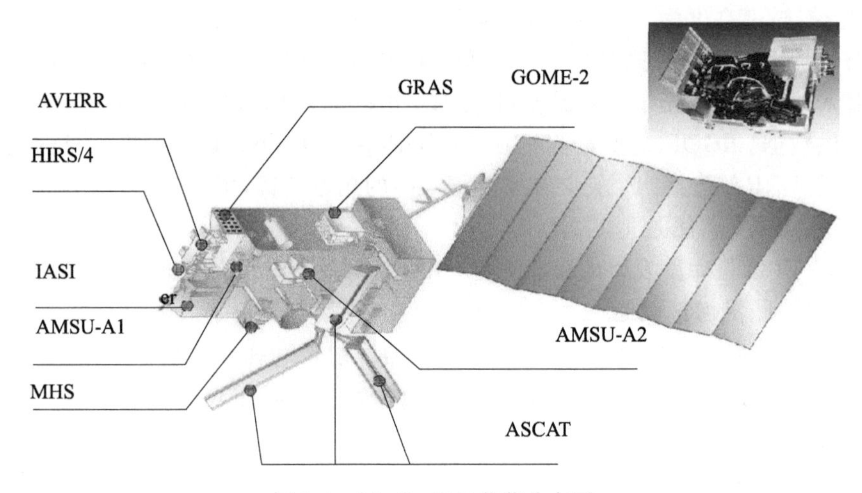

图 3-4　MetOp 卫星载荷分布图

其中，大气探测全球导航卫星系统接收机是由瑞典萨博爱立信航天公司（SES）和奥地利航空航天公司（AAE）共同设计和开发的，是一种具有半无码操作能力的双频 GPS 高性能仪器，具有 12 个双频率通道，4 个用于掩星测量，8 个用于精密定轨。2006 年 11 月 1 日，GRAS 接收机共记录了 660 个掩星事件，包括 338 个下降掩星和 322 个上升掩星，其地理覆盖范围如图 3-5 所示，可以看出掩星事件全球覆盖是均匀的。第二代 MetOp-SG 卫星上也将搭载无线电掩星探测仪（RO）。

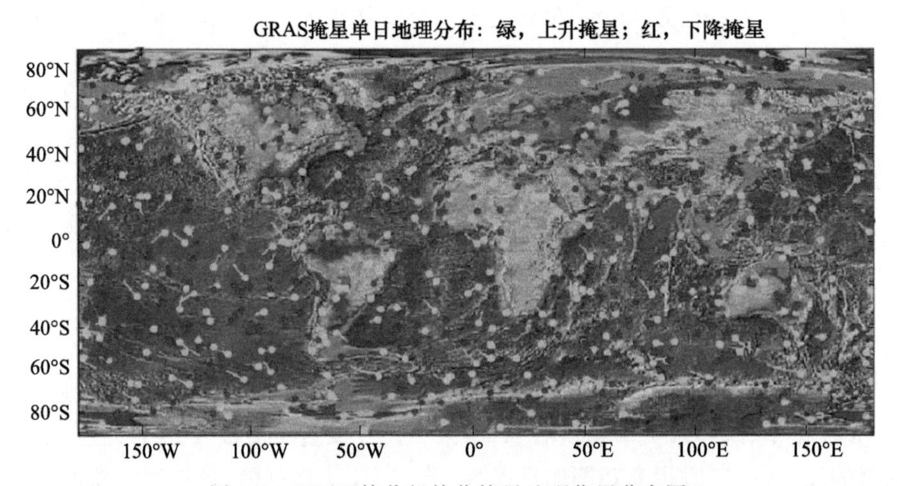

图 3-5　GRAS 接收机接收掩星地理位置分布图

3.2.2 风云气象卫星

我国从20世纪70年代开始实施自己的气象卫星计划，经过40 a以上的工作，已经成功发射了风云一号(FY-1)、风云二号(FY-2)、风云三号(FY-3)、风云四号(FY-4)系列气象卫星共16颗，其中极地轨道系列气象卫星(FY-1、FY-3)共8颗，完成了极轨气象卫星从试验应用型向业务服务型的转变，从第一代极轨气象卫星到第二代极轨气象卫星的转变，从单一探测到综合探测的转变，从定性应用到定量应用的转变，实现了业务化、系列化和定量化的发展目标。

FY-3卫星是我国第二代极轨气象卫星，它在FY-1卫星技术基础上发展和提高，在功能和技术上向前跨进了一大步，具有质的变化。FY-3气象卫星的应用目的包括四个方面：为中期数值天气预报提供全球均匀分辨率的气象参数；研究全球变化，包括气候变化规律，为气候预测提供各种气象及地球物理参数；监测大范围自然灾害和地表生态环境；为各种专业活动(航空、航海等)提供全球任一地区的气象信息，为国防建设提供气象保障服务。

风云三号01批为试验星，包括2颗卫星，即风云三号01星(FY-3A)和风云三号02星(FY-3B)，已分别于2008年5月27日和2010年11月5日成功发射，FY-3A和FY-3B上搭载了众多先进的探测仪器，包括可见光红外扫描辐射计、红外分光计、微波辐射计、中分辨率成像光谱仪、微波成像仪、紫外臭氧探测器、地球辐射收支探测器、空间环境监测器等。

风云三号03星(FY-3C)是02批卫星的首发星，于2013年9月23日成功发射[6,10]。在充分继承了FY-3A/3B星的成熟技术基础上，核心遥感仪器技术状态在原有基础上进一步提升性能，为星上搭载了12台(套)遥感仪器，包括可见光红外扫描辐射计、红外分光计、微波温度计、微波湿度计、微波成像仪、中分辨率光谱成像仪、紫外臭氧垂直探测仪、紫外臭氧总量探测仪、地球辐射探测仪、太阳辐射测量仪、空间环境监测仪器包和全球导航卫星掩星探测仪。

风云三号04星(FY-3D)是我国第二代极轨气象卫星第二颗业务星，于2017年11月15日成功发射[11,12]。FY-3D装载了10台(套)先进的遥感仪器，除了微波温度计、微波湿度计、微波成像仪、空间环境监测仪器包和全球导航卫星掩星探测仪等5台继承性仪器之外，红外高光谱大气探测仪、近红外高光谱温室气体监测仪、广角极光成像仪、电离层光度计为全新研制、首次上星搭载，核心仪器中分辨率光谱成像仪进行了大幅升级改进，性能提升显著。

风云三号05星(FY-3E)是我国第二代极轨气象卫星第三颗业务星，是风云卫星家族中的首颗晨昏轨道气象卫星，同时也是全球第一个在晨昏轨道实现业务运行的太阳同步气象卫星，于2017年11月15日成功发射[13-16]。FY-3E在FY-3D的基础上，新增了风云家族首个主动探测风场测量雷达，用于对海面风场实施精确探测；新增了太阳辐照度光谱仪、太阳X-EUV成像仪，实现对太阳光谱辐照度及多维同步观测；首次装载了大幅宽、大动态范围、高灵敏度的微光成像仪器，这是我国最先进的微光探测仪器。

风云三号气象卫星载荷分布如图3-6所示。

风云三号掩星大气探测任务由GNSS卫星段、LEO段和地面段三个主要部分组成。GNSS部分由GPS和北斗卫星导航系统组成；LEO段由搭载GNOS无线电掩星接收机的FY-3C卫星组成；地面段由北京的数据处理中心和五个地面站组成，五个地面站分别位于北京、乌鲁木齐、广州、佳木斯和基律纳。地面站主要用于接收风云三号卫星的观测数据，并将其传输至数据处理中心。此外，在地面段，还需要国际GNSS服务(IGS)站提供的GPS/BDS精确轨道、时钟文件、地球定向参数、地面站坐标和测量等辅助信息；在数据处理中心，首先对原始观测数据进行解密和解压，然后根据不同仪器有效载荷的数量，将数据包分类存储在12个不同的特定存储空间中，12个数据包之一是二进制格式的GNOS仪器观测数据，主要包括相位和信噪比(SNR)测量，这些原始数据被定义为0级数据。

图3-6 风云三号卫星及其载荷分布图

GNOS掩星探测仪由1个数据处理单元、3个射频处理单元以及3副天线组成，3副天线分别为前向掩星接收天线、后向掩星接收天线以及定位接收天线。卫星前进方向的天线及射频单元用于接收上升的大气和电离层掩星信号，后向方向的天线及射频单元接收下降的大气和电离层掩星信号，顶部定位接收天线及射频单元接收非掩星信号，用于低轨卫星的精密定轨。采用国际上最先进的开环跟踪(Open-loop)技术，可跟踪信号至地面1～2 km高度处，针对电离层的应用需求，对GNOS天线结构进行专门设计，监测范围最高可至800 km。与国际上已经实施和计划中的掩星探测任务不同，GNOS除接收GPS信号以外，还兼容中国自主研发构建的北斗二代导航卫星信号。单一星座状态下，GNOS每天可得到的中性大气廓线和电子浓度廓线在500次左右，兼容北斗信号可使掩星数量增至1000次左右。

FY-3E卫星上搭载的GNOS-Ⅱ载荷是FY-3C/3D卫星上的GNOS载荷的升级版，升级后的GNOS-Ⅱ继承了GNOS载荷的掩星大气探测功能，同时又新增了GNSS反射信号功能，使其具备了天地一体化探测的能力。

3.3 星座发展阶段

3.3.1 COSMIC卫星

GPS/MET试验和CHAMP、SAC-C等掩星大气探测计划成功实施后，在其经验和研究成果的基础上，1997年中国台湾的空间计划办公室和美国的UCAR、JPL、美国海军研究实验室(NRL)、得克萨斯州立大学、亚利桑那州立大学、佛罗里达州立大学以及其他合作伙伴共同发起了COSMIC任务，该任务的主要科学目标是证明近实时GPS无线电掩星观测数据在业务数值天气预报中的价值,每天提供1600～2400次近实时的大气和电离层探测,包括温度、压力、折射率和水蒸气的垂直剖面以及电子密度廓线。2006年4月,COSMIC卫星星座在加利福尼亚的范登堡空军基地成功发射。

COSMIC星座系统由6颗小卫星、位于中国台湾的卫星运行控制中心(SOCC)、多个测控地面站、2个数据接收处理中心以及1个基准站网络组成。SOCC使用实时遥测和后轨遥测来监测、控制和管理卫星的健康状态。下行无线电掩星数据通过NOAA从数据传输站传输到位于美国科罗拉多州博尔德的CDAAC(COSMIC数据分析和存档中心)和中国台湾原"交通部中央气象局"的TACC(台湾COSMIC分析中心)。所有收集的科学数据都由CDAAC处理,然后传输到TACC和NOAA的国家环境卫星数据和信息服务中心(NESDIS),这些数据进一步传送到世界各地的用户,包括卫星数据同化联合中心(JCSDA)、国家环境预测中心(NCEP)、欧洲中期天气预报中心(ECMWF)等。整体架构如图3-7所示。

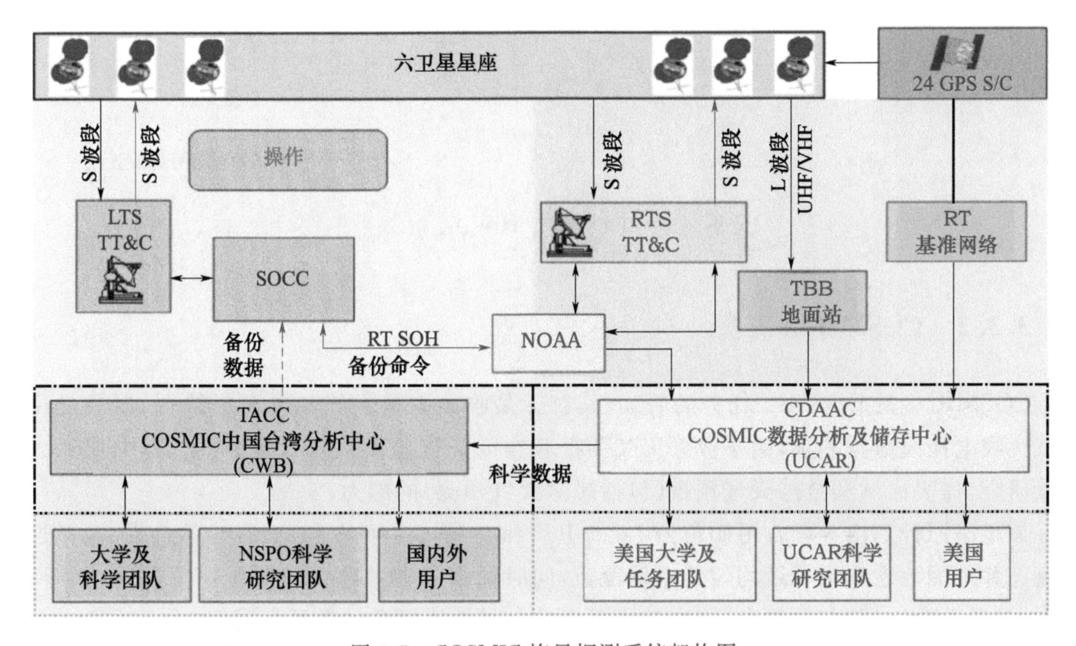

图3-7 COSMIC掩星探测系统架构图

COSMIC卫星主要子系统包括有效载荷子系统、结构和机构子系统(SMS)、热控制子系统(TCS)、电力子系统(EPS)、指挥和数据处理子系统(C&DH)、射频子系统(RFS)、反馈控制子系统(RCS)、姿态控制子系统(ACS)和飞行软件子系统(FSW),其主要结构如图3-8所示。

COSMIC无线电掩星载荷为IGOR,该载荷基于JPL的BlackJack GPS掩星接收机设计,并在CHAMP、SAC-C和GRACE等任务中飞行。

每颗COSMIC卫星上有2个定位天线和2个掩星天线,2个定位天线向地平面倾斜,同时接收定位卫星和电离层掩星,而2个掩星天线分别跟踪上升和下降的中性大气掩星。IGOR可以以亚毫米精度对掩星链路上的高速率(50 Hz)双频载波相位进行测量,以实现准确、高分辨率的大气廓线反演;同时可以以较低速率(0.1 Hz)测量所有可见卫星的相位,实现5～10 cm水平的精确轨道确定。IGOR还具有软件无线电功能,可以被编程为同时跟踪多达16颗GPS卫星,同时处理来自L1CA、L1P和L2P信号的幅度范围和相位。

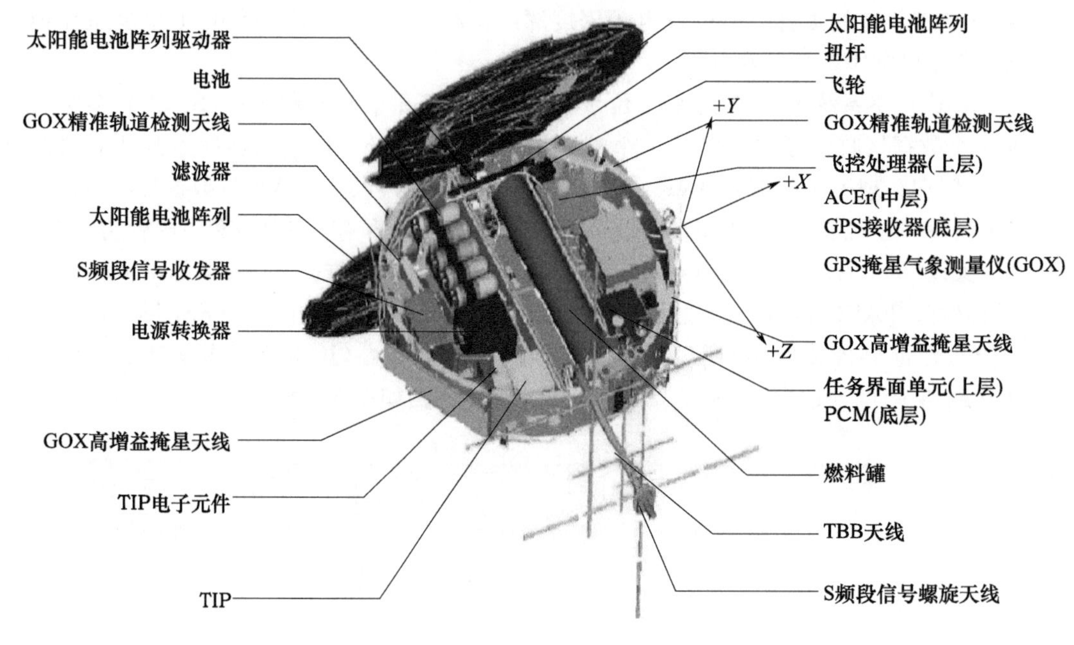

图 3-8 COSMIC 计划的卫星组成图

3.3.2 COSMIC-2 卫星

COSMIC-2 是 COSMIC 任务的后续，其目标是收集大量大气和电离层数据，以满足用户连续无线电掩星数据需求，用于业务天气预报和空间天气监测以及气象、气候、电离层和大地测量研究，提高区域和全球天气预报（包括恶劣天气预测）的能力。

该星座原计划由 6 颗轨道倾角为 72°的卫星和 6 颗轨道倾角为 24°的卫星组成，选择这种星座配置是因为它提供了最均匀的全球覆盖，同时加强了赤道地区的掩星观测数据，如图 3-9 所示，显示了全球探测（数据点）分布与所考虑的各种轨道倾角的关系。同时，由于 COSMIC-2 能够跟踪 2 个全球导航系统信号（GPS、GLONASS），而 COSMIC 只能跟踪 1 个 GPS 导航系统，因此该星座每天将产生 8000 多条探测廓线，而 COSMIC 目前每天产生大约 1000 个探测剖面，如图 3-10 所示。

COSMIC-2 星座将与 COSMIC 系统采用相同的任务控制和地面系统网络，卫星采用 SSTL-150 总线，已用于多次卫星任务，允许适应更传统的设计，而无须大量优化和小型化，其主要结构如图 3-11 所示。

2017 年 10 月，由于资金和其他原因，取消了计划中的 6 颗高倾角轨道卫星。2019 年 6 月 25 日，SpaceX 猎鹰重型火箭搭载的 6 颗 COSMIC-2 卫星在美国佛罗里达州肯尼迪航天中心发射升空，随后到达 720 km 的停泊轨道，经过 1 个月的卫星健康检查和 18 个月的轨道转移操作，所有 6 颗卫星于 2021 年 2 月 3 日部署到任务轨道。

COSMIC-2 主要任务载荷是第三代 GNSS 无线电掩星接收机 TriG，该接收机同时具备 POD 和 RO 功能，能同时接收所有 L 波段 GNSS 信号（GPS、Galileo、GLONASS、北斗）；采用双处理器架构，能够独立进行掩星和轨道计算处理；同时具有更高的 SNR。

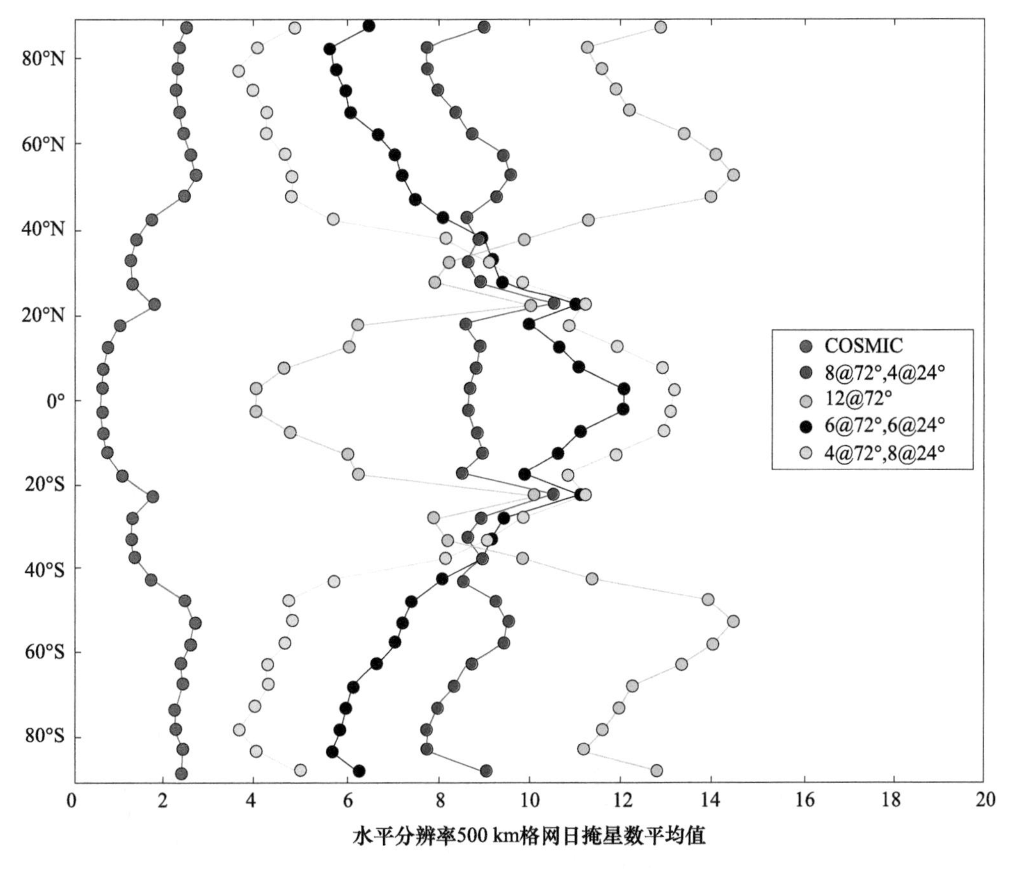

图 3-9　不同星座构型时掩星事件覆盖数量

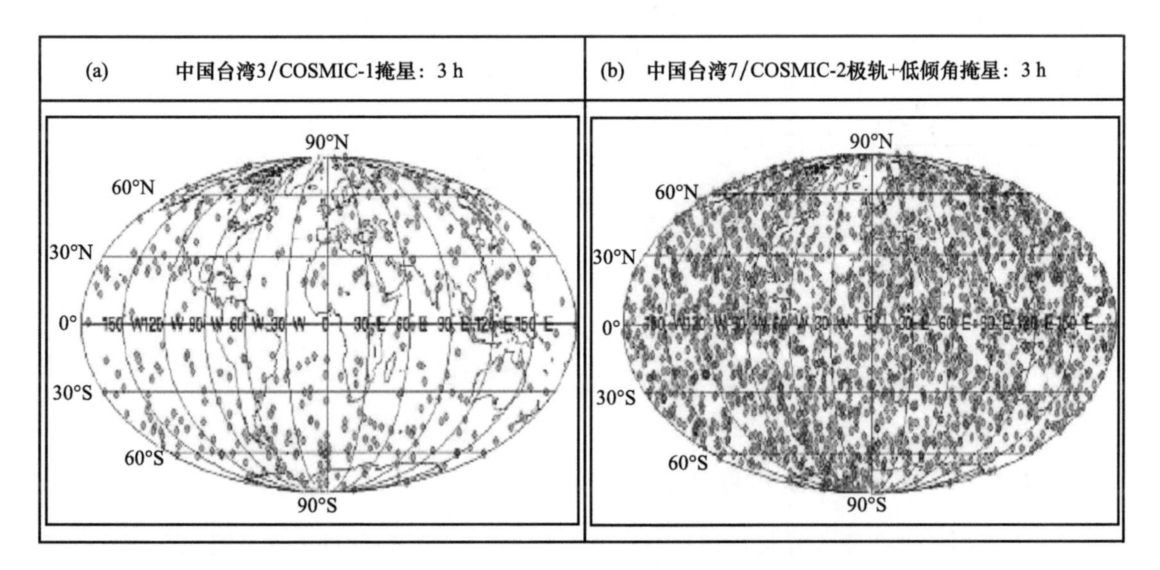

图 3-10　COSMIC-1 和 COSMIC-2 卫星星座探测掩星数量对比

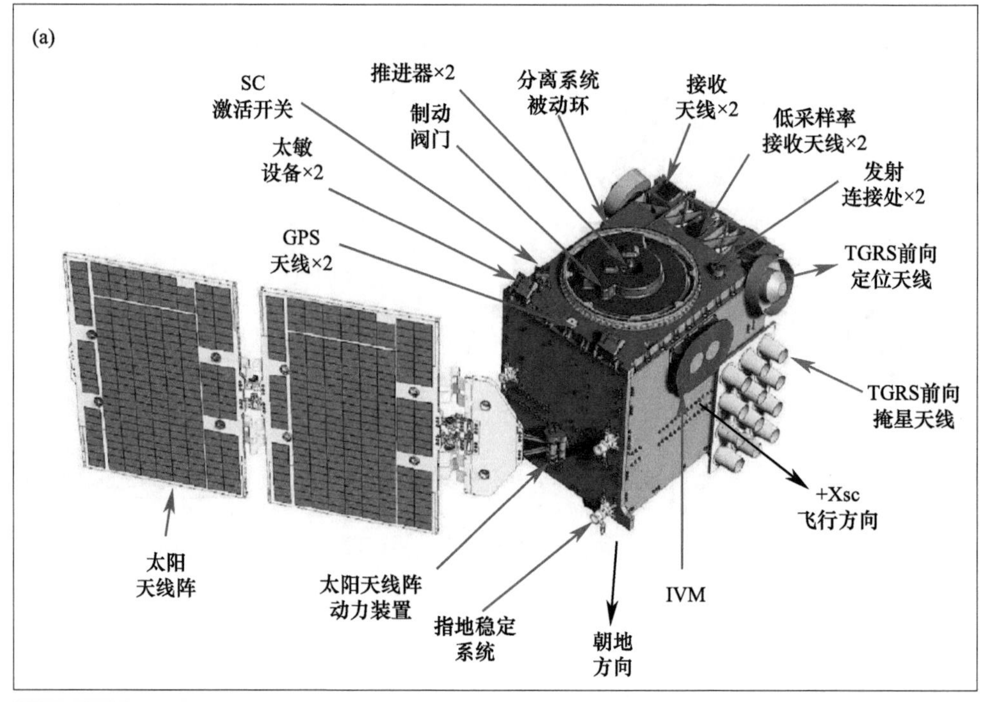

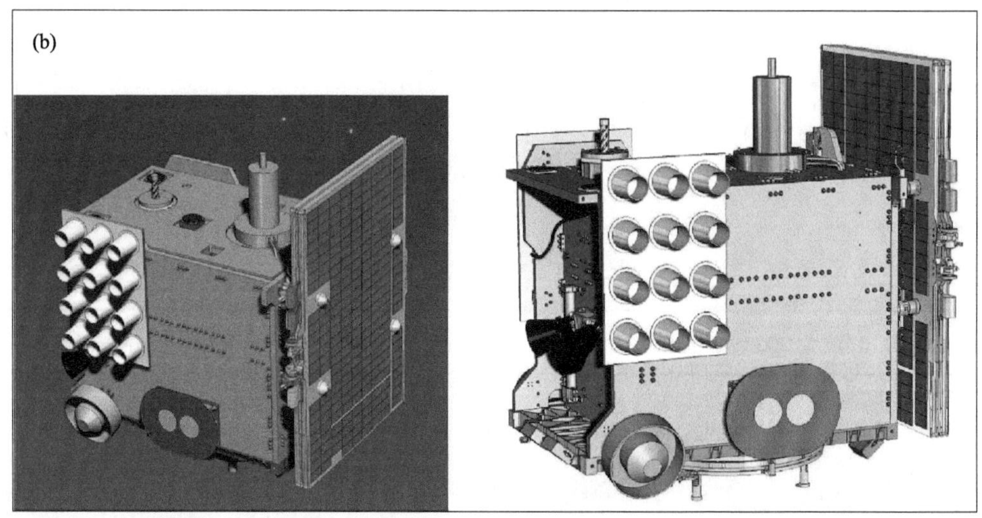

图 3-11　COSMIC-2 结构图

3.4　商业发展阶段

3.4.1　CICERO 掩星星座计划

CICERO 是 2007 年 5 月提出的掩星星座计划，是首个计划通过私人筹资采用商业运作的业务星座，由 GeoOptics(美国地理光学公司)负责运营，计划 3 a 内部署 24 颗掩星卫星，4～5 a 后达到 100 颗卫星，卫星重约 40 kg。该系统的总体目标是向全世界的科学家和决策者提供有关地球状况的关键数据，产品将包括大气压力、温度和湿度的高精度廓线数据，电离层中电子分布的 3D 地图以及各种海洋和冰属性，主要应用于天气预报、气候研究和空间天气监测。

2017 年 7 月，GeoOptics 发射了 3 颗 6U 立方体气象卫星，分别命名为 CICERO-1、CICERO-2、CICERO-3，主要用于对地球大气卫星无线电掩星测量，单星质量 10 kg。卫星外部在结构上经过设计，可包括 2 个天线阵列，由 4 个无线电掩星贴片天线和 2 个半球天线组成，其中 2 个半球天线用于精确定轨(图 3-12)。无线电掩星天线直接放置在飞行方向和反向面板上，通过最大化接收机的信噪比来提高对流层下层测量的分辨率。2 个精密定轨天线指向略高于飞行和反向面板方向，以增加电离层剖面的数量，并为所有科学测量提供位置、速度和时间数据。

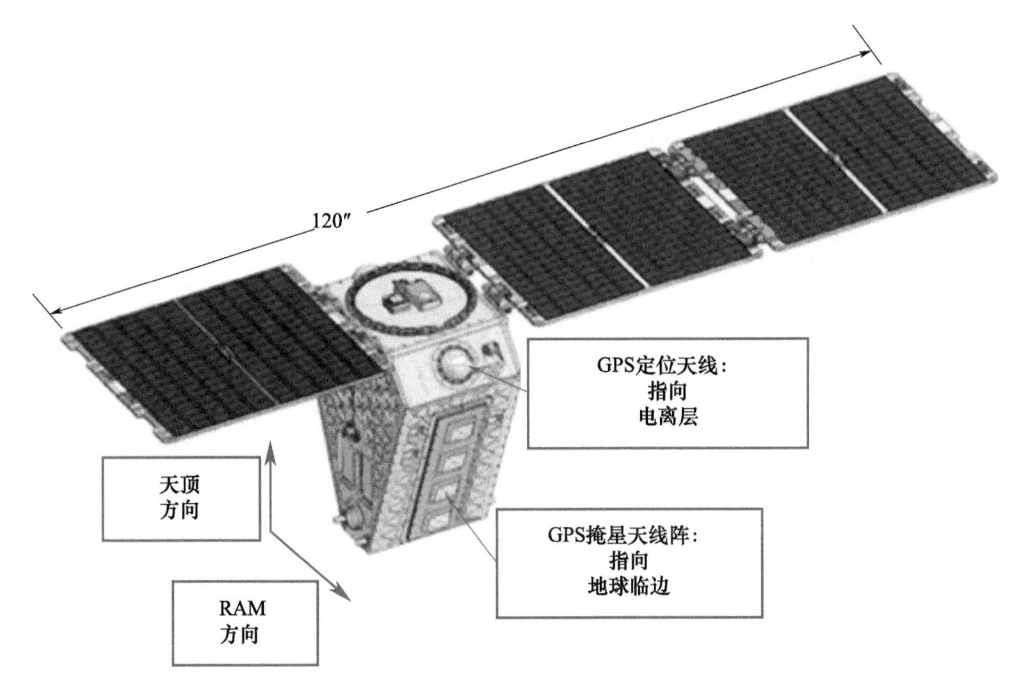

图 3-12　CICERO 卫星结构图

CICERO 卫星星座主要历程和特点如下。

获取高质量掩星：从 2018 年收集的第一批掩星开始，CICERO 就能够提供高质量的数据。

首次获取 GLONASS 掩星：2018 年 4 月，通过在轨软件更新，CICERO 能够从 GLONASS 导航卫星和 GPS 收集掩星数据。

每天超过 500 次掩星：2018 年 5 月，CICERO 开始每天产生 500 多次高质量掩星，这是世界上第一颗接近并超越这一里程碑的微纳卫星。

向 NOAA 提供数据：2018 年 10 月 31 日，GeoOptics 根据商业天气数据试点计划提供的 344 万美元合同，开始向 NOAA 提供近实时数据。一年多时间，CICERO 总共提供了 356490 条高质量的掩星。

补充额外卫星：2018 年 11—12 月，GeoOptics 发射了补充的 CICERO 卫星，展示了该星座的灵活性，在运营团队的支持下，这些卫星在发射后数小时内部署、开始运营并向合作伙伴提供数据。

低延迟地面业务开发：在过去的一年中，GeoOptics 通过在全球扩展 CICERO 地面站网络以及开发地面处理平台，将实时掩星数据从下行链路传输到处理中，显著降低了数据延迟，它在每次传递结束之前被接收。

CICERO 卫星采集的定位和掩星数据主要通过静止卫星中继下传，以提高资料的实时性。CICERO 星座探测系统组成如图 3-13 所示。

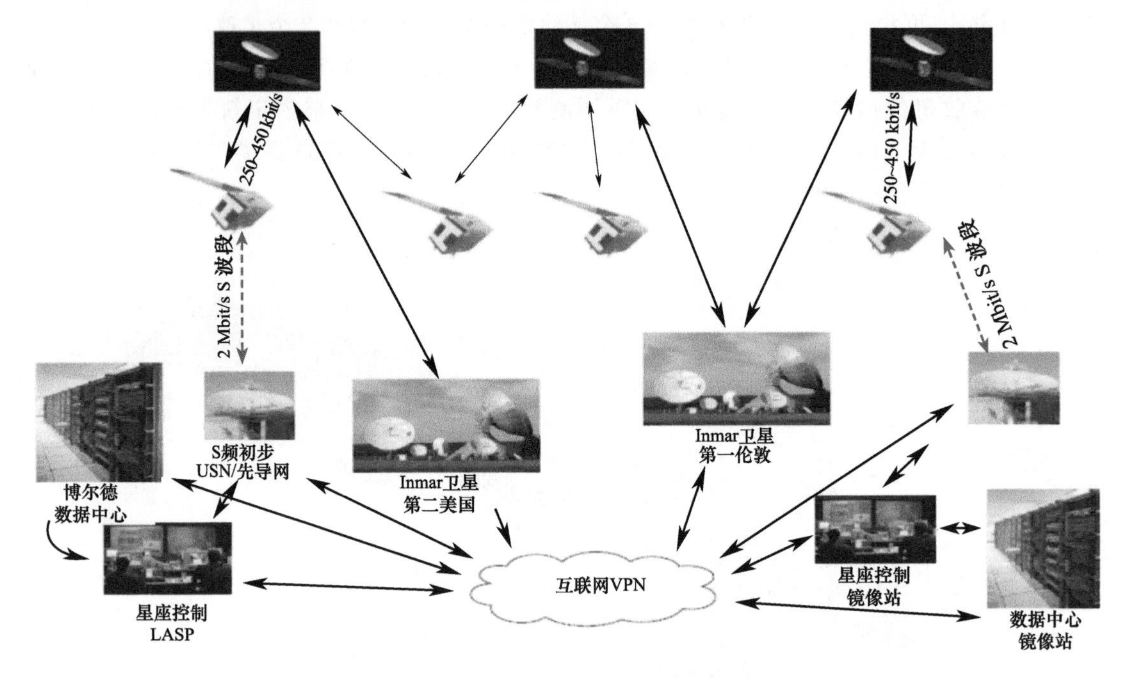

图 3-13 CICERO 星座探测系统组成示意图

3.4.2 Lemur-2 微纳星座

Spire Global（美国卫星运营商顶尖全球公司）是一家美国私营公司，专门从小型卫星网络收集数据。2014 年启动了 Lemur 项目，计划在 400～600 km 的高度范围内部署由 175 个 3U 立方体微纳卫星组成的卫星星座，并计划对卫星进行渐进式升级并可搭载更多载荷。

2014 年在联盟号火箭上发射了 Lemur-1 原型卫星，该卫星的主要目的是演示卫星平台和支持系统，而不是有效载荷的业务化使用，Lemur-1 配备了 2 个有效载荷，分别是中分辨率彩色相机和低分辨率红外成像系统。

2015 年启用 Lemur-2 计划，在印度 PSLV（极轨卫星运载火箭）上发射了 4 颗卫星，主要搭载 2 种有效载荷，分别为 GPS 无线电掩星载荷（STRATOS）和用于船舶跟踪的 AIS 有效载荷（SENSE）。另外，Spire Global 计划对卫星进行渐进式改进并添加更多传感器，2018 年前后发射的下一代卫星将配备 ADS-B 终端，用于在全球范围内跟踪飞机。Spire 可以一次部署多颗小型卫星，从而降低成本并提高进入太空的机会，每颗 Lemur-2 纳米卫星的质量约为 4.6 kg，其结构如图 3-14 所示。

2016 年 9 月，NOAA 的商业天气数据试点计划分别资助了拥有 Lemur 星座的 Spire Global 和拥有 CICERO 星座的 GeoOptics，两者都将向 NOAA 提供无线电掩星数据进行评估，以确定是否可以将商业数据纳入 NOAA 的数值天气模型。

图 3-14　Lemur-2 卫星示意图

3.4.3　GNOMES 掩星星座

PlanetiQ 的成立是为了建造、发射和运营第一个商业(全球导航卫星系统-无线电掩星)气象卫星星座，PlanetiQ 此前曾希望在 2016 年和 2017 年发射 12 颗小型卫星星座，但由于资金问题，一直推迟到 2020 年初才开始实施，PlanetiQ 对其卫星进行了多次设计更改，最初设计重量超过 120 kg，该公司在 2015 年选择蓝峡谷技术公司(BCT)作为其制造合作伙伴时，将卫星减至 20 kg 以下。

GNOMES 实验性微型卫星的质量约为 30 kg，由位于科罗拉多州博尔德的 BCT 使用 XB 总线制造，该航天器采用三轴稳定和最低点跟随，如图 3-15 所示。

图 3-15　GNOMES-1 卫星示意图

PlanetiQ 的 GNOMES-1 微型卫星于 2020 年 8 月 30 日从卡纳维拉尔角空军基地搭乘

SpaceX Falcon-9 运载火箭发射，轨道高度为 619.6 km，轨道倾角为 97.86°。卫星搭载第四代 Pyxis 无线电掩星接收机，该接收机比以前的版本更小、更轻、功耗更低，但数据收集能力提高了近 3 倍，因为它能够接收来自 4 个主要 GNSS 星座（GPS、GLONASS、Galileo 和北斗）的双频信号。

3.5 小结

从掩星大气探测研究计划及发展历程可以得出，为了获得时效性强、覆盖全球的掩星大气探测数据，采用多颗小卫星组成星座进行分布式探测是掩星大气探测的必然发展趋势。

另外，掩星载荷的高性价比、低功耗等特点，使得它可以搭载在从几十千克的微小卫星到几千千克的高精度卫星等不同卫星平台上。越来越多的国家、地区和组织在计划下一代天气、气候、对地遥感、空间天气等低轨卫星时，都考虑增加掩星载荷，使得掩星大气探测技术国际化合作发展以及探测星座商业化发展更为迅速，并成为重要发展方向。

参考文献

[1]KIRCHENGAST G, HOEG P. The ACE+ mission: An atmosphere and climate explorer based on GPS, GALILEO, and LEO-LEO radio occultation[M]//Berlin: Springer Berlin Heidelberg, 2004: 201-220.

[2]LIU C L, KIRCHENGAST G, SYNDERGAARD S, et al. A review of low Earth orbit occultation using microwave and infrared-laser signals for monitoring the atmosphere and climate[J]. Advances in Space Research, 2017, 60(12): 2776-2811.

[3]VELDMAN S, LUNDAHL K. Atmosphere and climate explorer plus[J]. Acta Astronautica, 2005, 56(1-2): 73-79.

[4]CHOI M, LEE W K, CHO S, et al. Operation of the radio occultation mission in KOMPSAT-5[J]. Journal of Astronomy and Space Sciences, 2010, 27(4): 345-352.

[5]ROH K M, HWANG Y. Performance comparison of KOMPSAT-5 precision orbit determination with GRACE[J]. International Journal of Aerospace Engineering, 2020: 1-11.

[6]SUN Y, BAI W, LIU C, et al The FengYun-3C radio occultation sounder GNOS: A review of the mission and its early results and science applications[J]. Atmospheric Measurement Techniques, 2018, 11(10): 5797-5811.

[7]VONENGELN A, ANDRES Y, MARQUARDT C, et al. GRAS radio occultation on-board of Metop[J]. Advances in Space Research, 2011, 47(2): 336-347.

[8]MONTENBRUCK O, ANDRES Y, BOCK H, et al. Tracking and orbit determination performance of the GRAS instrument on MetOp-A[J]. GPS Solutions, 2008, 12(4): 289-299.

[9]XU X, ZOU X. Comparison of MetOp-A/-B GRAS radio occultation data processed by CDAAC and ROM[J]. GPS Solutions, 2020, 24(1): 34.

[10]WANG H, LUO J, XU X. Ionospheric peak parameters retrieved from FY-3C radio occultation: A statistical comparison with measurements from COSMIC RO and digisondes over the globe[J]. Remote Sensing, 2019, 11(12): 14-19.

[11]DU Q, SUN Y, BAI W, et al. The advancements in research of FY-3 GNOS II and instrument performance[C]//IGARSS 2018—2018 IEEE International Geoscience and Remote Sensing Symposium. IEEE, 2018: 3347-3350.

[12]WANG D, TIAN Y, SUN Y, et al. Preliminary in-orbit evaluation of gnos on FY-3D Satellite[C]// IGARSS 2018—2018 IEEE International Geoscience and Remote Sensing Symposium. IEEE,2018: 9161-9163.

[13]SUN Y,LIU C,DU Q,et al. Global navigation satellite system occultation sounder II (GNOS II)[C]// 2017 IEEE International Geoscience and Remote Sensing Symposium (IGARSS). IEEE, 2017: 1189-1192.

[14]XIA J,BAI W,SUN Y,et al. Calibration and wind speed retrieval for the Fengyun-3E Meteorological Satellite GNSS-R mission[C]//2021 IEEE Specialist Meeting on Reflectometry using GNSS and other Signals of Opportunity (GNSS+R). IEEE,2021: 25-28.

[15]SONG B,FINSTERLE W,YE X,et al. Calibration and parameter corrections for the new generation of the TSI monitor on the FY-3E satellite[J]. Astrophysics and Space Science,2021,366(3): 27.

[16]WU X,XIA J. A Land Surface GNSS Reflection Simulator (LAGRS) FORFY-3E GNSS-R Payload: Part I. Bare Soil Simulator[C]//2021 IEEE Specialist Meeting on Reflectometry using GNSS and other Signals of Opportunity (GNSS+R). IEEE,2021: 90-92.

第4章　GNSS掩星接收机技术及发展

经过20 a以上的发展，掩星接收机已经从最初的由地基接收机改造而成，发展为专门为星载掩星探测而设计，掩星天线也由最初的一副低增益天线改为多副高增益天线；接收机由只能闭环跟踪，发展为能够在低对流层开环跟踪，低对流层的信号跟踪能力大大增强。掩星接收机未来的发展趋势是由只能接收GPS信号，发展为可兼容接收BDS、GPS、GLONASS和Galileo信号的GNSS接收机，获取掩星事件数量将大大增加。

4.1　第一代掩星接收机

星载TurboRogue接收机作为GPS掩星大气探测仪被搭载在MicroLab-1、Ørsted和Sunsat 3颗GPS掩星大气探测卫星上。它是一台经JPL改进、原为地基使用的TurboRogue接收机，支持50 Hz采样。由于掩星和定位星通过同一副低增益的天线观测[1]，并且采用无码接收技术[2]，获得的掩星数据较少，对流层底部的数据不足，但成功验证了GPS掩星探测技术。TurboRogue接收机主要技术指标见表4-1，TurboRogue接收机见图4-1。

表4-1　TurboRogue接收机主要技术指标

质量	3 kg
功耗	15 W
相位测量精度	1 mm
天线数量	1
采样率	0.1～50 Hz
通道数	8
掩星数目	150次/d

图4-1　TurboRogue接收机

搭载在 MicroLab-1、Ørsted 和 Sunsat 上的星载 TurboRogue 接收机配置了信噪比为 $1\times10^3\sim2\times10^3$ 的单一低增益天线，用于定轨和掩星观测(图 4-2)；其天线指向卫星飞行速度反方向，仅可观测下降掩星。与地基 TurboRogue 接收机相比，星载 TurboRogue 接收机新增的功能包括：天线可同时跟踪用于定轨的 5～7 颗 GPS 卫星；在选定的卫星/载波相位通道采用最高 50 Hz 的采样率；掩星预报算法，可自动选择通道高速率采样开关时间；采用适应 LEO 多普勒速度的搜索和锁相环(PLL)跟踪环算法；自动查错和纠错；采用数据压缩算法来压缩高速率数据等。TurboRogue 接收机基本实现了掩星探测功能，但存在天线数量少及掩星跟踪算法不适应电波多路径效应等缺陷。由于接收机没有专门的跟踪软件，因此在 3～5 km 高度处经常丢失信号，尤其在水汽含量多、温度结构复杂的中纬度地区和热带地区更为严重。Sunsat 卫星计划中首次实现了 TurboRogue 的在轨升级功能，改善了 TurboRogue 的无码跟踪性能，并对开环跟踪算法进行了测试[3]。

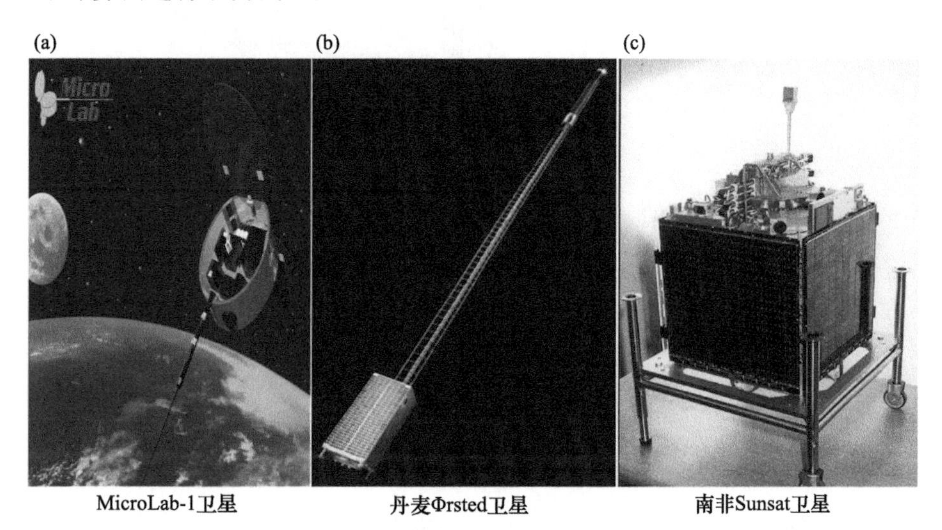

图 4-2　搭载 TurboRogue 接收机的卫星

4.2　第二代掩星接收机

4.2.1　BlackJack 接收机

第二代掩星接收机以 SAC-C 和 CHAMP 上的掩星接收机 TurboRogue Ⅱ(BlackJack)为代表。

SAC-C 是一颗阿根廷和美国联合发射的载有磁力仪和多谱成像仪的卫星[4]，CHAMP 是一颗德国发射的用于重力和磁力成像的卫星[5]，这两颗卫星都携带了 JPL 设计的新一代掩星 GPS 信号接收机 TurboRogue Ⅱ，即二代掩星接收机。

SAC-C 首次沿飞行方向和反方向携带了前后两个掩星天线，因此能够观测到上升和下降事件的掩星数据。此外，SAC-C 还携带向下方向的天线，用于接收从海洋表面反射的 GPS 信号。

第二代掩星接收机 TurboRogue Ⅱ，也称为 BlackJack(图 4-3)，是 JPL 专为掩星探测研制的接收机，掩星和定位卫星为独立的链路，采用了半无码技术，并设计了 10 dBi 的高增益掩星探测天线，大大提高了掩星观测能力和数据质量，提高了反演成功率。BlackJack 接收机具有 16 个双频通道，其中 12 个通道用于精密定轨。最高采样频率为 100 Hz。可跟踪用于定轨的

GPS 卫星 12 颗。与第一代 TurboRogue GPS 掩星接收机相比，BlackJack 增加了天线的数量，提高了天线的增益，接收软件可在轨更新或重载，接收机性能逐步改善。在 SAC-C、CHAMP、GRACE 和 FedSat(图 4-4)等 GPS 掩星大气探测计划中，BlackJack 接收机改进了无码捕获技术，提高了低信噪比情况下的适应性跟踪能力，并开展了开环采样试验。在常态下利用传统 GPS 接收机闭环跟踪技术追踪 GPS 信号，一旦卫星处于某一选择高度以下时，将自动激活开环跟踪状态，并基于大气模型迅速搜索跟踪信号。

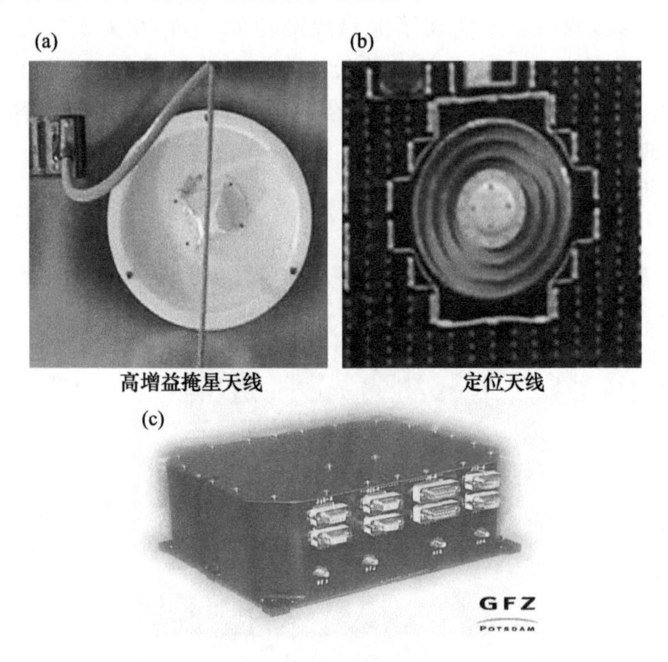

图 4-3 BlackJack 接收机(TurboRogue Ⅱ)

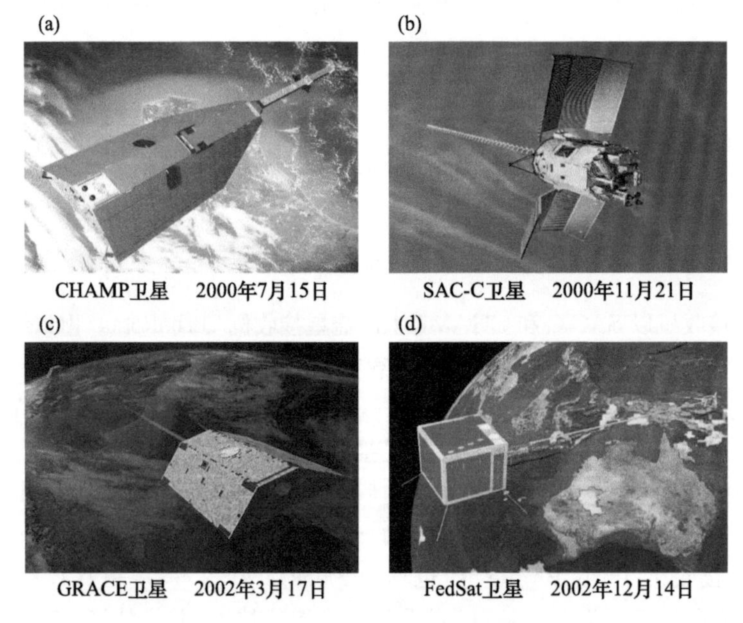

图 4-4 搭载 TurboRogue Ⅱ接收机的卫星

开环工作方式在对流层底层特别重要。因为在对流层上部，多普勒频移一般只有 10～

50 Hz,PLL 可以完成搜索、捕获、跟踪和相位测量,但在对流层低层的超视区域,由于折射率梯度的剧烈变化,相位加速度和幅度的大范围变化,致使 PLL 的动态跟踪误差超出允许的门限而失锁。加大环路的带宽,固然可以扩大动态跟踪能力,但 SNR 将随之下降。若改用频率跟踪环,虽然也可以加大动态跟踪能力,但这会引入频率跟踪误差,使载波相位测量精度下降至分米级。除此以外,在 PLL 上加以动态辅助,是扩大 PLL 动态跟踪的常用方法。如辅之以卫星几何动态辅助和基于对流层折射的物理动态辅助,都可以使 PLL 扩大动态跟踪能力,维持对对流层低层信号的跟踪。但辅助的精度将通过 PLL 的滤波器传递函数引入附加的跟踪误差,将超过所要求的载波相位测量精度。

CHAMP 和 SAC-C 在卫星的不同位置装有 4 副天线,分别用于:精确定轨;掩星大气探测;利用海洋表面和冰面 GPS 信号的镜面反射进行 GPS 测高试验。CHAMP 携带的 BlackJack 接收机配有一组比 TurboRogue 高 5 dBi 的高增益螺旋天线。在 A/S 关闭时,CHAMP 携带的 BlackJack 接收机产生的 SNR 值超过 MicroLab-1 携带的 TurboRogue 接收机 SNR 值。即使在 A/S 打开的情况下,CHAMP 数据质量也等同甚至优于在 A/S 关闭时 MicroLab-1 最佳时间的数据质量。

BlackJack 在各个卫星上得到了成功的应用,包括 SAC-C[4]、GRACE[6-8]、FedSat[9] 等(图 4-4),促使掩星大气探测技术达到了较成熟的程度。

4.2.2 IGOR 接收机

2006 年 4 月,美国与中国台湾合作的 COSMIC 星座发射,COSMIC 是首个以业务化为目的的小型掩星探测星座,由 6 颗 70 kg 的小卫星组成,分布在 6 个轨道面上,形成了全球空间环境监测的天基系统。COSMIC 计划是由美国国防部和中国台湾地区合作研究的空间科学实验项目,其利用低轨道卫星星座探测地球大气来研究天气预报、空间天气监测[10]。

COSMIC 上使用的接收机实际上是经 JPL 授权,由 BRE 公司基于 TurboRogue Ⅱ 设计的,称为 IGOR,是 TurboRogue Ⅱ 的商业化版本,BRE 在硬件设计上作了改进,使之更能适应空间环境[11]。IGOR 重新设计了定位天线和掩星天线,采用微带结构,掩星天线为 1×4 阵列方式,具有 10 dBi 增益。

COSMIC 的一个特点是将电离层掩星和中性大气掩星分别通过不同的天线来探测。每颗 COSMIC 卫星上有 2 副定位天线和 2 副掩星天线,2 副定位天线向地平面倾斜,同时接收定位卫星和电离层掩星,而 2 副掩星天线分别跟踪上升和下降的中性大气掩星。IGOR 接收机主要技术指标如表 4-2 所示。

表 4-2 IGOR 接收机主要技术指标

参数	精确定轨天线	掩星探测天线
质量	接收机<4.6 kg,天线<1.8 kg	
体积	<20×24×10 cm^3	
功耗	峰值功率:23 W	
	平均功率:<16 W	
在轨寿命	2 a 任务,5 a 目标	
采样率	0.1～100 Hz	
掩星数	500 次/(d·颗)	

续表

参数	精确定轨天线	掩星探测天线
天线个数	2	2
可跟踪 GPS 卫星个数	9	2
天线增益	3 dBi	10 dBi
载波相位精度	1 mm(10 s)	—
伪距精度	20 cm(10 s)	—
相位中心	3 mm	—

(1)定位天线

定位天线的主要性能指标如下,定位天线及方向如图 4-5 所示。

重量:约 0.15 kg。

带宽:L1±10 MHz(最小);L2±6 MHz(最小)。

尺寸:130 mm×130 mm×5 mm。

连接器:SMA。

图 4-5　IGOR 定位天线

(2)掩星天线

掩星天线的主要性能指标如下,掩星天线及方向如图 4-6 所示。

重量:约 0.4 kg(单副)。

带宽:L1±10 MHz(最小);L2±6 MHz(最小)。

外形尺寸:105 mm×455 mm×6 mm。

(3)IGOR 接收机

IGOR 接收机主机的主要指标如下,IGOR 接收机外观如图 4-7 所示。

重量:4.6 kg。

外形尺寸:200 mm×240 mm×105 mm。

处理器:双冗余 PowerPc603e。

功耗:23 W(峰值),16 W(正常),28±6 V。

抗辐照总剂量:12 krad①。

抗闩锁 SEL:40 MeV②。

抗单粒子 SEU:部分忍受或恢复。

(a)

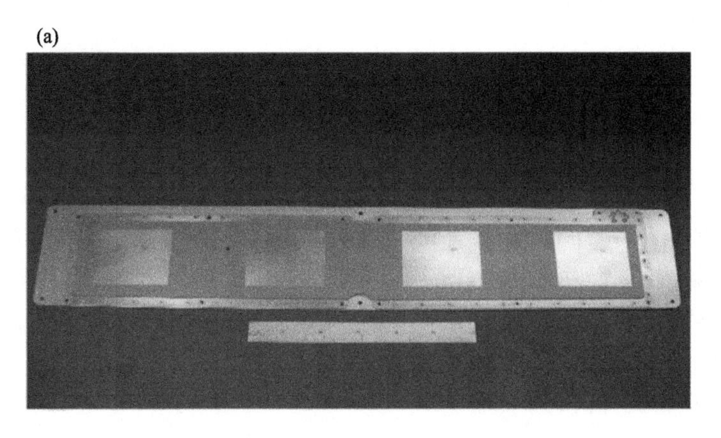

(b)

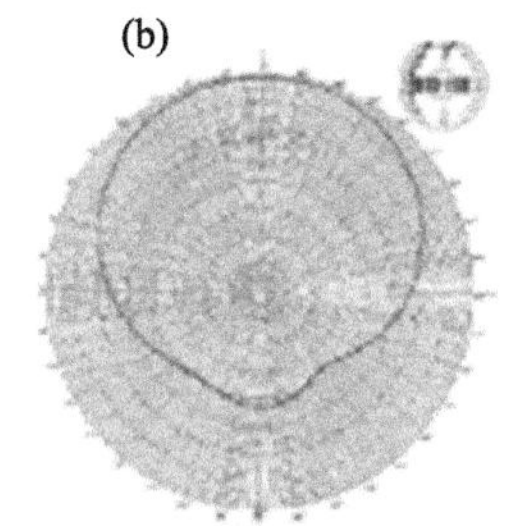

L1–天顶角=0°

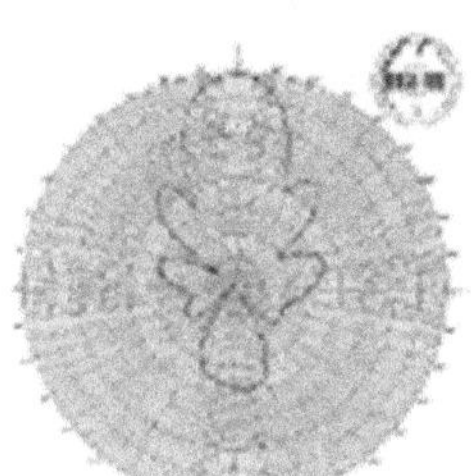

L1–天顶角=90°

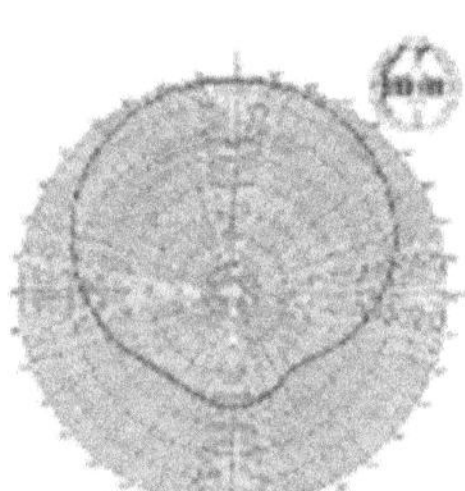

L2–天顶角=0°

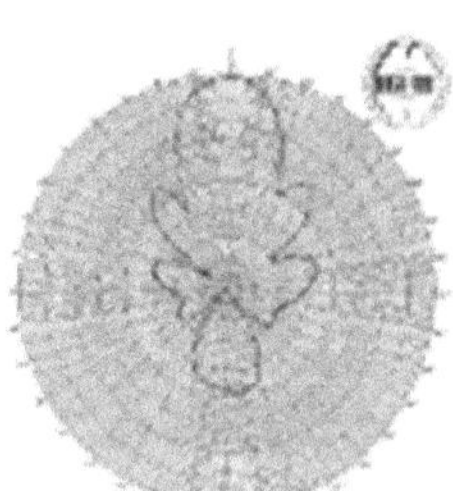

L2–天顶角=90°

图 4-6　IGOR 掩星天线(a)及方向图(b)

图 4-7　IGOR 接收机

① 1 krad=10 Gy,下同。

② 1 MeV≈1.602×10^{-13} J,下同。

4.3 第三代掩星接收机

4.3.1 Pyxis 接收机

BRE 公司在 IGOR 接收机基础上开发的第三代掩星接收机 Pyxis GPS Receiver(图 4-8)，是 COSMIC 星座载荷 IGOR 的改进和升级版。IGOR 接收机已应用于 COSMIC、TerraSAR-X、KCOMPSAT-5 和 RoadRunner。Pyxis GPS Receiver 相较于上一代的 IGOR 接收机，增加了支持接收 GPS 的现代化信号和 Galileo 信号的功能；具有 96 个跟踪通道(等效于 32 个双频通道)，而 IGOR 只有 48 个通道；具有更小的体积、质量、功耗和更好的时钟性能。相较于 IGOR 接收机(重量约 4 kg，功耗 16～19 W，体积 24 cm×10 cm×20 cm)，其体积减少 50%，功耗降低 30%，其设计的重量＜2 kg，功耗 12～18 W，体积 13 cm×8 cm ×19 cm。在时钟性能上，由 IGOR 的 1×10^{-7} 提高到 5×10^{-11}，能够保证更好的开环跟踪性能。此外，天线增益也将比 COSMIC 接收机提高约 2 dBi。

图 4-8 Pyxis 接收机

相较于 IGOR 的掩星天线，Pyxis 接收机为了适应 L5 信号的接收，做了适应性的改进，在天线地板宽度等方面作了一定的调整(图 4-9)。IGOR 接收机和 Pyxis 接收机指标对比见表 4-3。

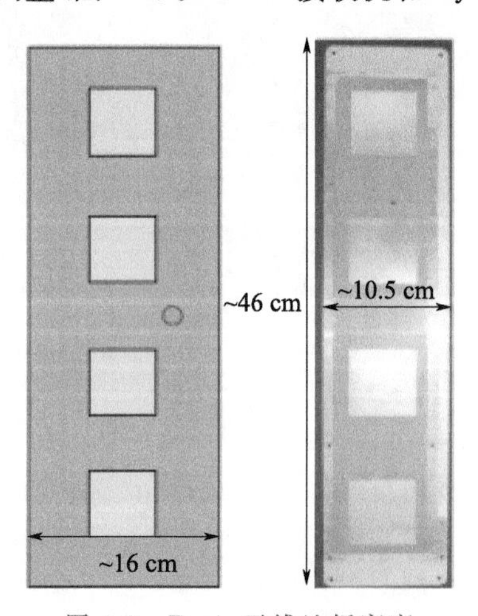

图 4-9 Pyxis 天线地板宽度

表 4-3　IGOR 接收机和 Pyxis 接收机指标对比

参数	IGOR	Pyxis
频率	L1/L2	GPS:L1,L2[L2C],L5 Galileo:E1B,E1C,E5B,E5C
通道数	48	96
灵敏度	冷启动捕获灵敏度:−130.9 dBm 有先验信息捕获灵敏度:−139.3 dBm 跟踪灵敏度:−142.9 dBm	正在测试
首次定位时间	<10 min	<10 min
位置精度	<5 m(实时) <10 cm(事后)	<5 m(实时) <10 cm(事后)
速度精度	<0.1 m/s(实时) <1 mm/s(事后),rms	<0.1m/s(实时) <1 mm/s(事后),rms
载波相位精度	<1 mm RMS(10 s 平均),rms	<1 mm RMS(10 s 平均),rms
伪距测量精度	<20 cm(10 s 平均),rms	<20 cm(10 s 平均),rms
平均功耗	~16 W	~14 W
峰值功率	~28 W	~18 W
数据接口	异步 RS422,可选 1553	异步 RS422,可选 1553
温度范围	−10~50 ℃	−40~70 ℃
闩锁免疫	无	有
单粒子防护	部分	全部
钟稳定度	1×10^{-7}	5×10^{-11}
重量	<5 kg	~2 kg
体积	~24 cm×21.7 cm×10.5 cm	~ 19 cm×13 cm×8 cm
天线输入数量	4	6
天线重量	<0.2 kg POD(单副),<0.6 kg RO(单副)	
天线尺寸	3 cm×13 cm×6 cm 定位天线,+5 dBi 增益, 16 cm×50 cm×0.6 cm 掩星天线,+10 dBi 增益	

4.3.2　GRAS 接收机

2006 年 10 月,欧盟发射 MetOp-A 卫星(图 4-10),上面搭载了欧盟的第一代掩星接收机 GRAS[12]。GRAS 支持 3 副天线输入,即 1 副定位天线和 2 副掩星天线的标准配置,其组成见图 4-11,主要包括 3 个完整的接收电路和 1 个中心电子单元(GEU),每个接收电路均有 1 个双频天线和 1 个邻近的无线频率调功单元(RFCU)。GRAS 是具有码无关能力的双频 GPS 接收机,其有 12 个通道,其中 8 个通道用于导航定位,2 个通道用于上升掩星事件,另外 2 个通道用于下降掩星事件。用于接收掩星数据的天线是全向天线(具有 10~12 dBi 的增益),一个用于监测正在升起的掩星，另一个用于监测正在降落的掩星。全向天线保证了对无线电信号的高灵敏度，以便跟踪 GPS 信号至大气的极底部，在那里吸收与散射都很强烈。每个掩星天线包含 18 个双波段射频单位，并且对地球水平面具有最大的增益衰减。其覆盖范围广，方位角达 110°，可以捕获所有掩星事件，而高度范围则扩展到包括电离层的大部分。顶部的导航用天线则具有很广的覆盖范围，并对多路径效应达到最优。

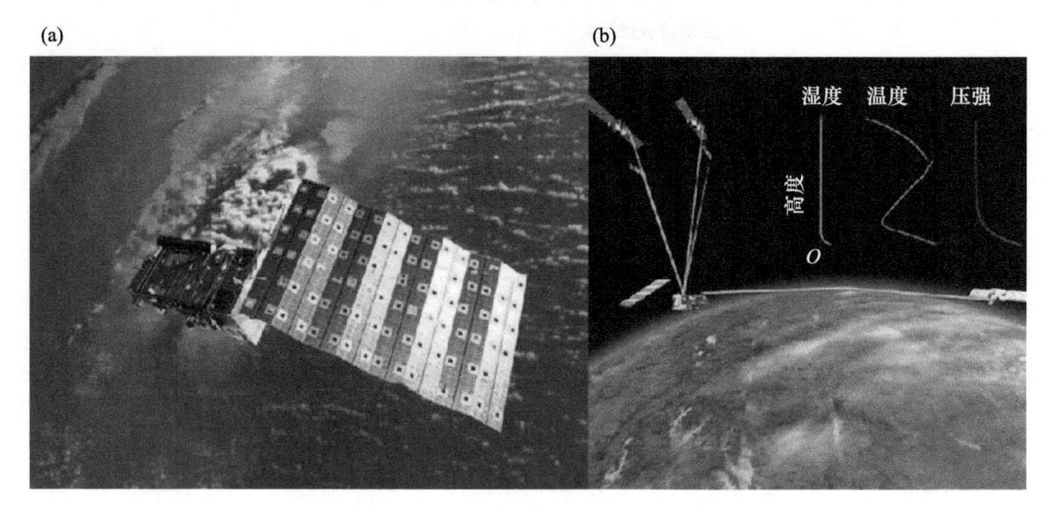

图 4-10　MetOp-A 卫星搭载 GRAS 接收机

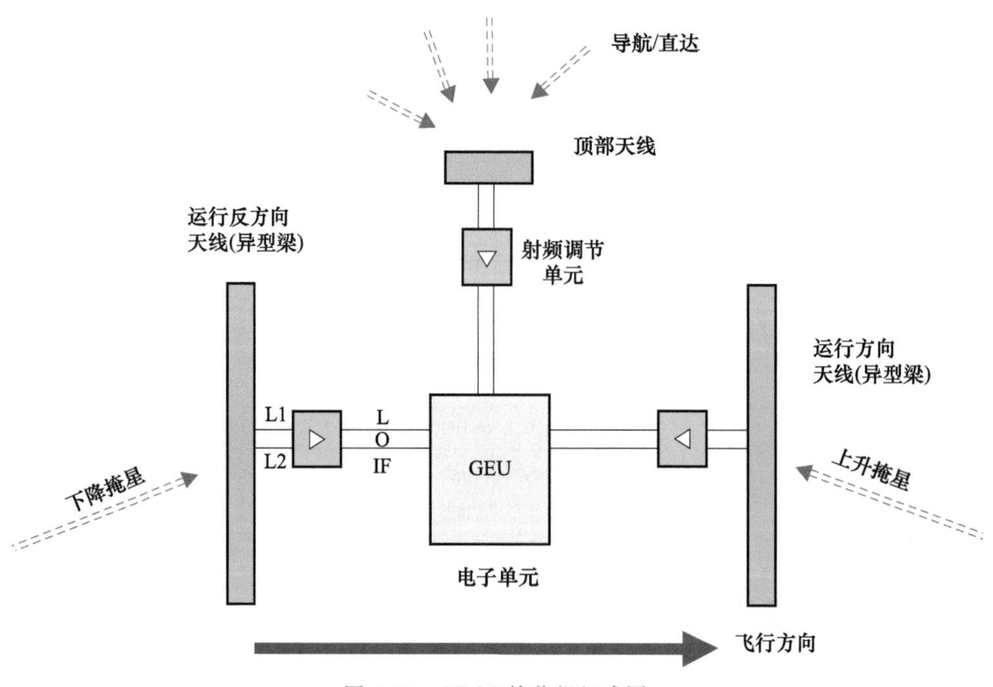

图 4-11　GRAS 接收机组成图

掩星天线的设计是 GRAS 的一个特点，即采用 3×6 阵列方式（图 4-12 和图 4-13），10 dBi 增益，通过赋型设计，可以同时跟踪电离层掩星和中性大气掩星，并且具有 110°宽范围的水平视场，俯仰方向约为 15°（大于 10 dBi），利于掩星事件观测量的增加。掩星天线的外形尺寸 860 mm×506 mm×47 mm，其方向图如图 4-14 所示。

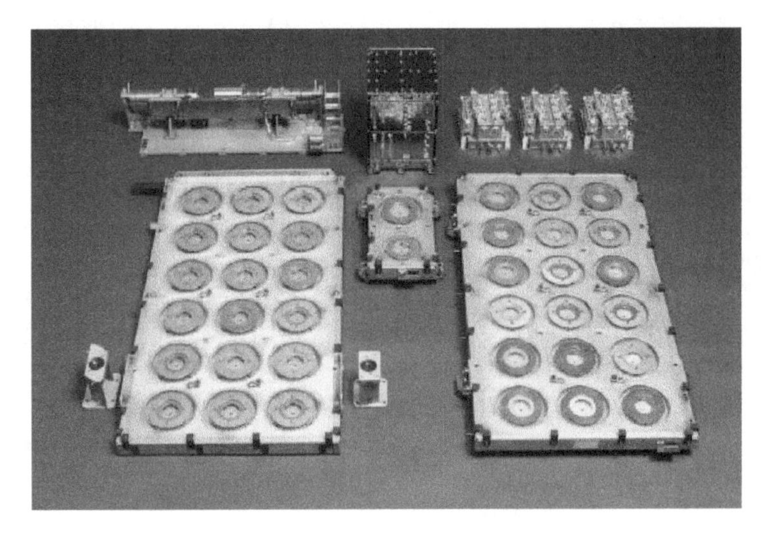

图 4-12　GRAS 掩星天线的设计

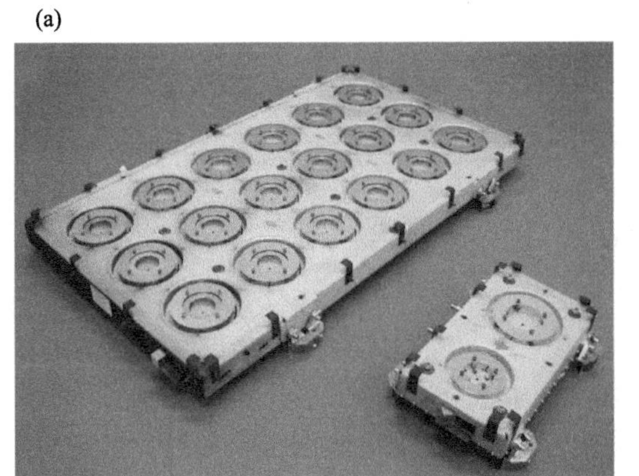

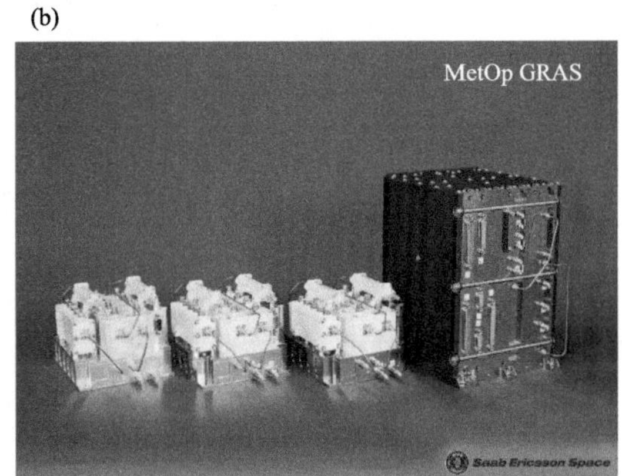

掩星阵列天线和定位天线　　射频单元和处理单元

图 4-13　GRAS 掩星阵列天线和定位天线(a)及射频单元和处理单元(b)

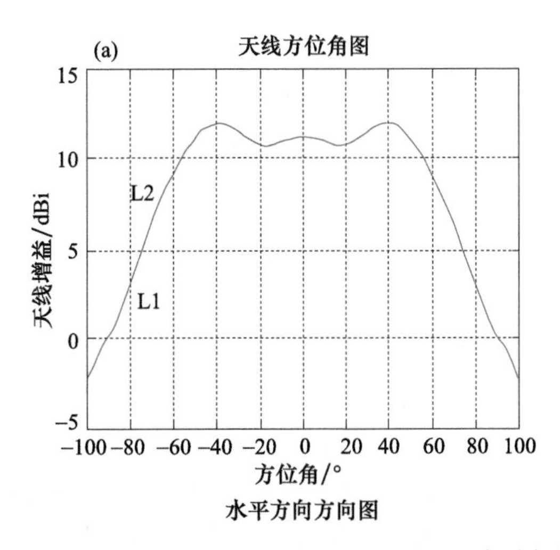

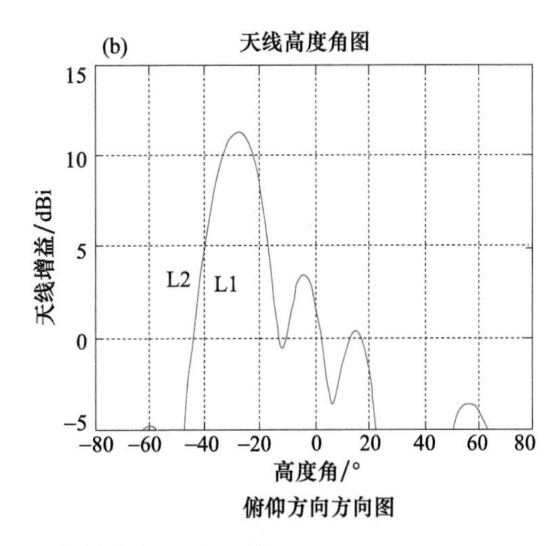

图 4-14　GRAS 水平方向(a)和俯仰方向(b)方向图

定位天线的轴向增益在8 dBi左右，仰角30°左右，增益约为0 dBi，见图4-15。

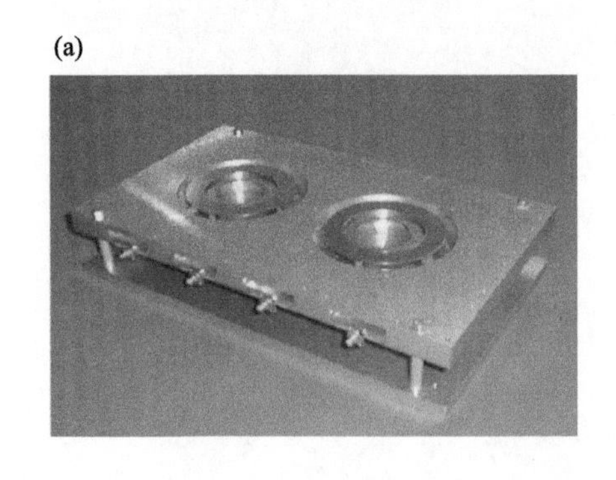

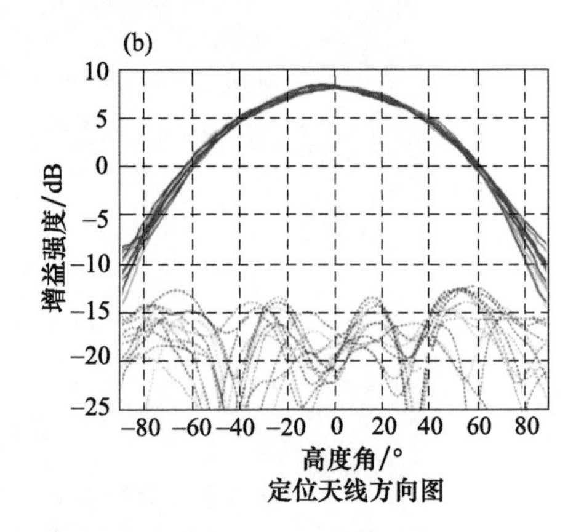

图4-15　GRAS定位天线(a)及方向图(b)

GRAS共有12个通道，其中8个分配给定位天线，4个分配给掩星天线。其主要系统指标如表4-4所示，主要性能指标如表4-5所示。

表4-4　GRAS主要系统指标

质量	≤30 kg
掩星数量	700 次/d
大气参数测量范围	1～80 km
导航载波相位L1和L2误差	<2 mm 高仰角
	<5 mm 低仰角
采样率	最大50 Hz，开环模式1 kHz
寿命	在轨5 a

表4-5　GRAS主要性能指标

超稳恒温晶振(USO)阿伦方差	$<10^{-12}$
掩星天线增益	>10 dBi(±55°方位)
系统噪声温度	<300 K(定位) <420 K(掩星)
多普勒精度	<1 mm/s(2σ)
采样率	最大50 Hz，开环模式1 kHz
弯曲角误差(设备引入)	0.2%或<0.5 urad(5～80 km)

4.3.3　ROSA接收机

2009年9月，印度发射了OCEANSAT-2卫星，上面搭载有ROSA接收机。ROSA由意大利宇航局和泰雷兹阿莱尼亚宇航公司(TAS-I)共同研制[13]，其将应用于SAC-D卫星，搭载有ROSA接收机的卫星见图4-16。ROSA的主要特点为：能捕获微弱的卫星导航信号；支持在轨掩星事件预报和外辅助快速捕获掩星信号(尤其是上升掩星信号)；即使在对流层底部信号大幅度衰落的条件下，也能进行可靠的信号跟踪，以提供精密的幅度和相位测量。

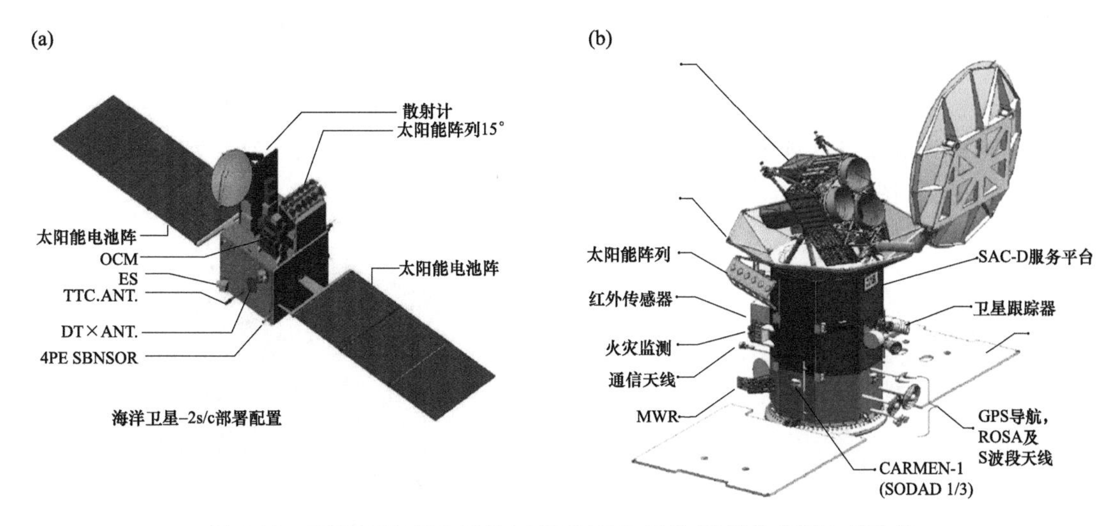

图 4-16　OCEANSAT-2 卫星(a)和 SAC-D 卫星(b)搭载 ROSA 接收机

ROSA 掩星探测设备由 1 副定位天线、2 副掩星天线、主机和相应的射频电缆组成(图 4-17 和图 4-18)。该设备的掩星天线采用 2×6 的阵列方式，以保证掩星信号的高增益接收。掩星天线在 0～100 km 中性大气观测区域、水平方向±45°范围内，L1 波段天线增益不低于 11 dBi，L2 波段天线增益不低于 12 dBi；在 100 km 飞行高度的电离层观测区域，天线增益不低于−3 dBi；单副掩星天线的重量约为 8.2 kg。每颗卫星安装 1 副定位天线，定位天线安装于扼流圈上，可获得更好的抗多径性能，定位天线图片中不含扼流圈。

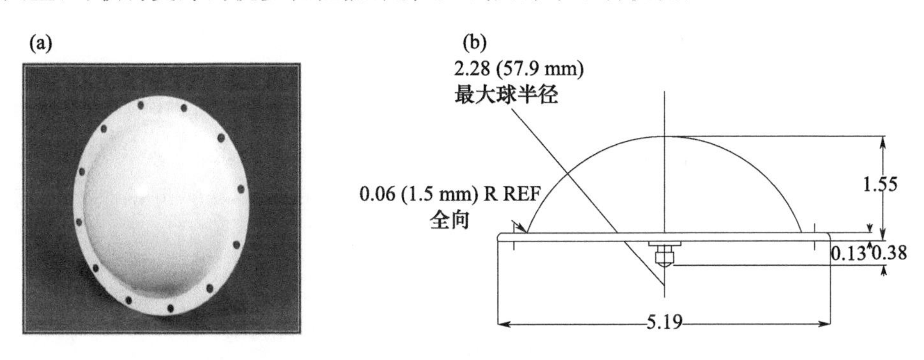

图 4-17　ROSA 定位天线

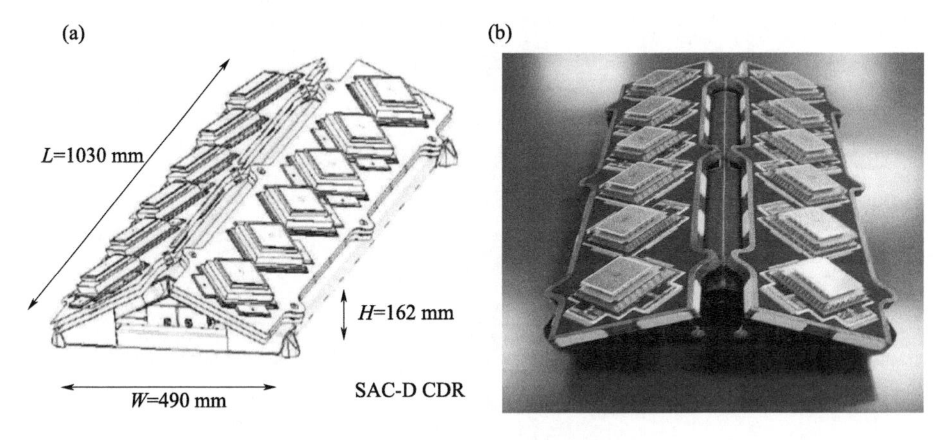

图 4-18　ROSA 掩星天线

ROSA 接收机具有 16 个双频通道(等效于 48 个单频通道);接收频段为 GPS 的 L1 和 L2;观测量为 L1CA、L1P 和 L2P 伪距,L1CA 和 L2P 载波相位,瞬时多普勒,时间测量量,信噪比。接收机主要由以下几个单元组成:10 个低噪声放大器、1 个母板、4 个掩星天线射频板和 1 个定位天线射频板、1 个基带信号处理板、1 个导航处理板、1 个 DC/DC 电源板、1 个超稳 OCXO 时钟单元(图 4-19)。

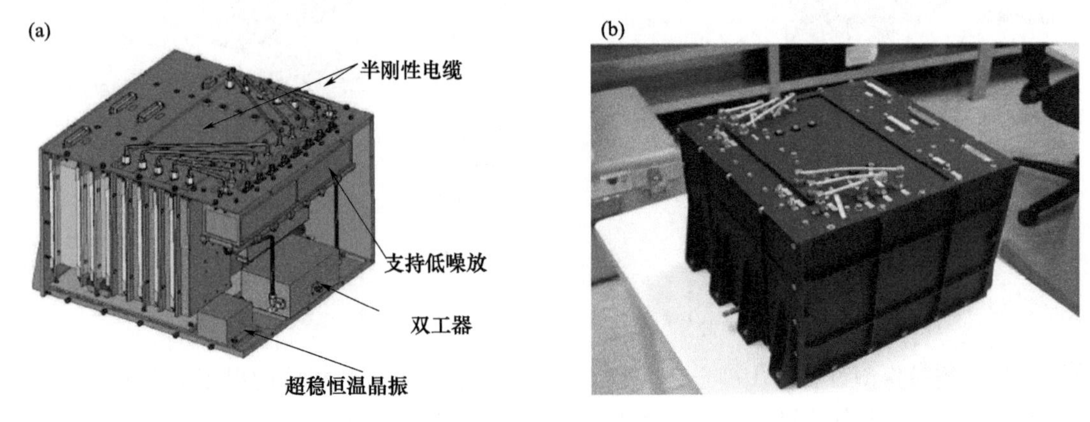

图 4-19　ROSA 接收机

4.4　第四代掩星接收机

4.4.1　GRAS-2 接收机

欧洲第二代 MetOp 卫星 MetOp-SG 上装载的是 GRAS-2 接收机(图 4-20),该接收机兼容接收 GPS/Galileo/BDS/QZSS L1&L5 信号,每天每颗星可观测 2500 次掩星事件。其设计寿命 7.5 a(加长期存储),弯曲角精度<0.5 urad,反演高度范围 0~500 km,低对流层采用 10 个相关器进行全开环跟踪。

图 4-20　GRAS-2 接收机

值得注意的是，GRAS-2 接收机采用的是多普勒和距离二维开环跟踪，利用 10 个相关器解决对流层低层的信号跟踪。之前的开环跟踪都只是在多普勒一维开环跟踪，只有 1 个相关器。二维开环跟踪设计能够从地球表面就开始跟踪上升掩星，解决了对流层低层上升掩星信号观测这一难点。二维开环跟踪最大的好处是能够用于应对大范围的不确定性（如电离层）以及窄自动相关函数信号（如 GPS L1C，L5，Galileo E1bc，E5a 和 BDS B1C，B2a）。

4.4.2　TGRS 接收机

COSMIC-2 卫星上装载的是 TGRS 掩星接收机，可兼容接收 GPS/BDS/Galileo 信号，接收机重约 10 kg，功耗 60 W，可同时接收 30 颗卫星的 L1、L2 信号，每颗卫星每天可观测大气掩星 1100 次。采用 3×4 阵列掩星天线和波束赋型技术，信噪比比 COSMIC-1 掩星接收机高 2～3 倍。采用二维开环接收技术，采样率 100 Hz。

4.4.3　GNOS-Ⅱ接收机

FY-3E 上搭载有中国科学院国家空间科学中心研制的 GNOS 接收机（图 4-21）。该接收机兼容接收 GPS/BDS 双频信号，每天每颗星可观测 1000 余次掩星事件。其设计寿命 8 a，采用开环＋闭环跟踪方式，可探测 0～60 km 的弯曲角、折射率、温度、湿度、压强等中性大气要素和 60～836 km 的电子密度、总电子含量等空间环境要素。

(a)

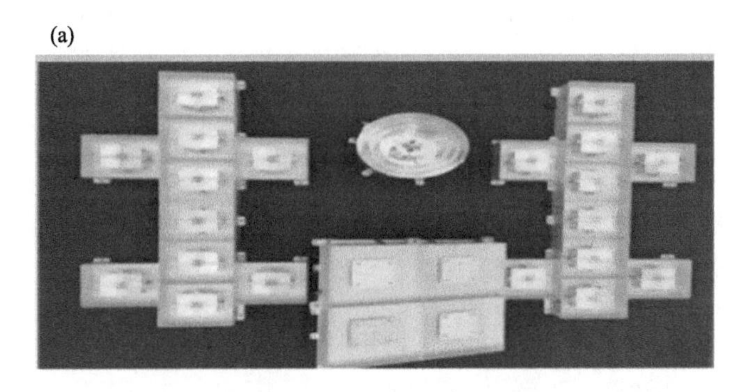

(b)

图 4-21　GNOS-Ⅱ接收机

GNOS-Ⅱ共有 32 个通道，其中 16 个分配给定位天线，16 个分配给掩星天线。其主要性能指标如表 4-6 所示。

表 4-6　GNOS-Ⅱ主要性能指标

晶振稳定度	10—11(100 s)
工作频段	GPS:L1,L2 Beidou:B1,B3
支持系统	GPS/BDS
通道数	定位通道:16 个 掩星通道:16 个
天线增益	定位天线轴向增益≥4 dBi;掩星天线≥10 dBi
载波相位测量精度	GPS≤2 mm (RMS);BDS≤2 mm (RMS)
伪距测量精度	GPS≤30 cm(RMS);BDS≤50 cm(RMS)
采样率	闭环 50 Hz,开环 100 Hz
天线相位中心稳定度	≤2 mm

4.4.4　GROI 接收机

天津云遥宇航科技有限公司 Walker 卫星上装载的是 GROI 接收机(图 4-22)。该接收机兼容接收 GPS/BDS/GLONASS/Galileo 双频信号,每天每颗星可观测 2000 次掩星事件。其设计寿命 5 a,采用开环+闭环跟踪方式,可探测 0～60 km 的弯曲角、折射率、温度、湿度、压强等中性大气要素和 60～500 km 的电子密度、总电子含量等空间环境要素。

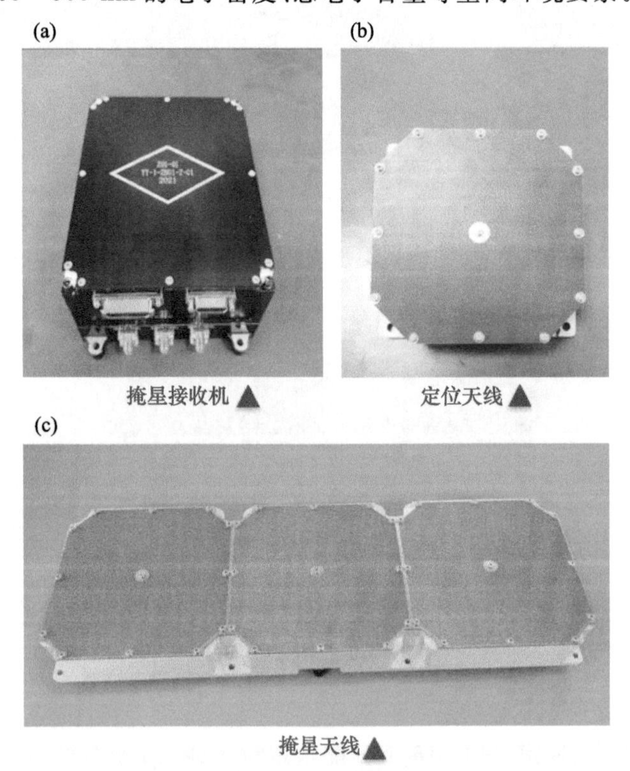

图 4-22　GROI 接收机

GROI 共有 66 个通道，其中 32 个分配给定位天线，34 个分配给掩星天线，1 副定位天线，2 副掩星天线。其主要性能指标如表 4-7 所示。

表 4-7　GROI 主要性能指标

超稳恒温晶振阿伦方差	<5×10−12(1 s)
工作频段	GPS：L1，L2 BDS：B1，B3 GLONASS：G1，G2 Galileo：E1-B，E5b
支持系统	GPS/BDS/GLONASS/Galileo
通道数	定位通道：32 个 掩星通道：34 个
掩星天线增益	峰值增益≥9.5 dBi
载波相位测量精度	GPS≤2 mm (RMS)；BDS≤2 mm (RMS)； GLONASS≤2 mm (RMS)；Galileo≤2 mm (RMS)
伪距测量精度	GPS≤40 cm(RMS)；BDS≤40 cm (RMS)； GLONASS≤40 cm (RMS)；Galileo≤40 cm (RMS)
天线相位中心稳定度	≤2 mm
采样率	闭环 50 Hz 或 100Hz 可选，开环 100 Hz
单机重量	800 g
定位天线重量(单副)	200 g
掩星天线重量(单副)	1000 g
单机尺寸	115 mm×135 mm×60 mm
功耗	13.5 W

4.5　小结

总结国内外 GNSS 掩星接收机主要性能参数如表 4-8 所示。

表 4-8　国内外星载 GNSS 掩星接收机性能参数

接收机	研制方	应用项目	质量/kg	尺寸/cm	功率/W	掩星天线/副	采样率/Hz	信道数	载波相位精度/mm
TurboRogue	JPL	GPS/MET	3	—	~15	1	0.1~50	8	2
		Ørsted	4			—	0.1~50		
		Sunsat	—			—	—		
BlackJack	JPL	CHAMP	3.2	—	15	2	0.1~50	16	2
		SAC-C	<8.5	<20×20×10	<12	2			
		GRACE	—	—	—	1			
		FedSat	—	—	—	1			

续表

接收机	研制方	应用项目	质量/kg	尺寸/cm	功率/W	掩星天线/副	采样率/Hz	信道数	载波相位精度/mm
IGOR	JPL/BRE	COSMIC TerraSAR-X	～4.6	20×24×9	～16	2	0.1～100	12	1～2
Pyxis	BRE	—	2	—	12～18	—	0.1～100	96	1
GRAS	RUAG	NPOESS	<30	—	～50	2	≤50	12	1～2
ROSA	ASI	OCEANSAT-2	—	—	—	2	0.1～50	—	—
GNOS-Ⅱ	空间中心	FY-3E	—	—	—	4	0.1～100	32	2
GROI	天津云遥	云遥 Walker 星座	3	11.5×13.5×6	13.5	2	0.1～100	66	2

综上所述，TurboRogue 掩星接收机是第一代的掩星探测设备，为早期的掩星探测作出了贡献，其并没有专用的掩星高增益天线和开发特殊的掩星探测功能的软件。随后，BlackJack 和 IGOR 都是第二代掩星探测设备，其有专用的掩星探测天线和特殊的专用软件，并日益完善和成熟，为掩星探测的业务化运行创造了条件。第三代掩星探测仪以 Pyxis 和 ROSA 为代表，其主要特点是能够接收更多导航卫星系统的信号，大幅度提高了每天观测的掩星事件，并在体积、功耗等方面进一步降低，标志着星载 GPS 掩星接收机的研制技术已经较为成熟。正在发展的第四代掩星探测仪以 GRAS-2 和 TRGS 为代表，其主要特点是具备二维开环跟踪功能，采用阵列掩星天线和波束赋型技术，信噪比更高，对流层低层大气探测能力更强。

目前，星载 GNSS 掩星接收机正向着完善掩星观测追踪能力、体积小型化和低功耗等方向发展，更好地适用于搭载低成本微小卫星或作为多功能卫星负载荷在轨使用，由接收单个导航卫星系统信号向兼容接收多 GNSS 系统兼容信号方向发展，在低轨卫星数量相同的情况下，大大增加了掩星数量；接收机星上处理能力将大大增强，许多数据处理工作将在星上完成；数据传输由延时回放向通过中继传输方向发展，提高数据的实时性；为建立经济、有效的 GNSS 掩星大气探测系统提供了有力的技术支撑。

参考文献

[1]杜晓勇，薛震刚，符养．星载 GNSS 掩星接收机的现状及发展趋势[C]//中国气象学会．新世纪气象科技创新与大气科学发展——中国气象学会 2003 年年会“地球气候和环境系统的探测与研究”分会论文集．北京：气象出版社，2003：5.

[2]DOBERSTEIN D. JPL turbo rogue receivers[M]. New York：Springer，2012.

[3]MOSTERT S，KOEKEMOER J A. The science and engineering payloads and experiments on sunsat[J]. Acta Astronautica，1997，41(4)：401-411.

[4]CASOTTO S，ZIN A，PELLETIER F，et al. A preliminary analysis of the SAC-C orbit reconstruction using the experimental GPS/Glonass receiver Lagrange[C]// The 12th AAS/AIAA Spaceflight Mechanics Conference，2002.

[5]IJSSEL V D，VISSER E PATIÑO R. Champ precise orbit determination using GPS data [J]. Advances in Space Research，2003，31(8)：1889-1895.

[6]MAO X，VISSER P，JOSE V. Absolute and relative orbit determination for the CHAMP/GRACE constellation[J]. Advances in Space Research，2019，63(12)：3816-3834.

[7]BEYERLE G,SCHMIDT T,MICHALAK G,et al. GPS radio occultation with GRACE:Atmospheric profiling utilizing the zero difference technique[J]. Geophysical Research Letters,2004,32(13):13-18.

[8]申健,佘世刚,黄敬昌．双频 GPS 接收机在重力编队卫星上的应用研究[J]. 遥测遥控,2008(3):6.

[9]WANG C,WALKER R A,ENDERLE W. Single antenna attitude determination for FedSat[C]//The 15th International Technical Meeting of the Satellite Division of the Institute of Navigation (ION GPS 2002), 2002:134-144.

[10]GROVES K M. Ionospheric scintillation products derived from the COSMIC satellite constellation[C]// The 88th Annual Meeting,Ernest N. Morial Convention Center,2008.

[11]MEEHAN K,AO O,IIJIMA B,et al. A demonstration of L2C tracking from space for atmospheric occultation[C]//Proceedings of International Technical Meeting of the Satellite Division of the Institute of Navigation,2008:698-701.

[12]BONNEDAL M,LINDGREN T,CARLSTRM A,et al. MetOp GRAS:Signal tracking performance results [C]//The 5th ESA Workshop on Satellite Navigation Technologies and European Workshop on GNSS Signals and Signal Processing (NAVITEC) ,2010:1-4.

[13]ZIN A,LANDENNA S,MARRADI L,et al. First look at in-flight rosa performance on-board Oceansat-2 [C]//Proceedings of the 2010 International Technical Meeting of the Institute of Navigation, 2010: 440-447.

第5章　GNSS掩星探测数据反演技术及发展

利用GNSS全球导航卫星系统进行地球大气掩星观测的基本原理是：在低轨卫星上搭载双频高动态高精度的GNSS掩星接收机，临边接收GNSS卫星发射的双频电波信号的相位和振幅。由于电离层和中性大气介质垂直密度的变化，GNSS电波信号穿过大气层和电离层到达LEO的过程中发生折射，电波路径发生弯曲，载波相位发生延迟，折射和延迟都与中性大气的折射率、温度、压强和水汽以及电离层电子密度等参量的分布有关，从而可以通过相关的科学反演方法反演获得中性大气弯曲角、折射率、密度、温度、气压和水汽廓线等中性大气气象参量廓线，以及电离层电子密度廓线。

5.1　掩星大气探测大气参数反演技术

掩星大气探测大气参数反演技术基于Abel积分反演原理，即通过测量电波的载波相位，利用GNSS卫星和LEO的精密位置和速度信息，计算电波由于大气折射的弯曲角剖面，在地球大气介质局部球对称的假设下，利用Abel积分逆变换反演得到大气折射率剖面，结合理想气体状态方程和大气静力学平衡方程可进一步获得大气各气象场参量剖面。

GNSS掩星大气探测大气参数处理的流程如图5-1所示。

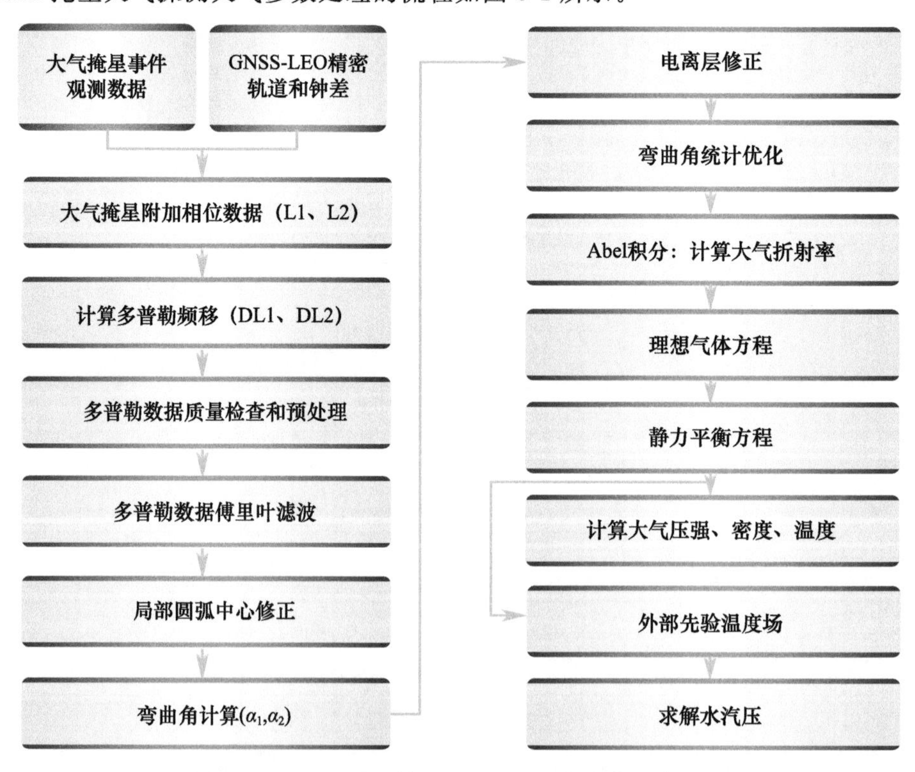

图5-1　GNSS-LEO掩星大气探测大气参数反演流程

在上述计算过程中，利用电波载波相位直接计算大气多普勒频移，进而计算电波弯曲角的算法，一般称为几何光学反演方法；利用电波的振幅和相位数据，考虑介质对电波的衍射作用，进而计算电波弯曲角的算法，称为物理光学反演方法。下面对各种反演方法进行逐一分析。

5.1.1　几何光学反演方法

几何光学反演方法是最早出现的反演方法，是掩星反演中最传统和基本的反演方法之一，很多文献中都对几何光学反演方法有过详细的描述。该方法的基本出发点是由于 GNSS 两载波波长分别为 19 cm 和 24 cm，远远小于一般的大气特征尺度，因此可以忽略电波的波长大小和电波衍射效应，对问题进行简化处理，用几何光学的方法来求解 GNSS 信号在大气中的传播问题，称为几何光学反演方法。其反演过程为：首先从 GPS 观测的载波相位出发，从相位观测量中减去几何距离，消除 GPS 卫星钟差，并通过单差分的方法消除接收机钟差后，得到大气掩星附加相位数据；利用多普勒频移公式计算得到载波 L1 和 L2 的多普勒频移；然后进行局部圆弧修正，并将坐标原点平移至局部圆弧中心；再利用 GPS 和 LEO 的精密的位置和速度信息，可由多普勒频移求得电波由于大气折射的弯曲角剖面；进行电离层修正，消除电离层的影响；进行弯曲角统计优化，消除 40 km 以上弯曲角的噪声；利用 Abel 反变换由大气弯曲角获得大气折射率廓线，再结合理想气体状态方程和大气静力学平衡方程，忽略水汽的影响，即可求得干空气的密度、压强、温度等气象场参量。若利用模式给定一个外部的先验温度剖面，则可由迭代法或一维变分方法获得水汽廓线。

5.1.2　物理光学反演方法

在低对流层区域，特别是在赤道地区，由于大气中水汽含量丰富，易发生多路径、超折射等传播现象。掩星大气探测大气参数几何光学反演方法在处理这些信号时失效。为解决该问题，减小多路径的影响，反演得到更为精确的大气参数，物理光学反演方法应运而生。迄今为止，主要包括以下五种物理光学反演方法：后向传播反演方法、滑动谱反演方法（即无线电光学反演方法）、菲涅尔衍射理论反演方法、正则变换反演方法、全谱反演方法。

5.1.2.1　*后向传播反演方法*

后向传播反演方法（BP）曾被用于处理行星大气掩星数据[1]，也曾用于处理 GPS/MET 掩星探测数据[2-4]，该方法的理论依据是真空中二维 Helmholtz 方程边值问题，将 LEO 接收到的 GPS 掩星信号的振幅和相位作为边值条件，求出从 LEO 位置到掩星切点的后向传播解，即确定信号传播的辅助轨迹，进而利用 GPS 卫星和 LEO 间的几何关系求出弯曲角廓线。该方法优点是可以将垂直分辨率改进到菲涅尔尺度；在去除多径模糊方面非常有效，并且当存在接收机跟踪误差时仍然有效；通常可减少折射率负偏差[2,3]。但存在确定辅助轨迹位置困难的问题，在出现复杂的散焦结构时该方法无效[5-7]。

5.1.2.2　*滑动谱反演方法*

滑动谱反演方法，也称为无线电光学反演方法，该方法最早被用于处理行星大气探测[8]，后来开始在 GPS 无线电掩星数据上应用[9]。该方法是基于对波动场的局部空间谱进行分析的方法，即在一个有限大小的滑动窗内通过对掩星信号的谱分析，而不是用相位的差分来进行求解。谱的幅度的最大值对应的频率即为到达滑动窗中心的电波信号的多普勒频率。这个频率决定了电波射线的到达角。滑动谱反演方法在数值运算上很好实现，是一种简单的全息反演方法，对于大量掩星事件的快速处理非常方便。Sokolovskiy 发展了一种简单的滑动频谱法，不需要确认和选择局部极大谱线，利于实现资料处理的自动化。该方法在每一个孔径内，利用信号的所有频谱，将碰撞参数和弯曲角矩阵用功率谱进行加权滑动平均，得到弯曲角[10]。

5.1.2.3 菲涅尔衍射理论反演方法

菲涅尔(Fresnel)衍射理论反演方法[11,12]是物理光学反演方法的一种，该方法也曾被应用于行星大气掩星数据处理并取得了成功[13]。将地球大气近似看成一个薄屏，薄屏两边都看成是真空的，GPS 卫星发出的信号以直线传播到薄屏上，在薄屏上信号产生延迟并改变了传播方向，通过薄屏以后，信号又直线传播到 LEO。利用上面的几何关系，应用 Helmholtz-Kirchhoff 定理，得到 Fresnel 变换，将接收机实测的信号幅度和相位变换成大气的衰减和相位延迟，计算得到弯曲角。Fresnel 衍射法可提高垂直分辨率，获得更精细的廓线结构，但水平不均匀性将导致结果中出现高频误差，目前采用 Fresnel 衍射法进行 5 km 以下高度反演的精度还有待进一步提高。

5.1.2.4 正则变换反演方法

正则变换反演方法(CT)通过 Fourier 积分变换，把观测到的掩星信号(振幅和相位)的时间序列映射为弯曲角随碰撞参数的变化，该方法需要先用后向传播进行预处理[14]。后来，Gorbunov 等又发展了不需要进行后向传播，直接利用 Fourier 积分将时间序列的观测信号映射为弯曲角随碰撞参数变化的正则变换方法，称为 CT2，计算效率很高。正则变换能揭示多路径的特征，从而得到更精确的弯曲角廓线[15]。

5.1.2.5 全谱反演方法

全谱反演方法(FSI)是物理光学反演方法的一种。该方法同样是一种正则变换，在发射机和接收机轨道都是圆形的情况下，简化为只有一个 Fourier 变换。频率和碰撞参数直接相关，由 Fourier 谱相位的导数求出弯曲角。对于 GPS 和接近圆形的 LEO 轨道，FSI 是计算多径传播条件下弯曲角和碰撞参数的最佳方法，计算最精确且快速[16,17]。FSI 有望被加入到业务数据分析系统中，可显著减小负折射偏差。

5.2 掩星大气探测电离层反演技术

掩星大气探测电离层反演技术利用电离层掩星观测获得的 GNSS 相位数据，反演得到电离层电子密度廓线。从反演原理来看，可分为基于电子密度球对称分布近似的掩星大气探测电离层反演方法和考虑水平梯度影响的掩星大气探测电离层反演方法两大类，下面分别进行简要分析。

5.2.1 基于球对称近似的掩星大气探测电离层反演技术

5.2.1.1 基于多普勒的 Abel 反演方法

基于多普勒的 Abel 反演方法，利用相位观测值计算多普勒频率，结合卫星精密轨道位置和速度信息，反演电波弯曲角[18]。在电子密度局部球对称近似下，利用弯曲角和折射率的关系，反演得到电离层折射率。最后由电离层折射率和电子密度的关系，计算得到电离层电子密度。这种反演方法要求接收机钟差很稳定，并且卫星轨道精度很高，在 GNSS-LEO 电离层掩星反演中已很少使用，但仍是行星星地电离层掩星的主要反演方法，反演流程见图 5-2。

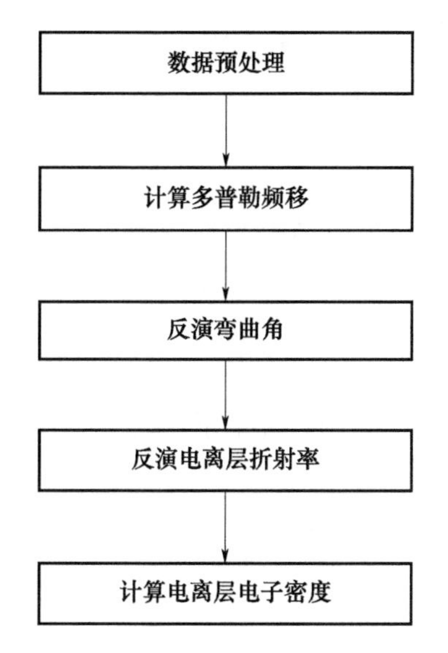

图 5-2　基于多普勒的 Abel 反演方法

5.2.1.2　基于 TEC 的 Abel 反演方法

基于 TEC 的 Abel 反演方法[19]与基于多普勒的 Abel 反演方法很相似，首先利用相位观测值计算 TEC，利用卫星轨道计算碰撞参数，进而根据弯曲角与 TEC 和碰撞参数的关系，反演电波弯曲角。在电子密度局部球对称近似下，利用弯曲角和折射率的关系，反演得到电离层折射率。最后由电离层折射率和电子密度的关系，计算得到电离层电子密度。因采用差分方法计算 TEC，卫星钟差和轨道误差对弯曲角的影响都被消除，这种反演方法对接收机时钟稳定度和卫星轨道精度要求不高。值得一提的是，计算 TEC 时，可以采用双频相位差分，也可以采用单频的相位和伪据差分[20]，并且两者的电子密度反演精度相差不大，因此在只进行电离层掩星观测时，可采用单频接收机，反演流程见图 5-3。

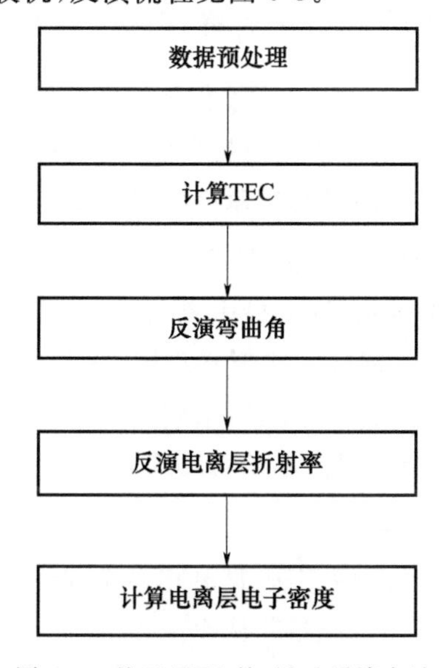

图 5-3　基于 TEC 的 Abel 反演方法

5.2.1.3 改正 TEC 反演方法

在利用 Abel 逆变换方法反演电离层掩星时，从理论上需要有直至无穷远处的弯曲角。而从实际观测数据中，只能获取 LEO 轨道高度以下的弯曲角，对此有两种处理方法：一是忽略 LEO 轨道高度以上的弯曲角的贡献；二是通过 LEO 轨道高度以下的弯曲角外推 LEO 轨道高度以上的弯曲角。当 LEO 轨道高度较高时（>600 km），这两种方法的误差都不大；当 LEO 轨道高度较低时（<600 km），两种方法的误差都会增大。Schreiner 等提出了一种改正 TEC 反演方法，即利用掩星侧观测得到的 TEC 减去非掩星侧观测得到的 TEC，获取 LEO 轨道高度以下的 TEC（称为改正 TEC），再由改正 TEC 和电子密度的关系，反演电子密度[19]。这种方法能够有效地减小卫星轨道高度以上的电离层对电离层掩星反演的影响。值得一提的是，在实际反演算法实现过程中，将改正 TEC 和电子密度的关系离散化，利用线性方程组求解，算法更为稳定，反演流程见图 5-4。

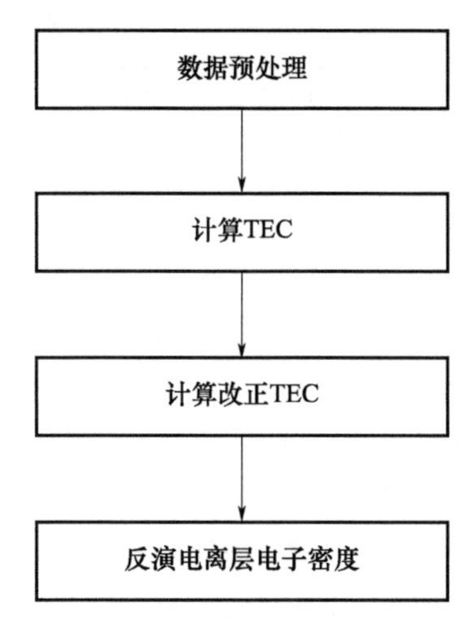

图 5-4 改正 TEC 反演方法

5.2.2 考虑水平梯度影响的掩星大气探测电离层反演技术

研究表明，在大多数情况下，电离层电子密度分布存在较强的水平梯度，局部电离层电子密度球对称近似很难满足，这是传统电离层掩星反演的主要误差源[21]。为此人们探索新的反演方法，考虑水平梯度的影响，以提高电离层掩星反演精度。

5.2.2.1 基于地基 TEC 的水平梯度分离反演方法

Garcia 等提出一种分离反演方法，即假设电离层电子密度的水平分布和垂直分布可以分离开[22]。在掩星区域，电离层电子密度廓线形状相同，水平梯度信息由垂直 TEC 决定，这样利用地基 GNSS-TEC 来提供水平梯度信息，可求解出电子密度廓线形状函数，进而得到电子密度。这种方法在某些情况下，能够提高电子密度反演精度，反演流程见图 5-5。

5.2.2.2 TEC 补偿反演方法

Tsai 等提出了一种 TEC 补偿反演方法，即利用多个邻近电离层掩星的传统反演结果，来估算电离层水平梯度对掩星 TEC 的贡献，并从掩星 TEC 中扣除这部分贡献，再利用传统反演方法进行反演，经过多次迭代，提高电离层掩星反演精度，反演流程见图 5-6[23]。

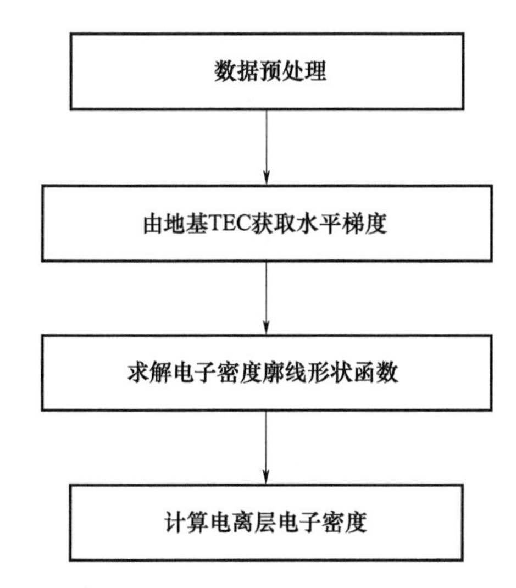

图 5-5　基于地基 TEC 的水平梯度分离反演方法

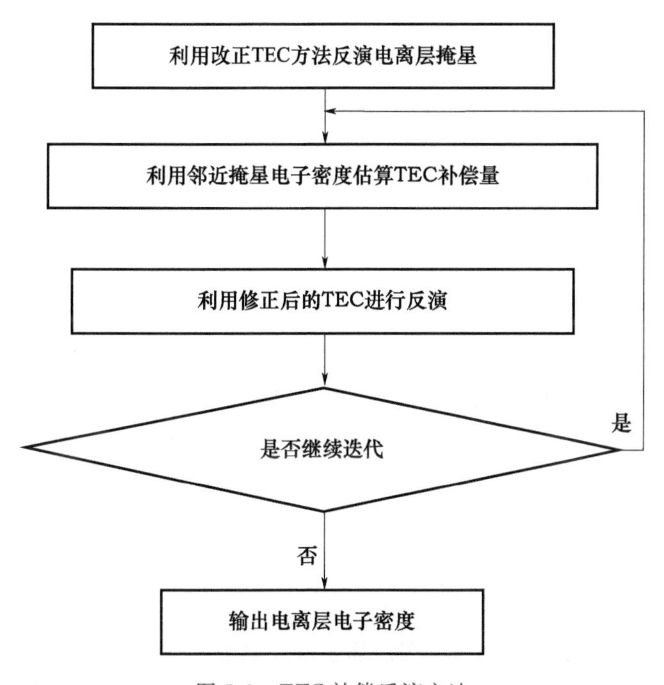

图 5-6　TEC 补偿反演方法

5.2.2.3　三维约束的掩星大气探测电离层反演方法

对于实际电离层电子密度分布，不但存在水平梯度，垂直廓线形状也不同，因此，若能用与真实电离层相似的三维电子密度分布来约束电离层掩星反演，则有望提高反演精度[24,25]。将电离层分成若干个球层，若假设实际电离层电子密度水平变化和外部电子密度场提供的水平变化相似，即同一球层内电子密度和外部电子密度值是一个倍数关系，求出这个倍数也就求出了电子密度，这种方法称为三维约束的电离层掩星反演方法。研究表明，外部电子密度场提供的水平变化和真实电离层相似性越高，反演精度越高。外部电子密度场可以是电离层模式值，也可以是实测数据构建的电子密度场。该方法反演流程见图 5-7。

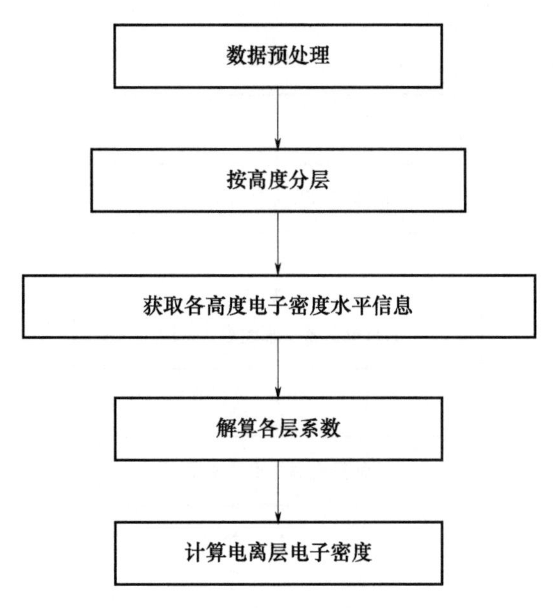

图 5-7　三维约束的掩星大气探测电离层反演方法

5.3　小结

5.3.1　大气参数反演技术

从掩星大气探测大气参数反演技术的发展和业务化进程来看，几何光学和物理光学相结合的反演方法是未来业务应用的主流，其中物理光学反演方法以全谱反演方法和正则变换反演方法为主要方案。对于低对流层水汽反演，则主要以一维变分的同化反演方法为主流方向。总体上，大气掩星科学反演技术比较完善，反演技术的业务化是未来的主要研究课题。此外，电离层修正残差仍是影响 30 km 以上的大气参数反演精度的主要因素，探索减小电离层影响的方法也是掩星大气探测大气参数反演的重要研究方向。

5.3.2　电离层参数反演技术

在掩星大气探测电离层反演技术方面，基于电子密度分布球对称近似的反演方法已经非常成熟，并在 COSMIC 等卫星计划中得以应用，但反演误差相对较大。借助多种探测数据，减小电子密度分布水平梯度的影响，是未来电离层科学反演技术的发展方向。另外，综合利用地基 GNSS-TEC、掩星 TEC，进行电离层数据同化，进而获取更为准确的电子密度分布信息，将成为未来电离层信息获取的主流方向之一。

参考文献

[1]MAROUF E A，TYLER G L，ROSEN P A. Profiling Saturn's rings by radio occultation[J]. Icarus，1986，68(1)：120-166.

[2]GORBUNOV M E. Advanced algorithms of inversion of GPS/MET satellite data and their application to

reconstruction of temperature and humidity. Max-Planck Inst. For Meteor[J]. Tech Rep,1996,211.

[3]KARAYEL E T,HINSON D P. Sub-Fresnel-scale vertical resolution in atmospheric profiles from radio occultation[J]. Radio Science,1997,32(2): 411-423.

[4]GORBUNOV M E,GURVICH A S. Microlab-1 experiment: Multipath effects in the lower troposphere[J]. Journal of Geophysical Research:Atmospheres,1998,103(D12): 13819-13826.

[5]GORBUNOV M E,KORNBLUEH L. Analysis and validation of GPS/MET radio occultation data[J]. Journal of Geophysical Research,2001,106:17161-17169.

[6]GORBUNOV M E,GURVICH A S,SHMAKOV A V. Back-propagation and radio-holographic methods for investigation of sporadic ionospheric E-layers from Microlab-1 data[J]. International Journal of Remote Sensing,2002,23(4): 675-685.

[7]严豪健,符养,洪振杰,等. 天基GPS气象学与反演技术[M]. 北京:中国科学技术出版社,2007.

[8]LINDAL G F,LYONS J R,SWEETNAM D N,et al. The atmosphere of Uranus: Results of radio occultation measurements with Voyager 2[J]. Journal of Geophysical Research: Space Physics,1987,92(A13): 14987-15001.

[9]PAVELYEV A. On the possibility of radio holographic investigation on communication link satellite-to-satellite[J]. Radioteknikai Elektronika,1998,43(8): 939-944.

[10]SOKOLOVSKIY S V. Modeling and inverting radio occultation signals in the moist troposphere[J]. Radio Science,2001,36(3): 441-458.

[11]MELBOURNE W G,DAVIS E S,DUNCAN C B,et al. The application of spaceborne GPS to atmospheric limb sounding and global change monitoring[R]. Jet Propulsion Laboratory California Institute of Technology,Pasadona,California,1994.

[12]MORTENSEN M D,HØEG P. Inversion of GPS occultation measurements using Fresnel diffraction theory[J]. Geophysical Research Letters,1998,25(13): 2441-2444.

[13]HINSON D P,FLASAR F M,KLIORE A J,et al. Jupiter's ionosphere: Results from the first Galileo radio occultation experiment[J]. Geophysical Research Letters,1997,24(17): 2107-2110.

[14]GORBUNOV M E. Canonical transform method for processing radio occultation data in the lower troposphere[J]. Radio Science,2002,37(5): 9-10.

[15]GORBUNOV M E,LAURITSEN K B. Canonical transform methods for analysis of radio occultations[J]. Earth Observation with CHAMP: Results from Three Years in Orbit,2005: 519-524.

[16]JENSEN A S,LOHMANN M S,BENZON H H,et al. Full spectrum inversion of radio occultation signals [J]. Radio Science,2003,38(3):1040.

[17]LOHMANN M S. Analysis of Global Positioning System (GPS) radio occultation measurement errors based on Satellite de Aplicaciones Cientificas-C (SAC-C) GPS radio occultation data recorded in open-loop and phase-locked-loop mode[J]. Journal of Geophysical Research:Atmospheres,2007,112(9):115.

[18]HAJJ G A,ROMANS L J. Ionospheric electron density profiles obtained with the Global Positioning System: Results from the GPS/MET experiment[J]. Radio Science,1998,33(1): 175-190.

[19]SCHREINER W S,SOKOLOVSKIY S V,ROCKEN C,et al. Analysis and validation of GPS/MET radio occultation data in the ionosphere[J]. Radio Science,1999,34(4): 949-966.

[20]曾桢,胡雄,张训械,等. 电离层GPS掩星观测反演技术[J]. 地球物理学报,2004,47(4): 578-583.

[21]WU X,HU X,GONG X,et al. Analysis of inversion errors of ionospheric radio occultation[J]. GPS solutions,2009,13: 231-239.

[22]GARCIA F M,HERNANDEZ P M,JUAN M,et al. Validation of the GPS TEC maps with TOPEX data [J]. Advances in Space Research,2003,31(3):621-627.

[23]TSAI L C,TSAI W H. Improvement of GPS/MET ionospheric profiling and validation using the Chung-

Li Ionosonde measurements and the IRI model[J]. Terrestrial Atmospheric and Oceanic Sciences,2004,15(4): 589-607.

[24]HAJJ G A,IBAÑEZ-MEIER R,KURSINSKI E R,et al. Imaging the ionosphere with the global positioning system[J]. International Journal of Imaging Systems and Technology,1994,5(2): 174-187.

[25]吴小成,胡雄,宫晓艳,等. 三维模式约束的电离层掩星反演方法[J]. 地球物理学报,2008,51(3): 8.

第6章　GNSS掩星资料比对验证

自GPS/MET卫星发射后，科学家们开展了大量的掩星资料比对验证工作，将掩星反演结果与探空结果、NCEP分析数据、ECMWF分析数据及其他卫星反演结果进行了比对，以验证掩星反演结果的可靠性[1,2]。本章从不同卫星掩星反演结果之间的一致性、掩星反演结果与全球探空结果比对、掩星反演结果与NCEP分析数据比对和掩星反演结果与ECMWF分析数据比对四个方面，分别对GPS/MET、CHAMP、SAC-C、GRACE、COSMIC等掩星反演结果进行了详细验证[3,4]。

本章所用掩星数据、探空数据、NCEP分析数据和ECMWF分析数据均下载自UCAR的COSMIC网站(http://www. cosmic. ucar. edu)。掩星干空气廓线atmPrf，高度范围0～60 km，变量包括：海平面高度、温度、气压、折射率、纬度、经度等。探空数据sonPrf，包含标准等压面和特性层参数，变量包括：海平面高度、温度、水汽压、气压、折射率等[5,6]。NCEP分析数据ncpPrf，变量包括：海平面高度、温度、水汽压、气压、折射率等[7,8]。ECMWF分析数据ecmPrf，变量包括：海平面高度、温度、水汽压、气压、折射率等[9,10]。

6.1　验证方法

(1)选取匹配的掩星事件和其他数据(其他掩星数据或探空、NCEP分析数据、ECMWF再分析数据)，将时间相差在1 h内，距离相差在300 km以内的数据作为匹配数据。

(2)对匹配的掩星数据和其他数据进行质量控制，去除单条廓线中偏离大于2倍标准差的点。

(3)选取掩星数据和其他数据中的公共高度部分。

(4)将掩星数据按月划分为不同的季节(文中如无特别指明都指北半球季节)和纬度带。春季：3—5月；夏季：6—8月；秋季：9—11月；冬季：12月、1月和2月。低纬：南北纬30°之间；中纬：南北纬30°～60°；高纬：南北纬60°～90°。

(5)统计同一高度上的平均偏差、标准差。

平均偏差统计公式为：

$$\begin{cases} \Delta T(j) = \dfrac{\sum\limits_{i=1}^{N}(T_{\mathrm{occ}(ji)} - T_{\mathrm{oth}(ji)})}{N} \\ \Delta R(j) = \dfrac{\sum\limits_{i=1}^{N}\left(\dfrac{R_{\mathrm{occ}(ji)} - R_{\mathrm{oth}(ji)}}{R_{\mathrm{occ}(ji)}}\right)}{N} \end{cases} \tag{6-1}$$

其中：Δ_{Tj} ($\Delta_{R(j)}$)表示第j高度处的平均温度(折射率)偏差，N为第j高度处参与统计的数据样本总数，$T_{occ(ji)}$ ($R_{occ(ji)}$)表示第i条掩星湿空气廓线atmPrf在j高度处的温度(折射率)值，$T_{oth(ji)}$ ($R_{oth(ji)}$)表示第i条探空廓线在j高度处的温度(折射率)值。

标准差统计公式为：

$$
\begin{cases}
S_{T(j)} = \sqrt{\dfrac{\sum_{i=1}^{N}(T_{\mathrm{occ}(ji)} - T_{\mathrm{oth}(ji)})^2}{N}} \\
S_{R(j)} = \sqrt{\dfrac{\sum_{i=1}^{N}\left(\dfrac{R_{\mathrm{occ}(ji)} - R_{\mathrm{oth}(ji)}}{R_{\mathrm{occ}(ji)}}\right)^2}{N}}
\end{cases}
\tag{6-2}
$$

6.2 掩星反演结果的一致性

COSMIC 卫星上采用了同种型号的掩星接收机，COSMIC 卫星在发射之后的半年内，6 颗卫星处于相同或接近的轨道平面上，6 颗卫星先后与相同的 GNSS 卫星发生掩星，时间非常接近，这为研究不同的卫星掩星观测之间的一致性提供了绝佳的机会。本节利用 COSMIC 卫星发射后 5 个月内的观测资料，分析了不同卫星掩星结果的一致性[11,12]。

COSMIC 卫星与 GRACE 卫星（CHAMP 卫星、SAC-C 卫星）上采用的掩星接收机型号不同，因此对这些卫星掩星结果之间的分析，可以研究不同接收机之间掩星反演结果的一致性。本节所有结果统计的高度范围是 0～40 km。

6.2.1 COSMIC-COSMIC 掩星结果比对

对时空匹配条件分五种情况统计了 2006 年 4 月 22 日至 2006 年 9 月 17 日 COSMIC 干空气廓线的折射率比对结果，见表 6-1 和图 6-1。

表 6-1 COSMIC-COSMIC 掩星比对统计结果

时间 ΔT/h	距离 ΔS/km	折射率/%（平均偏差/标准差）				温度/K（平均偏差/标准差）			
		全球	低纬	中纬	高纬	全球	低纬	中纬	高纬
0.5	10	0.01/0.68	0.01/0.70	0.00/0.64	0.01/0.67	0.02/1.76	0.05/1.74	0.01/1.72	0.00/1.76
0.5	20	0.00/0.71	0.01/0.72	0.00/0.68	0.02/0.71	0.02/1.80	0.03/1.78	0.00/1.76	0.02/1.80
0.5	50	0.00/0.75	0.01/0.76	0.00/0.72	0.01/0.73	0.01/1.86	0.02/1.86	0.01/1.80	0.02/1.83
0.5	100	0.01/0.80	0.01/0.81	0.00/0.77	0.01/0.77	0.02/1.94	0.02/1.96	0.02/1.87	0.01/1.88
1.0	100	0.01/0.80	0.01/0.81	0.00/0.77	0.01/0.77	0.02/1.94	0.02/1.96	0.02/1.87	0.01/1.88

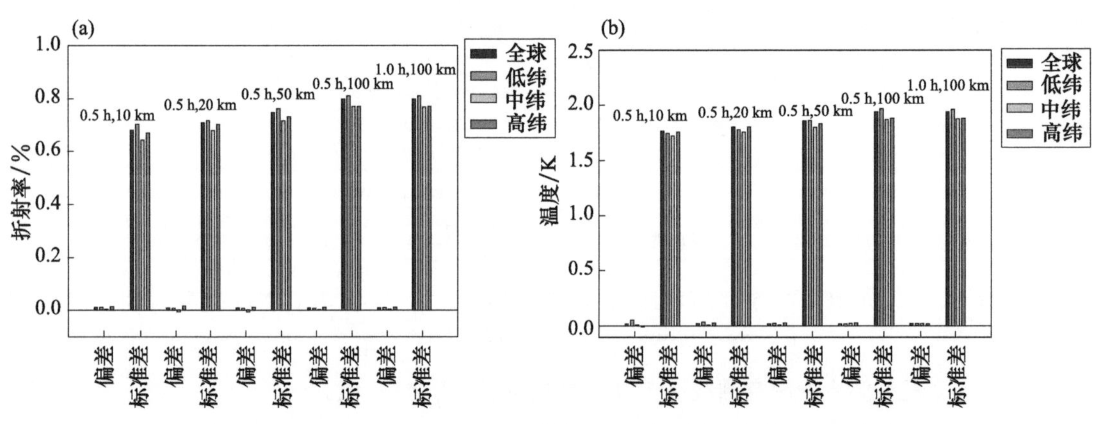

图 6-1 COSMIC-COSMIC 掩星统计结果（a 为折射率，b 为温度，下同）

由表6-1可以看出，时间相差0.5 h，空间相差10 km时，COSMIC-COSMIC掩星对之间的全球平均折射率偏差为0.01%，平均标准差为0.68%；平均温度偏差为0.02 K，平均标准差为1.76 K。随着距离间隔的增大，折射率和温度的平均标准差略有增大。时间相差0.5 h，空间相差100 km时，全球平均折射率偏差为0.01%，平均标准差为0.80%；平均温度偏差为0.02 K，平均标准差为1.94 K。

由表6-1和图6-1可以看出，在相同的时间和空间间隔情况下，掩星对之间平均折射率标准差和温度标准差随区域有明显的变化规律，由大到小依次是低纬地区、全球、高纬地区和中纬地区。

时间相差0.5 h、空间相差100 km和时间相差1.0 h、空间相差100 km统计结果完全一致，是由于在统计时段范围内，COSMIC卫星之间距离较近，前后卫星对同一颗GPS卫星发生掩星的时间相差很短，相差0.5 h和1.0 h统计样本几乎没有差异。

时间相差0.5 h，空间相差20 km的COSMIC掩星对统计结果如图6-2所示。

图6-2是全球统计结果，图6-2a是折射率平均偏差和标准差随高度的分布，可以看出在0～40.0 km高度范围内，折射率平均偏差绝对值在0.06%以内，折射率标准差在0.15%～2.54%；图6-2b是温度平均偏差和标准差随高度的分布，可以看出在0～40.0 km高度范围内，温度平均偏差绝对值在0.14 K以内，标准差在0.39～3.64 K。

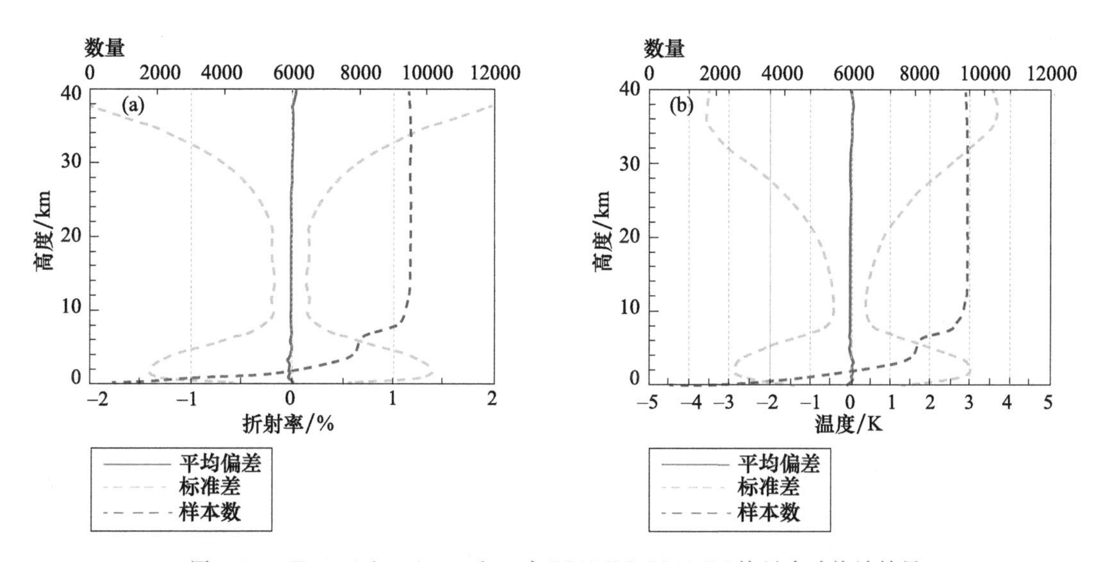

图6-2　ΔT=0.5 h，ΔS=20 km时COSMIC-COSMIC掩星全球统计结果

图6-3是低纬统计结果，由图6-3a可以看出，低纬折射率偏差分布与全球折射率偏差分布相似，只是8.0 km以下折射率平均偏差变化幅度加大，在−0.01%～0.08%，9.4 km以下，低纬折射率标准差大于全球折射率标准差，低纬地区2.0 km附近的标准差极大值由全球的1.40%增大为1.83%，20.0 km以上低纬折射率标准差小于全球折射率标准差，低纬折射率标准差40.0 km处的最大值由全球的2.54%减小到2.15%；由图6-3b可以看出，低纬温度误差分布特征与全球温度误差分布相似，只是8.0 km以下，温度平均偏差变化幅度加大，在−0.21～0.29 K，9.4 km以下，低纬温度标准差大于全球温度标准差，低纬地区2.2 km附近的温度标准差极大值由全球的3.02 K增大为4.17 K，20.0 km以上低纬温度标准差小于全球温度标准差，低纬37.4 km附近的极大值由全球的3.64 K减小为3.19 K。

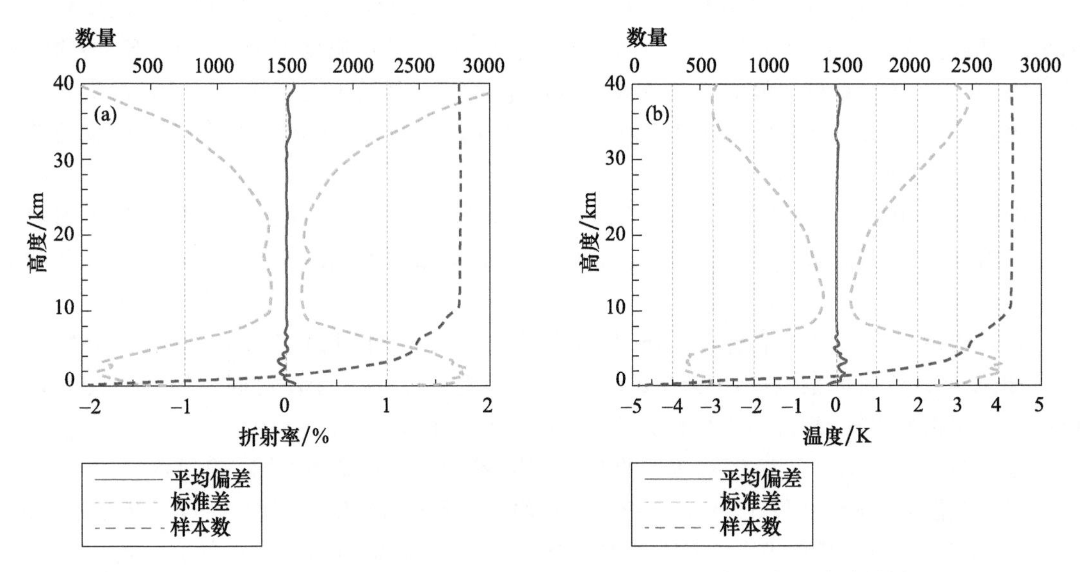

图 6-3 $\Delta T=0.5$ h,$\Delta S=20$ km 时 COSMIC-COSMIC 掩星低纬统计结果

图 6-4 是中纬统计结果,可以看出中纬的折射率和温度的误差分布与全球误差分布非常接近,只是量值上比全球误差略小。

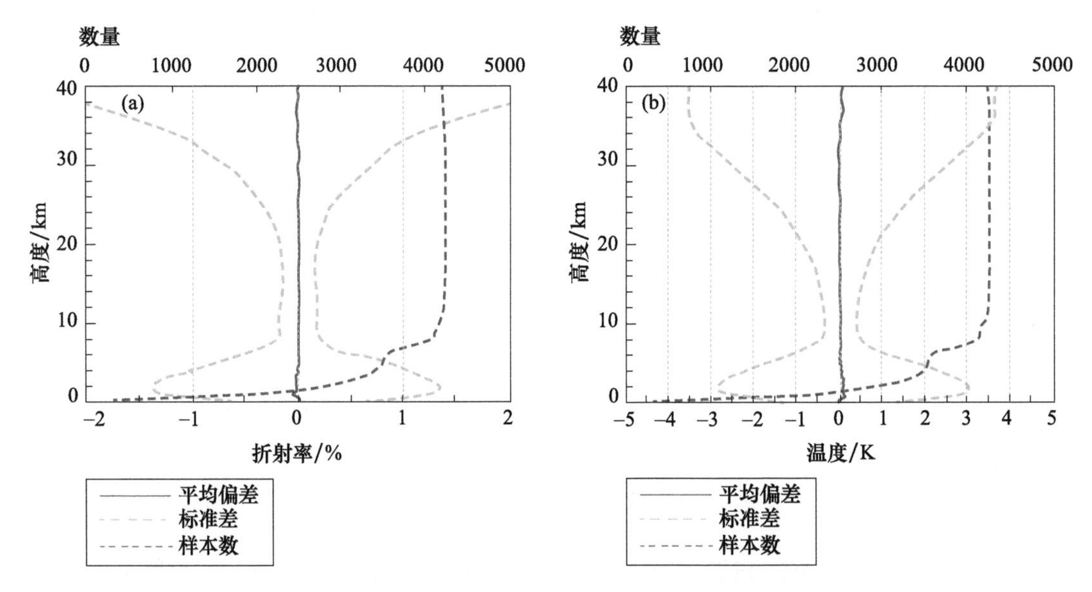

图 6-4 $\Delta T=0.5$ h,$\Delta S=20$ km 时 COSMIC-COSMIC 掩星中纬统计结果

图 6-5 是高纬统计结果,由图 6-5a 可以看出,高纬折射率误差分布与全球折射率误差分布相似,只是 8.0 km 以下折射率标准差明显减小,在 0.27%～0.77%,1.5 km 附近的标准差极大值由全球的 1.40%减小为 0.77%,20.0 km 以上折射率标准差大于全球折射率标准差,40.0 km 处的最大值由全球的 2.54%增大到 2.95%;由图 6-5b 可以看出,高纬温度误差分布特征与全球温度误差分布相似,只是 8.0 km 以下温度标准差明显减小,在 0.52～1.73 K,2.0 km附近的标准差极大值由全球的 3.02 K 减小为 1.62 K,20.0 km 以上温度标准差大于全球温度标准差,36.3 km 附近的极大值由全球的 3.64 K 增大到 4.25 K。

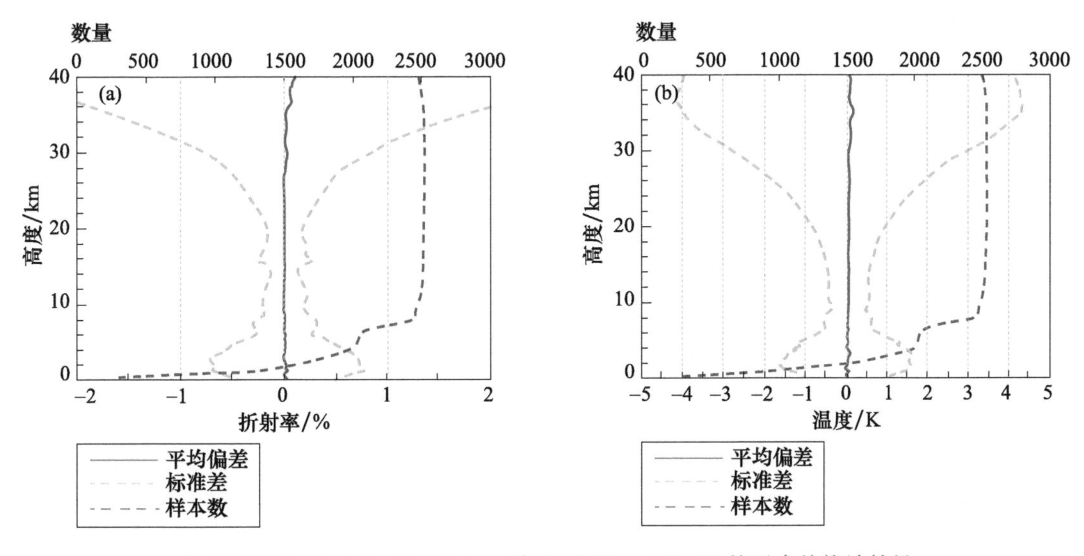

图 6-5　ΔT=0.5 h,ΔS=20 km 时 COSMIC-COSMIC 掩星高纬统计结果

时间相差 0.5 h,空间相差 50 km、100 km 以及时间相差 1 h,空间相差 100 km 的 COSMIC 掩星对统计结果与时间相差 0.5 h,空间相差 20 km 的统计结果极为类似。只是标准差的极大值(最大值)比相隔 0.5 h、20 km 的 COSMIC 掩星对稍大。时间相差 1.0 h,空间相差 100 km 的 COSMIC 掩星对折射率和温度差统计结果如图 6-6~图 6-9 所示。

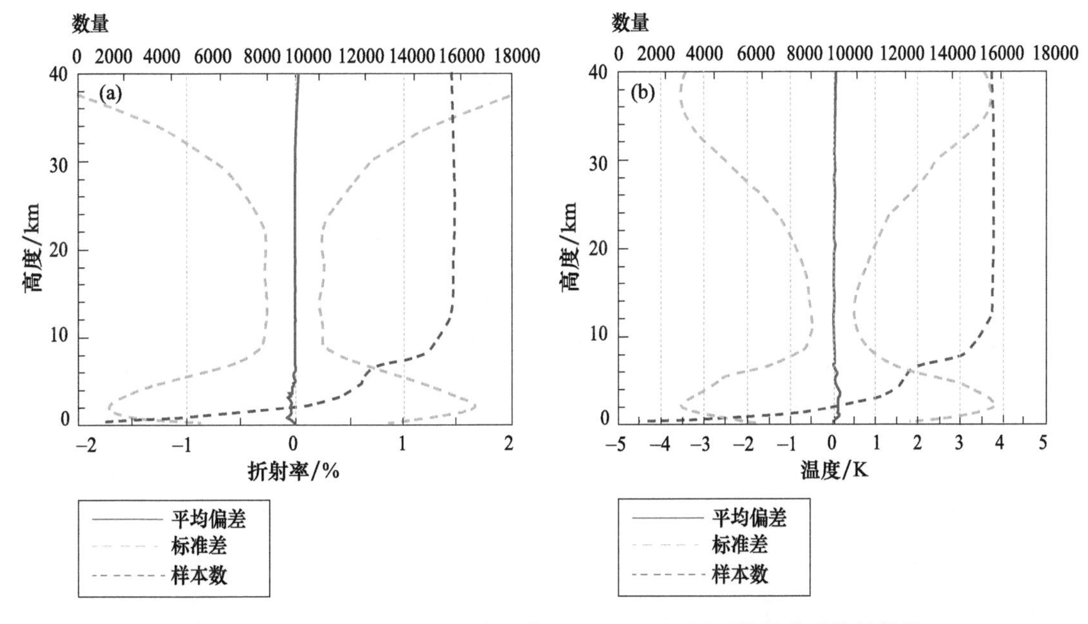

图 6-6　ΔT=1.0 h,ΔS=100 km 时 COSMIC-COSMIC 掩星全球统计结果

6.2.2　COSMIC-CHAMP 掩星结果比对

对 2006 年 4 月 25 日至 2008 年 10 月 4 日 COSMIC 与 CHAMP 掩星干空气廓线进行了比对,统计结果见表 6-2。

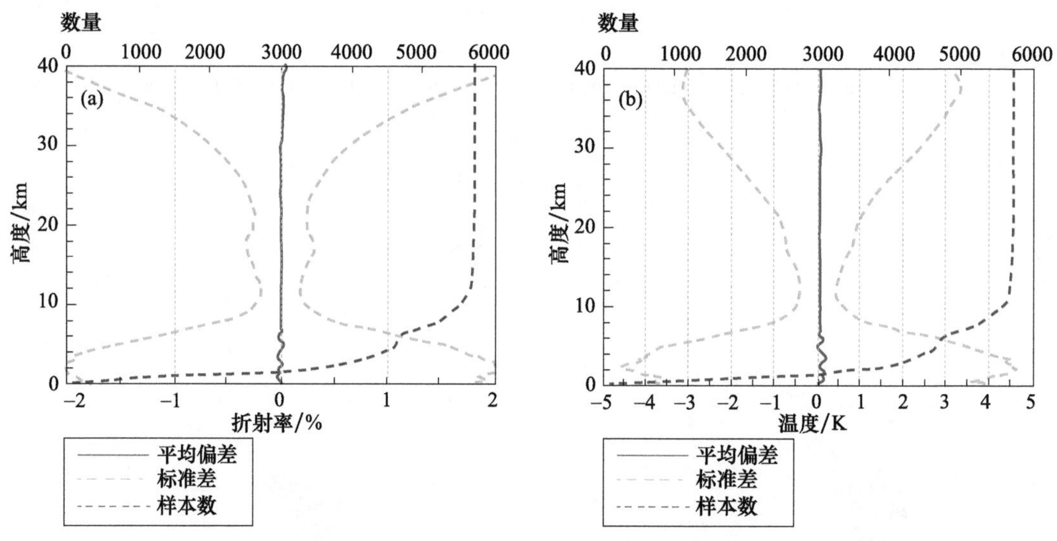

图 6-7　$\Delta T=1.0$ h，$\Delta S=100$ km 时 COSMIC-COSMIC 掩星低纬统计结果

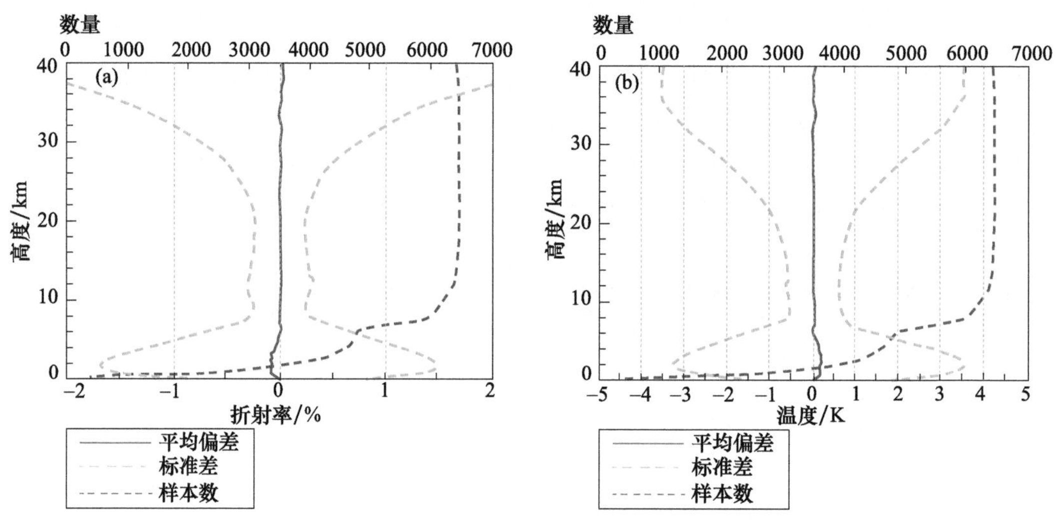

图 6-8　$\Delta T=1.0$ h，$\Delta S=100$ km 时 COSMIC-COSMIC 掩星中纬统计结果

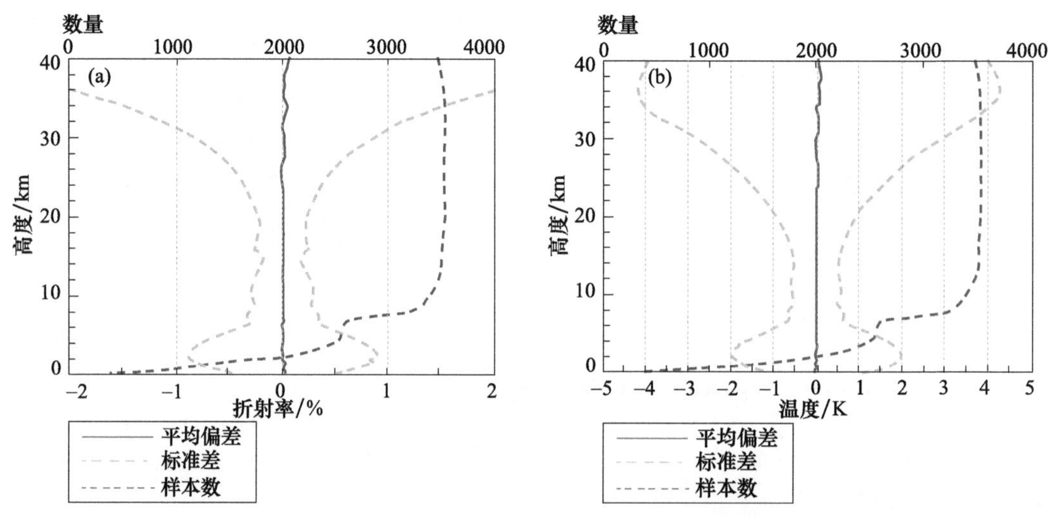

图 6-9　$\Delta T=1.0$ h，$\Delta S=100$ km 时 COSMIC-COSMIC 掩星高纬统计结果

表 6-2　COSMIC-CHAMP 掩星比对统计结果

时间 ΔT/h	距离 ΔS/km	折射率/%（平均偏差/标准差）				温度/K（平均偏差/标准差）			
		全球	低纬	中纬	高纬	全球	低纬	中纬	高纬
1.0	100	0.07/0.98	0.11/1.05	0.05/0.96	0.07/0.95	−0.11/2.21	−0.18/2.42	−0.12/2.18	−0.07/2.15
1.0	300	0.06/1.35	0.12/1.27	0.06/1.40	0.05/1.33	−0.10/2.66	−0.12/2.78	−0.11/2.69	−0.13/2.57

时间相差 1.0 h，空间相差 100 km 的 COSMIC-CHAMP 掩星对互差统计结果如图 6-10～图 6-13 所示。

图 6-10 是全球统计结果，图 6-10a 是折射率平均偏差和标准差随高度的分布，与 COSMIC 掩星对之间的比较结果相比，折射率偏差廓线形状相似，只是 COSMIC 掩星与 CHAMP 掩星干空气在 2.0 km 以下和 25.6 km 以上平均折射率存在明显的正偏差，相应的平均温度在上述高度范围内存在明显的负偏差。在 0～40.0 km 高度范围内，平均折射率偏差绝对值在 0.29%以内，标准差在 0.42%～2.53%。图 6-10b 是温度平均偏差和标准差随高度的分布，在 0～40.0 km 高度范围内，平均温度偏差绝对值在 0.77 K 以内，标准差在 0.83～4.17 K。

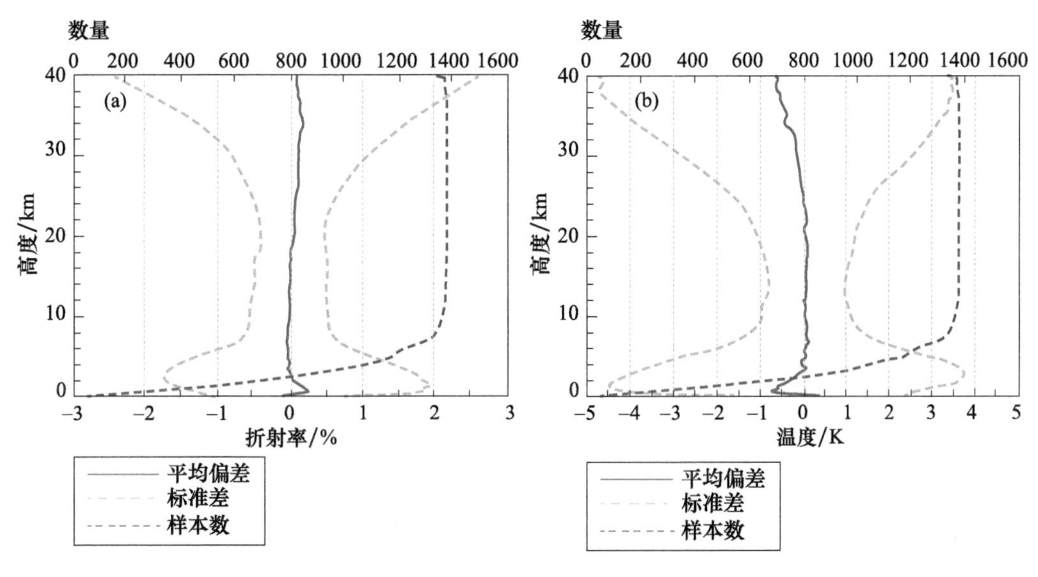

图 6-10　ΔT=1.0 h，ΔS=100 km 时 COSMIC-CHAMP 掩星全球统计结果

图 6-11 是低纬统计结果，由图 6-11a 可以看出，低纬折射率误差分布与全球折射率误差分布相似，只是 3.2 km 以下折射率平均偏差在 0.20%以上；5.0 km 以下标准差大于 2.00%。由图 6-11b 可以看出，低纬温度误差分布与全球温度误差分布相似，只是 3.2 km 以下平均温度偏差存在明显的负偏差，2.9 km 以下平均负偏差绝对值在 1.00 K 以上，6.3 km 以下的标准差大于 3.00 K。

图 6-12 是中纬统计结果，由图中可以看出中纬的折射率和温度的误差分布无论从形状还是从量值上都与全球误差分布非常接近。

图 6-13 是高纬统计结果，由图 6-13a 可以看出，高纬折射率误差分布特征与全球折射率误差分布相似，只是 3.0 km 以下平均折射率偏差和平均温度偏差稍大。

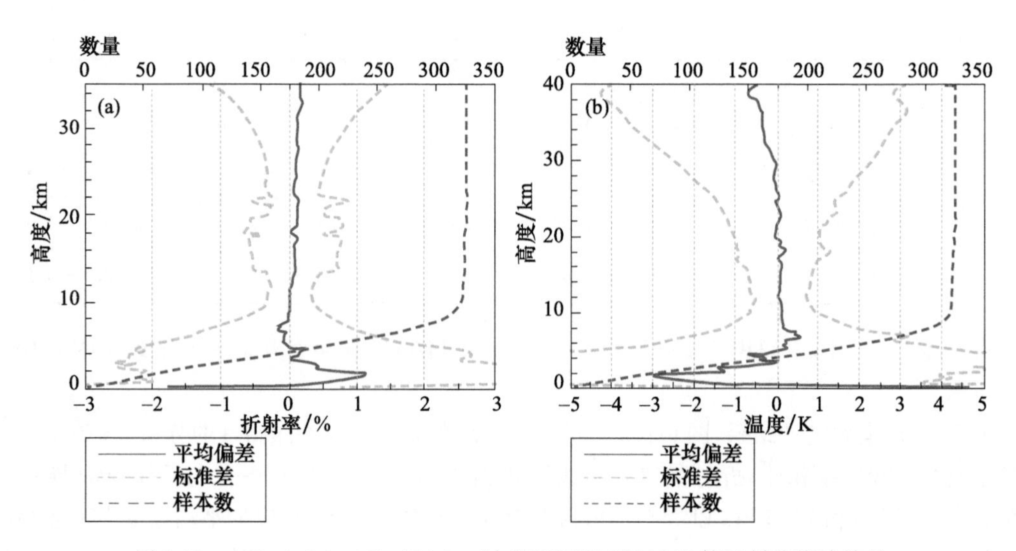

图 6-11　ΔT=1.0 h,ΔS=100 km 时 COSMIC-CHAMP 掩星低纬统计结果

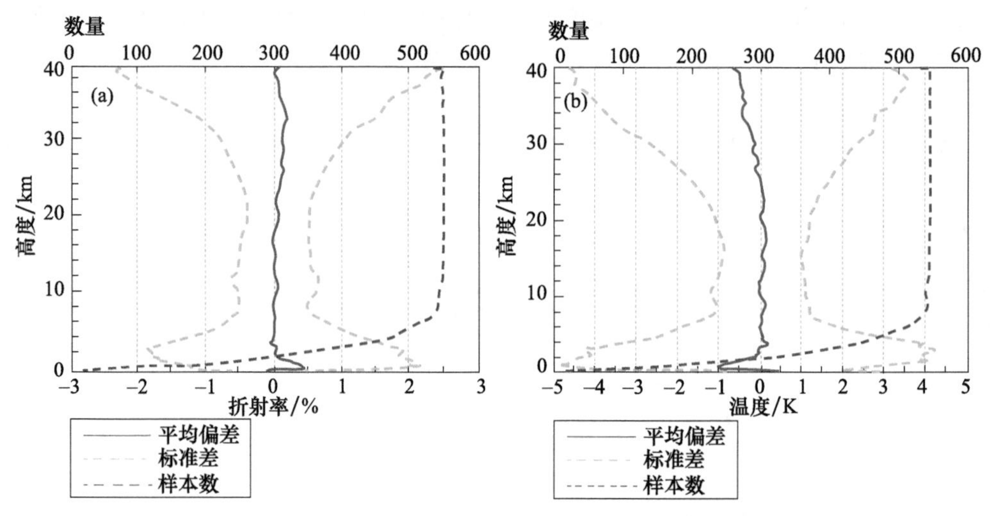

图 6-12　ΔT=1.0 h,ΔS=100 km 时 COSMIC-CHAMP 掩星中纬统计结果

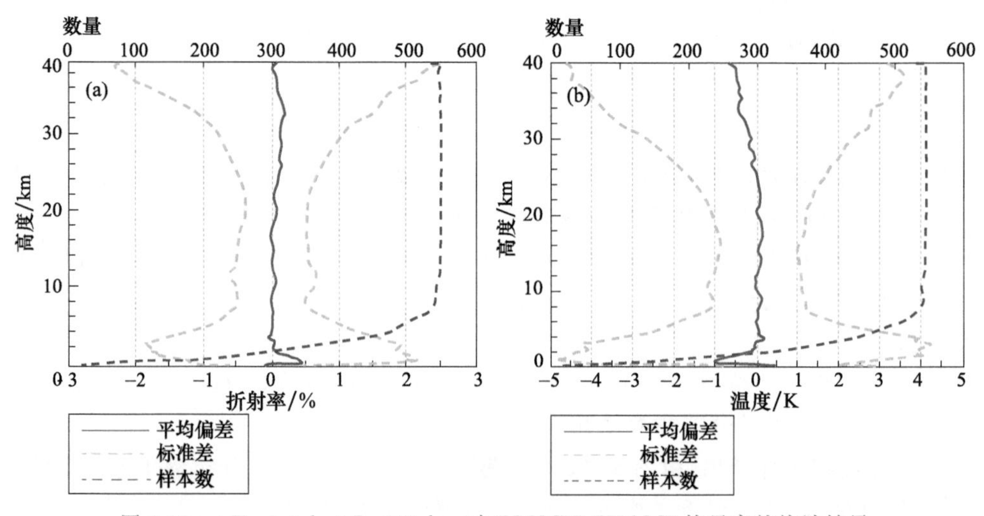

图 6-13　ΔT=1.0 h,ΔS=100 km 时 COSMIC-CHAMP 掩星高纬统计结果

6.2.3　COSMIC-GRACE 掩星结果比对

统计了 2007 年 3 月 2 日至 2009 年 1 月 31 日 COSMIC 与 GRACE 掩星干空气廓线的比对结果，见表 6-3。

表 6-3　COSMIC-GRACE 掩星比对统计结果

时间 ΔT/h	距离 ΔS/km	折射率/%（平均偏差/标准差）				温度/K（平均偏差/标准差）			
		全球	低纬	中纬	高纬	全球	低纬	中纬	高纬
1.0	100	0.04/0.92	−0.04/0.97	0.05/0.90	0.05/0.89	−0.08/2.12	0.01/2.24	−0.06/2.06	−0.12/2.07
1.0	300	0.05/1.33	0.02/1.21	0.06/1.37	0.05/1.32	−0.02/2.58	−0.05/2.72	−0.02/2.62	−0.02/2.49

时间相差 1.0 h，空间相差 100 km 的 COSMIC-GRACE 掩星对互差统计结果如图 6-14～图 6-18 所示。

图 6-14 是全球统计结果，图 6-14a 是折射率平均偏差和标准差随高度的分布，可以看出，在0～40.0 km 高度范围内，平均折射率偏差在−0.12%～0.52%，折射率标准差在 0.41%～2.31%，40.0 km 处达到最大值 2.31%。图 6-14b 是温度平均偏差和标准差随高度的分布，可以看出，在 0～40.0 km 高度范围内，平均温度偏差在−1.17～0.22 K，温度标准差在 0.83～4.14 K，2.9 km 处最大值为 4.14 K。

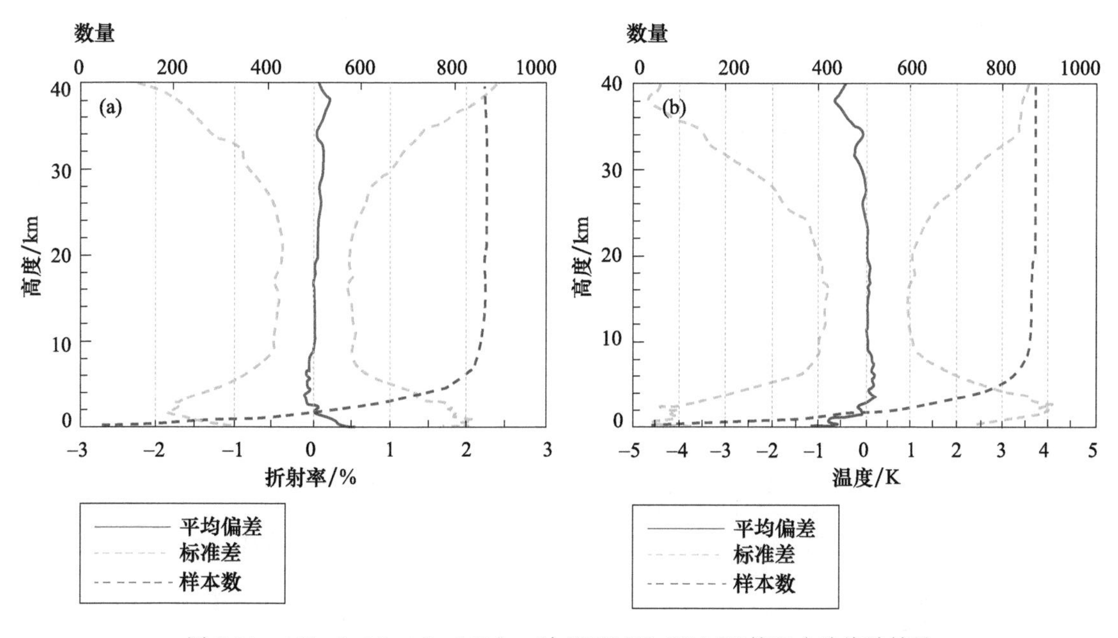

图 6-14　ΔT=1.0 h，ΔS=100 km 时 COSMIC-GRACE 掩星全球统计结果

图 6-15 是低纬统计结果，由图 6-15a 可以看出，低纬折射率误差分布与全球折射率误差分布相似，只是 6.5 km 以下平均偏差绝对值大于 0.20%，0.8 km 处最大负偏差−1.16%；4.2 km 以下标准差大于 2.00%，其中 1.1 km 处最大达到 3.72%。由图 6-15b 可以看出，低纬温度误差分布特征与全球温度误差分布相似，只是 6.5 km 以下平均偏差呈现

明显的正偏差，绝对值在0.50 K以上，其中在0.7 km处绝对值达到最大值1.75 K，6.0 km以下温度标准差大于3.00 K，2.9 km处达到最大值7.47 K。

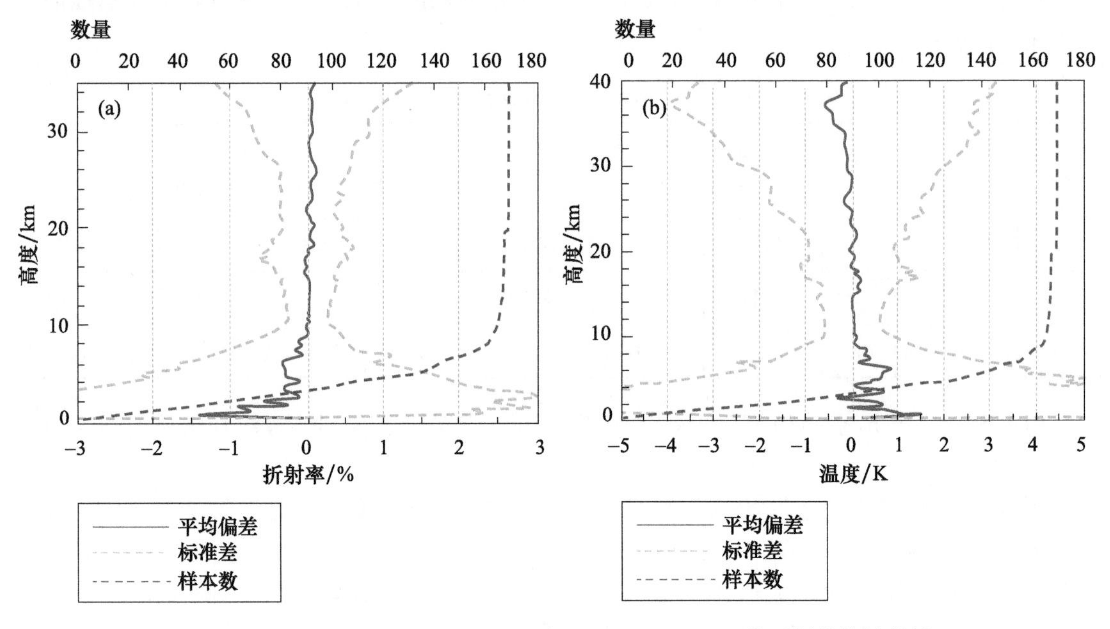

图 6-15　ΔT=1.0 h，ΔS=100 km时COSMIC-GRACE掩星低纬统计结果

图6-16是中纬统计结果，可以看出中纬的折射率和温度的误差分布无论从形状还是量值上都与全球误差分布非常接近。

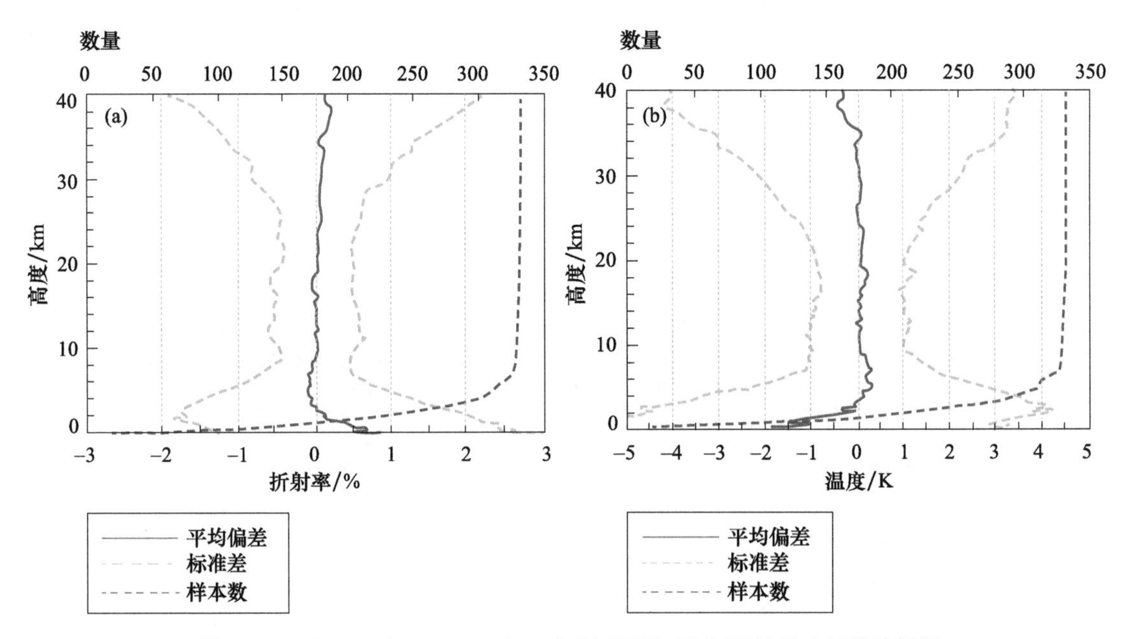

图 6-16　ΔT=1.0 h，ΔS=100 km时COSMIC-GRACE掩星中纬统计结果

图6-17是高纬统计结果，由图6-17a可以看出，高纬折射率误差分布特征与全球折射率误差分布相似，只是3.0 km以下平均折射率偏差和平均温度偏差略小。

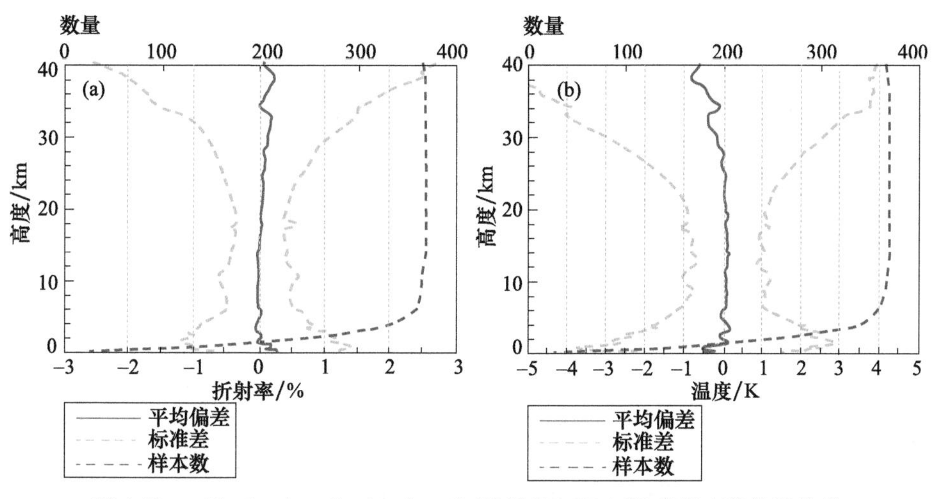

图6-17 $\Delta T=1.0$ h，$\Delta S=100$ km时COSMIC-GRACE掩星高纬统计结果

6.2.4 CHAMP-GRACE掩星结果比对

统计了2007年3月1日至2008年9月28日CHAMP与GRACE掩星干空气廓线的比对结果，见表6-4。

表6-4 CHAMP-GRACE掩星比对统计结果

时间 ΔT/h	距离 ΔS /km	全球折射率 /%		全球温度/K	
		平均偏差	标准差	平均偏差	标准差
1.0	100	−0.01	0.95	−0.15	2.14
1.0	300	−0.05	1.35	0.04	2.56

时间相差1.0 h，空间相差100 km的CHAMP-GRACE掩星对互差统计结果如图6-18所示，图6-18a是折射率平均偏差和标准差随高度的分布，可以看出，2.5 km以下存在明显的平均折射率正偏差，偏差最大达1.00%，2.5 km以下存在明显的平均温度负偏差，负偏差绝对值最大达2.19 K。在0～40.0 km高度范围内，折射率平均偏差在−0.53%～1.00%，标准差在0.30%～2.70%。图6-18b是温度平均偏差和标准差随高度的分布，可以看出，在0～40.0 km高度范围内，温度平均偏差在−2.19～1.14 K，温度标准差在0.63～6.11 K。

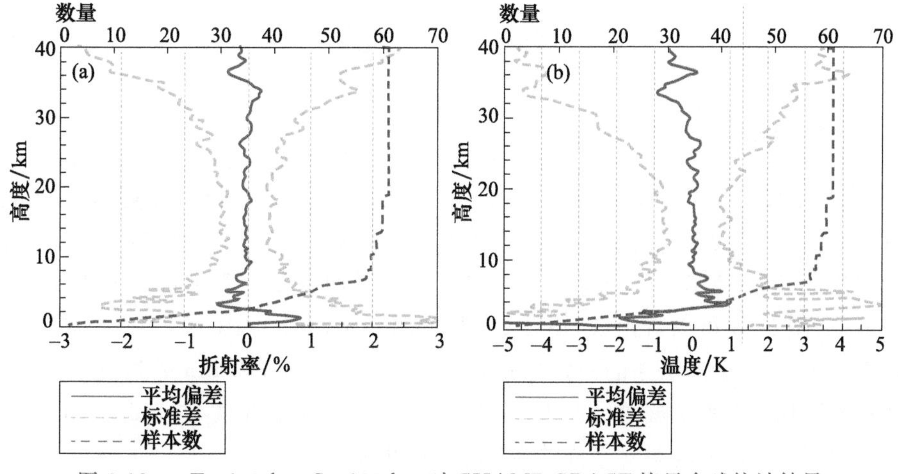

图6-18 $\Delta T=1.0$ h，$\Delta S=100$ km时CHAMP-GRACE掩星全球统计结果

6.2.5 CHAMP-SAC-C 掩星结果比对

统计了 2001 年 8 月 22 日至 2002 年 11 月 15 日 CHAMP 与 SAC-C 掩星干空气廓线的比对结果，见表 6-5。

表 6-5 CHAMP-SAC-C 掩星比对统计结果

时间 ΔT/h	距离 ΔS/km	全球折射率/%		全球温度/K	
		平均偏差	标准差	平均偏差	标准差
1.0	100	0.06	1.20	0.19	2.96
1.0	300	0.10	1.51	0.35	3.45

时间相差 1.0 h，空间相差 100 km 的 CHAMP-SAC-C 掩星对互差统计结果如图 6-19 所示，图 6-19a 是折射率平均偏差和标准差随高度的分布，可以看出，4.5 km 以下存在平均折射率负偏差，偏差绝对值最大达 0.57%，4.5 km 以下存在明显的平均温度正偏差，偏差最大达 1.20 K。

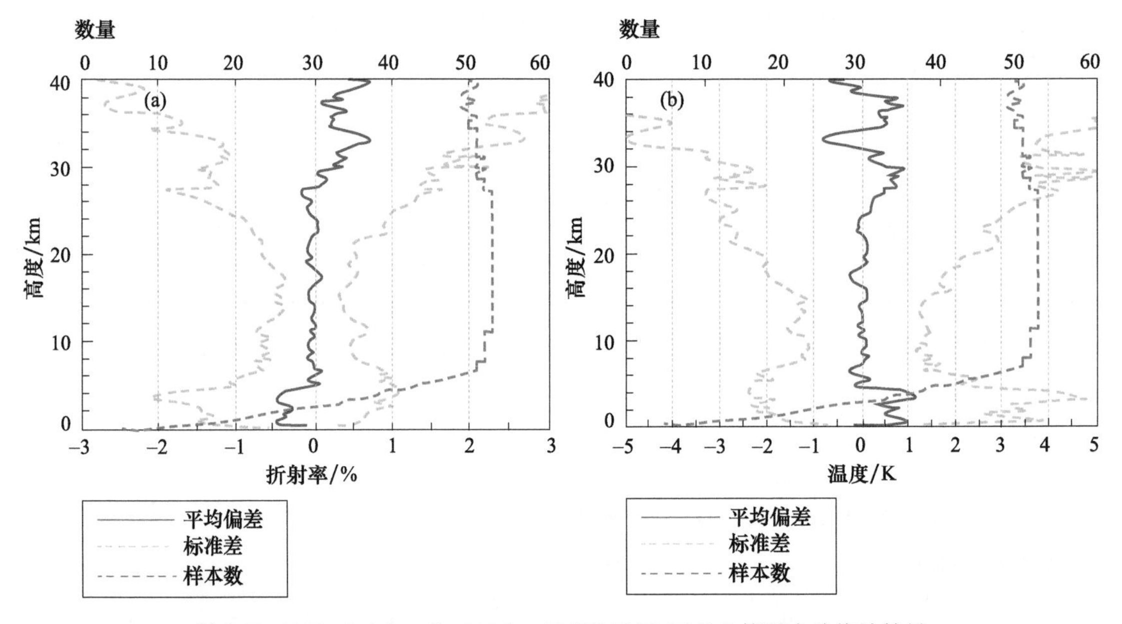

图 6-19 ΔT=1.0 h，ΔS=100 km 时 CHAMP-SAC-C 掩星全球统计结果

6.2.6 结果分析

由图 6-20 可以看出，COSMIC-COSMIC 掩星反演结果的一致性非常好，即使在相差 1 h、100 km 的情况下，0～40 km 掩星对之间的平均折射率偏差也在±0.02%以内，平均折射率标准差在 0.85%以内；平均温度偏差在±0.02 K 以内，平均温度标准差在 2.00 K 以内。

由图 6-1～图 6-19 可以看出，COSMIC-CHAMP、COSMIC-GRACE、CHAMP-GRACE 和 CHAMP-SAC-C 掩星反演结果的一致性也很好，在相差 1 h、100 km 的情况下，0～40.0 km 掩星对之间的平均折射率偏差在±0.15%以内，平均折射率标准差在 1.50%以内；平均温度偏差在±0.20 K 以内，平均温度标准差在 3.00 K 以内。

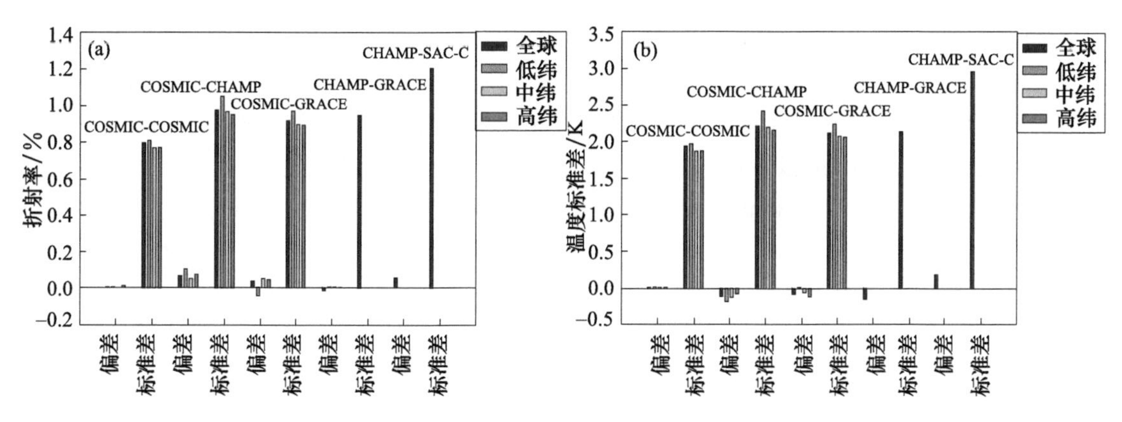

图 6-20　不同卫星掩星比对结果

这证明了不同掩星接收机观测数据反演结果的一致性。这是因为 GNSS 掩星观测的本质是获取 GNSS 卫星导航信号的时间延迟信息，由于 GNSS 卫星一般装载了铯原子钟或铷原子钟，时间精度非常高（一般 100 s 阿伦方差优于 10^{-14}），因此只要两台接收机的时钟稳定度足够高（一般要求 100 s 阿伦方差优于 10^{-12}），就可保证两台接收机接收到的时间延迟信息的一致性，不存在定标方面的影响，从而保证不同掩星接收机观测结果的一致性，这也是掩星资料在气候应用方面具有广阔前景的原因。

低纬平均折射率标准差和平均温度标准差要略大于高纬地区和中纬地区，这主要是因为低纬地区低层大气中水汽含量丰富，容易导致掩星观测时发生多径效应，引起接收机观测误差增大，反演结果标准差增大。

6.3　掩星反演结果与全球探空的比对

自 1783 年气球被发明以来，利用气球进行的高空气象探测已为大气科学研究、天气气候分析预报提供了大量实况资料[13]，即使在气象卫星、地面遥感等新技术迅速发展的今天，它仍然是提供高空气象信息的主要来源。

本节通过将 GPS/MET、CHAMP、SAC-C、GRACE、COSMIC 掩星反演结果与全球探空数据进行比对，对掩星反演结果进行了验证。数据匹配时采用的参数是时间相差在 1 h 以内，距离相差在 300 km 以内，统计了 5.0～25.0 km 的掩星干空气廓线产品和全球探空获得的折射率及温度的平均偏差及标准差。并统计了 50%以上的掩星事件所能到达的最低探测高度[14]。

6.3.1　GPS/MET 掩星结果

表 6-6 给出了 GPS/MET 掩星与全球探空比对的统计结果。其中样本数是指参与统计的最大样本数，最低高度是指参与统计的样本数达到最大样本数一半时的高度。

表 6-6　GPS/MET 掩星结果与全球探空结果比对统计表

样本数	最低高度/km	折射率/%		温度/K	
		平均偏差	标准差	平均偏差	标准差
338	2.9	0.16	1.51	−0.13	3.35

图 6-21 给出了全球 GPS/MET 掩星与探空比对的结果，可以看出，与探空结果相比，5.0～25.0 km 折射率偏差平均值为 0.16%，平均折射率标准差为 1.51%；9.5 km 以下平均温度偏差呈现明显的负偏差，随着高度的降低，负偏差绝对值增大，至近地面增大到－11.90 K，温度负偏差产生原因主要是 9.5 km 以下水汽含量逐渐增大，干空气的假设不成立，导致反演的干温值小于实际温度值。5.0～25.0 km 温度平均偏差为－0.13 K，平均标准差为 3.35 K。

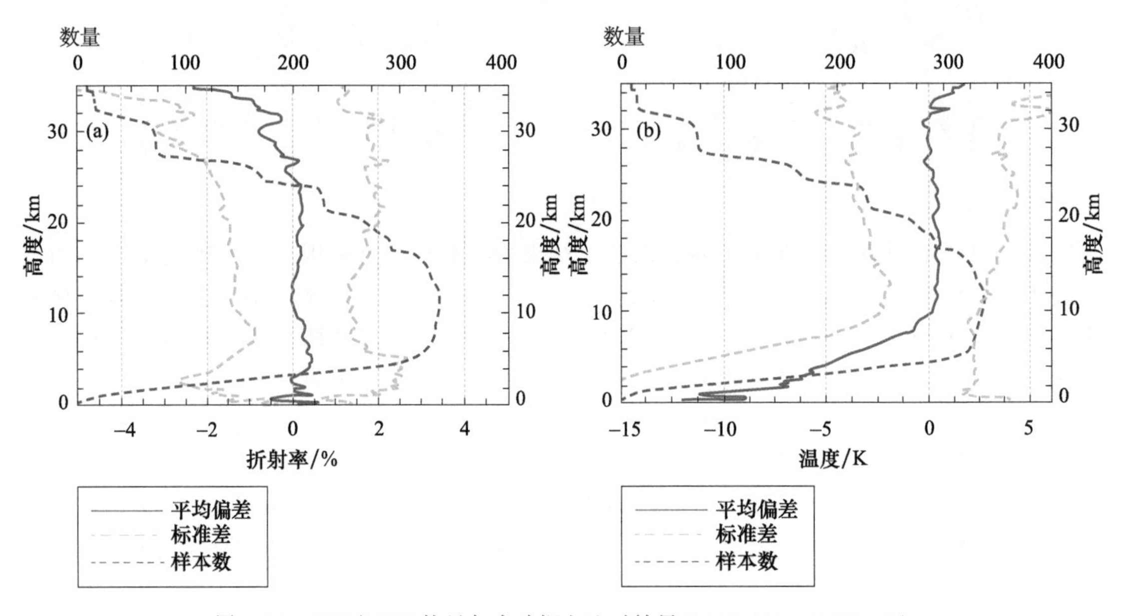

图 6-21　GPS/MET 掩星与全球探空比对结果(1995.111—1997.047)

6.3.2　CHAMP 掩星结果

表 6-7 和图 6-22 给出了 CHAMP 掩星结果与全球探空比对的统计结果。

表 6-7　CHAMP 掩星结果与全球探空结果比对统计表

区域/季节	样本数	最低高度/km	折射率/%		温度/K	
			平均偏差	标准差	平均偏差	标准差
全球	8402	2.3	0.06	1.19	－0.59	2.56
低纬	1478	4.8	0.09	1.37	－1.21	3.27
中纬	4201	2.3	0.07	1.18	－0.60	2.51
高纬	2723	1.4	0.02	1.04	－0.27	2.11
春季	2165	2.0	0.07	1.15	－0.53	2.44
夏季	2123	3.1	0.04	1.19	－0.90	2.71
秋季	2219	2.5	0.04	1.22	－0.78	2.66
冬季	1995	1.8	0.053	1.19	－0.32	2.48

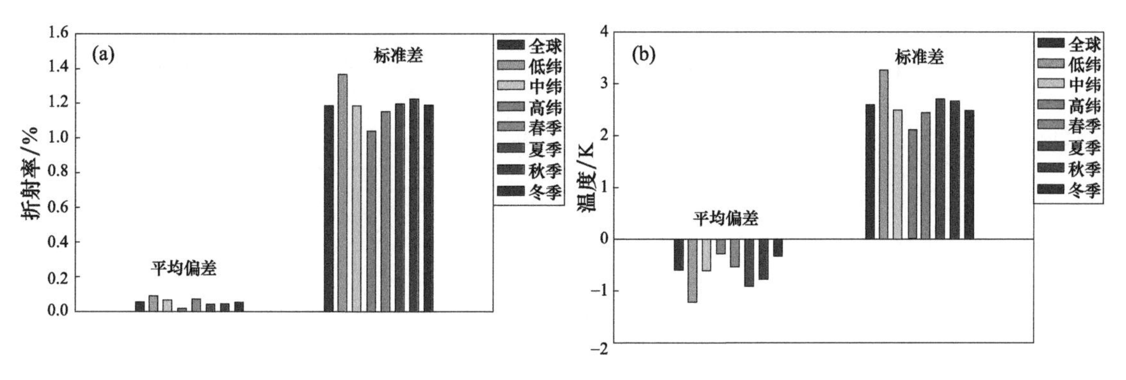

图 6-22　CHAMP 掩星与探空比对统计结果

图 6-23 给出了全球 CHAMP 掩星与探空比对的结果，可以看出，与探空结果相比，在 5.0～25.0 km，全球 CHAMP 掩星的平均折射率偏差为 0.06%，平均折射率标准差为 1.19%；5.0～25.0 km，平均温度偏差为－0.589 K，标准差为 2.559 K。

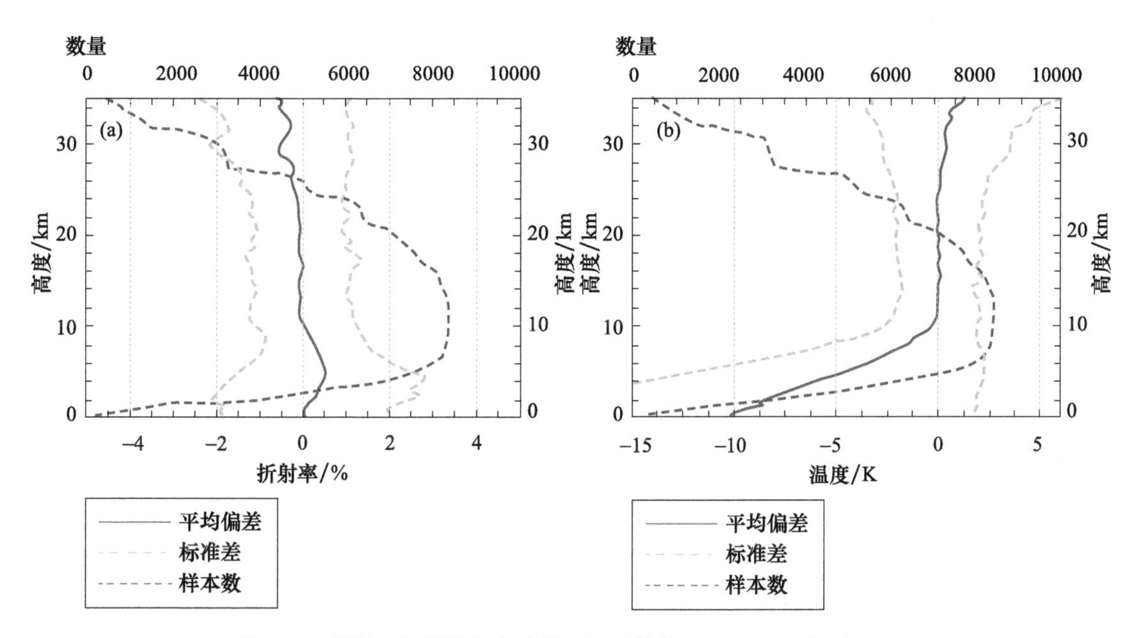

图 6-23　CHAMP 掩星与全球探空比对结果(2002.001—2008.278)

图 6-24 给出了低纬地区 CHAMP 掩星与探空比对的结果，可以看出，与全球统计结果相比，最大的不同是，低纬地区 CHAMP 掩星的折射率平均偏差在 3.7 km 以下出现了负偏差，且负偏差随高度降低而增大，负偏差最大达到－3.75%，且折射率平均偏差和标准差随高度的波动幅度也明显增大；平均温度负偏差在 11.3 km 处即达到－0.50 K，至近地面最大负偏差达到了－15.41 K。由表 6-7 可以看出，5.0～25.0 km 低纬 CHAMP 掩星与探空相比，折射率和温度的平均偏差及平均标准差的绝对值都大于相应的全球平均值。

图 6-25 给出了中纬地区 CHAMP 掩星与探空比对的结果，可以看出，中纬地区结果与全球结果非常类似，由表 6-7 可以看出，5.0～25.0 km 中纬地区 CHAMP 掩星与探空相比，折射率和温度的平均偏差及平均标准差都与相应的全球平均值接近。

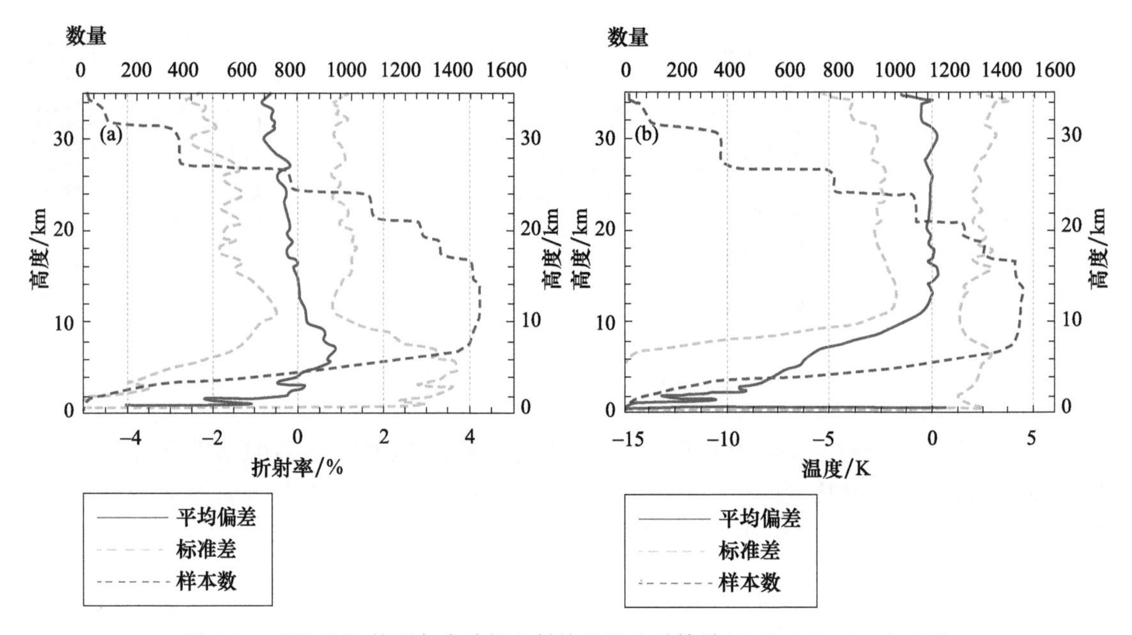

图 6-24 CHAMP 掩星与全球探空低纬地区比对结果(2002.001—2008.278)

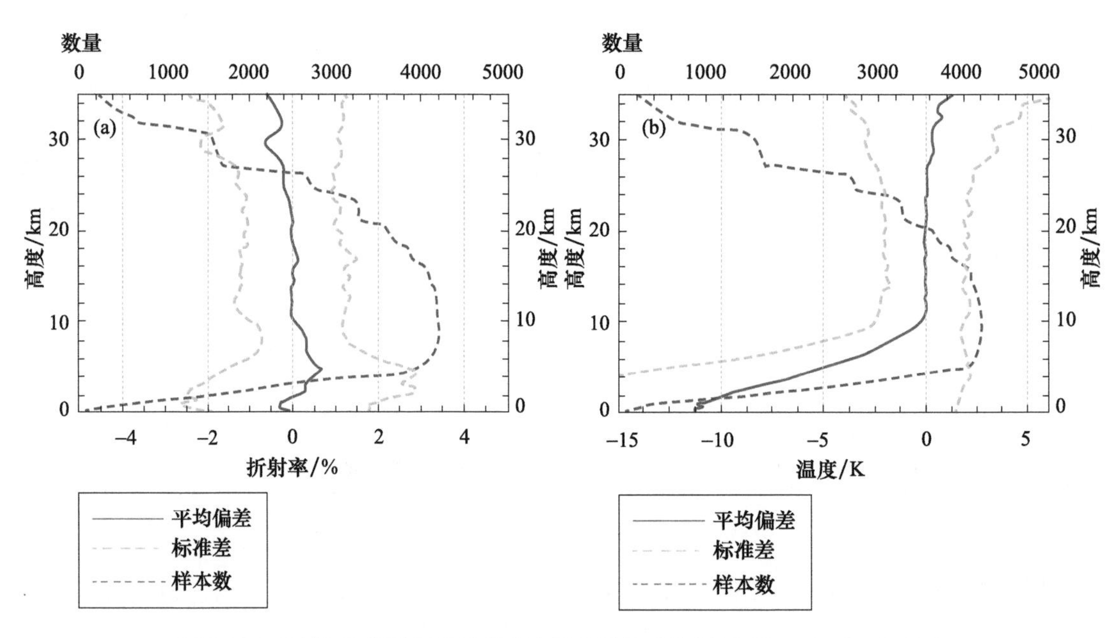

图 6-25 CHAMP 掩星与全球探空中纬地区比对结果(2002.001—2008.278)

图 6-26 给出了高纬地区 CHAMP 掩星与探空比对的结果，可以看出，高纬地区结果与全球结果非常类似，由表 6-7 可以看出，5.0～25.0 km 高纬地区 CHAMP 掩星与探空相比，折射率和温度的平均偏差及平均标准差的绝对值都略小于相应的全球平均值。

图 6-27 给出了春季 CHAMP 掩星与探空比对的结果，可以看出，春季结果与全球结果非常类似，由表 6-7 可以看出，5.0～25.0 km 春季 CHAMP 掩星与探空相比，除折射率平均偏差略大于全球折射率平均偏差外，折射率平均标准差、温度的平均偏差及平均标准差的绝对值都略小于相应的全球平均值。

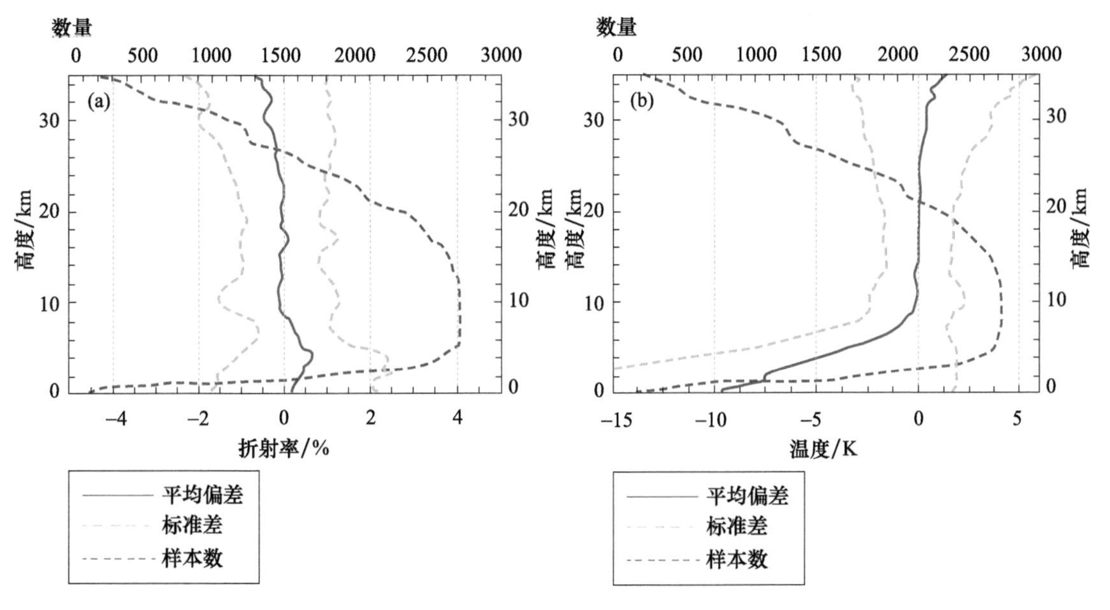

图 6-26　CHAMP 掩星与全球探空高纬地区比对结果(2002.001—2008.278)

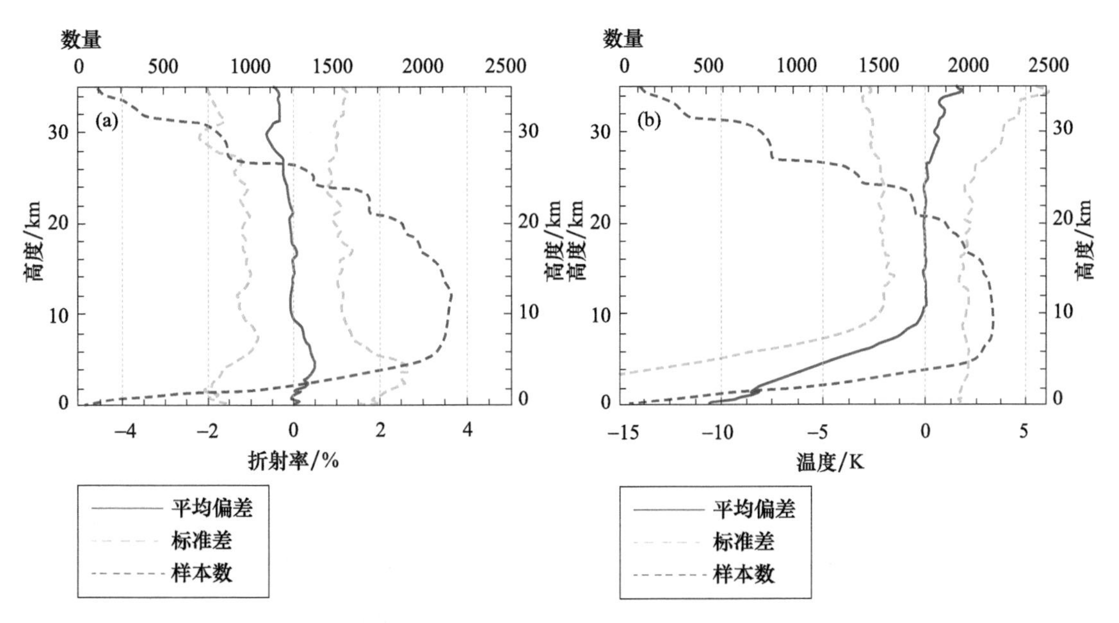

图 6-27　CHAMP 掩星与全球探空春季比对结果(2002.001—2008.278)

图 6-28 给出了夏季 CHAMP 掩星与探空比对的结果，可以看出，与低纬地区统计结果类似，夏季 CHAMP 掩星的折射率平均偏差在 1.7 km 以下出现了负偏差，负偏差最大达到−0.92%；平均温度负偏差在 11.3 km 处即达到−0.50 K，至近地面最大负偏差达到了−15.41 K。由表 6-7可以看出，5.0～25.0 km 低纬 CHAMP 掩星与探空相比，折射率和温度的平均偏差及平均标准差的绝对值都大于相应的全球平均值。

图 6-29 给出了秋季 CHAMP 掩星与探空比对的结果，可以看出，秋季折射率平均偏差和平均标准差与全球统计结果类似，而秋季温度平均偏差绝对值要大于全球统计结果，近地面处达到了−14.39 K。由表 6-7 可以看出，5.0～25.0 km 秋季 CHAMP 掩星与探空相比，除折射

率平均偏差略小于全球外，折射率平均标准差、温度的平均偏差及平均标准差的绝对值都略大于相应的全球平均值。

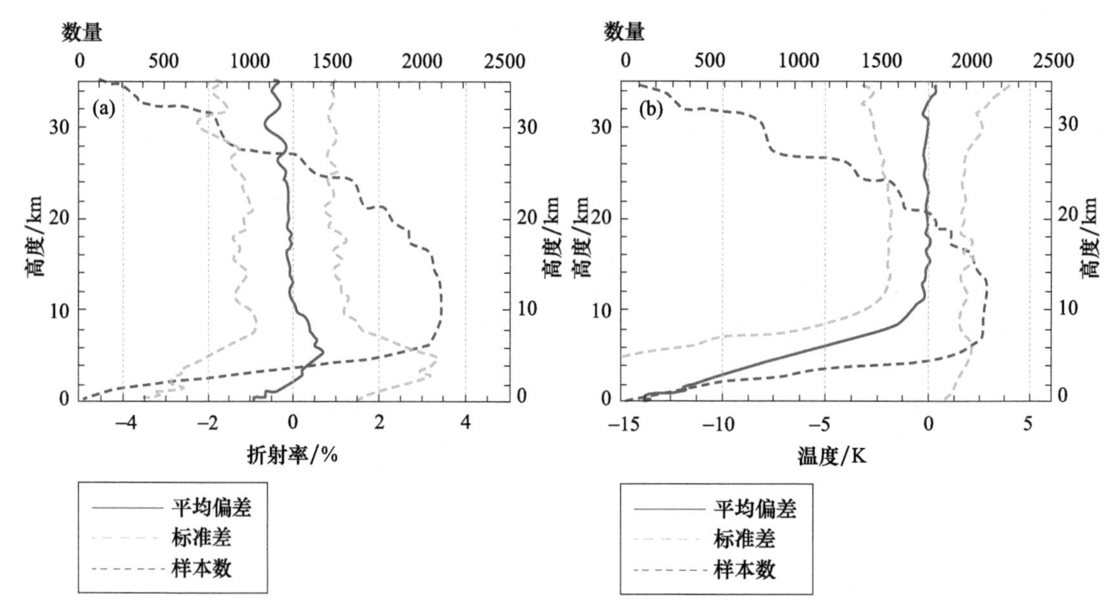

图 6-28　CHAMP 掩星与全球探空夏季比对结果(2002.001—2008.278)

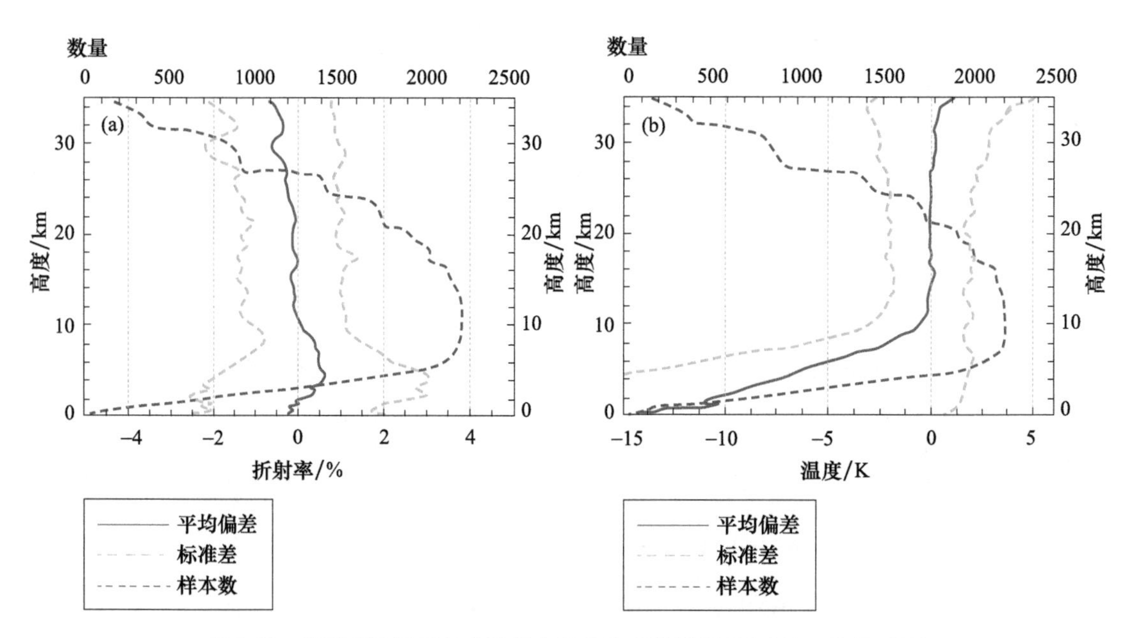

图 6-29　CHAMP 掩星与全球探空秋季比对结果(2002.001—2008.278)

图 6-30 给出了冬季 CHAMP 掩星与探空比对的结果，可以看出，冬季折射率平均偏差和平均标准差与全球统计结果类似，而冬季温度最大平均偏差的绝对值要小于全球统计结果，近地面处达到了－7.90 K。由表 6-7 可以看出，5.0～25.0 km 冬季 CHAMP 掩星结果与探空结果相比，除折射率平均标准差略大于全球外，冬季折射率平均偏差、温度的平均偏差及平均标准差的绝对值都略小于相应的全球平均值。

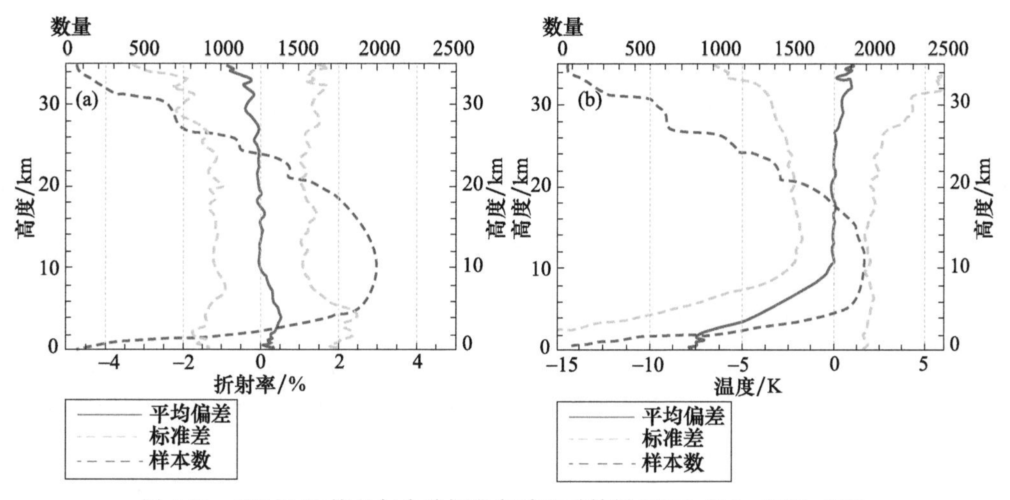

图 6-30　CHAMP 掩星与全球探空冬季比对结果(2002.001—2008.278)

6.3.3　SAC-C 掩星结果

表 6-8 给出了 SAC-C 掩星结果与全球探空比对的统计结果。

表 6-8　SAC-C 掩星结果与全球探空结果比对统计表

样本数	最低高度/km	折射率/%		温度/K	
		平均偏差	标准差	平均偏差	标准差
14211	2.2	0.071	1.433	−0.533	3.282

图 6-31 给出了全球 SAC-C 掩星与探空比对的结果，可以看出，与探空结果相比，在 2.2～10.5 km，SAC-C 掩星的折射率平均偏差呈正偏差，9.4～24.8 km 折射率平均偏差绝对值在 0.10%以内，5.0～25.0 km 平均折射率偏差为 0.07%，平均标准差为 1.43%；9.5 km 以下平均温度偏差呈现明显的负偏差，至近地面达到－10.66 K，5.0～25.0 km 温度平均偏差为－0.53 K，标准差为 3.28 K。

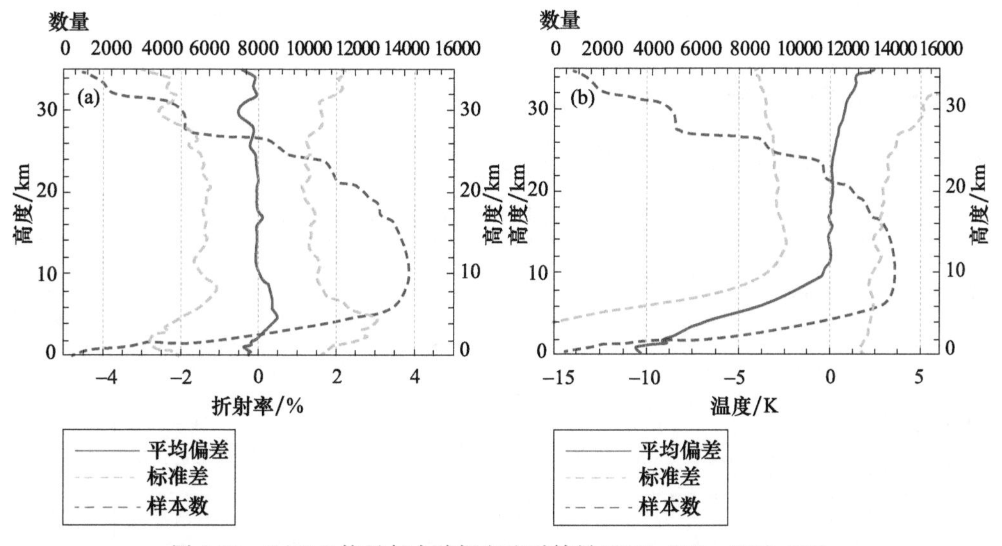

图 6-31　SAC-C 掩星与全球探空比对结果(2001.225—2002.309)

6.3.4 GRACE掩星结果

表6-9给出了GRACE掩星结果与全球探空结果比对的统计结果。

表6-9 GRACE掩星结果与全球探空结果比对统计表

样本数	最低高度/km	折射率/%		温度/K	
		平均偏差	标准差	平均偏差	标准差
1208	2.1	0.07	1.23	−0.54	2.60

图6-32给出了全球GRACE掩星与探空比对的结果，可以看出，与探空结果相比，在0～10.8 km，GRACE掩星的折射率平均偏差呈正偏差，9.6～25.8 km折射率平均偏差绝对值在0.10%以内，5.0～25.0 km平均值为0.07%，标准差平均为1.23%；9.5 km以下平均温度偏差呈现明显的负偏差，至近地面达到−9.45 K，5.0～25.0 km温度平均偏差为−0.54 K，标准差为2.60 K。

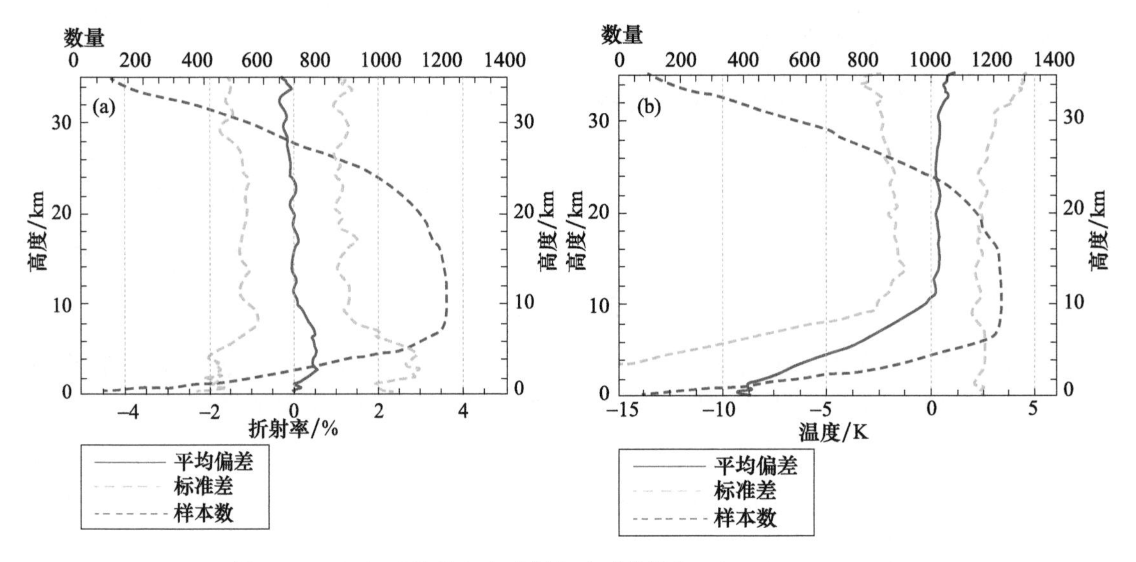

图6-32 GRACE掩星与全球探空比对结果(2008.001—2008.366)

6.3.5 COSMIC掩星结果

表6-10和图6-33给出了COSMIC掩星与全球探空比对的统计结果。

表6-10 COSMIC掩星结果与全球探空结果比对统计表

区域/季节	样本数	最低高度/km	折射率/%		温度/K	
			平均偏差	标准差	平均偏差	标准差
全球	43964	2.0	0.06	1.21	−0.50	2.64
低纬	8266	4.1	0.14	1.38	−1.20	3.42
中纬	25457	1.9	0.04	1.19	−0.44	2.50
高纬	10261	1.1	0.06	1.08	−0.12	2.13

续表

区域/季节	样本数	最低高度/km	折射率/%		温度/K	
			平均偏差	标准差	平均偏差	标准差
春季	11188	1.6	0.04	1.19	−0.40	2.49
夏季	11752	3.0	0.09	1.21	−0.84	2.80
秋季	10308	2.5	0.08	1.24	−0.69	2.76
冬季	11052	1.4	0.06	1.22	−0.24	2.56

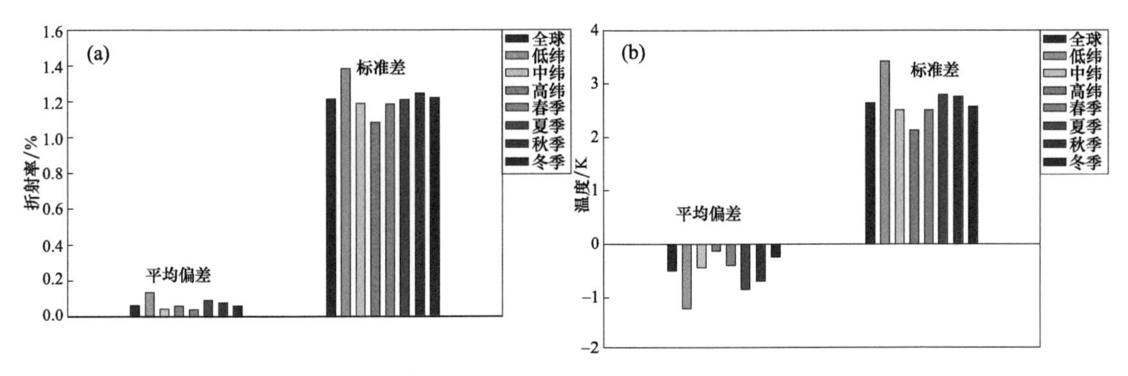

图 6-33　COSMIC 掩星与探空比对统计结果

图 6-34 给出了全球 COSMIC 掩星与探空比对的结果，可以看出，与探空结果相比，5.0～25.0 km 平均折射率偏差为 0.06%，平均标准差为 1.21%，其中 6.8～34.4 km 折射率标准差在 1.50%以内；9.6 km 以下平均温度偏差呈现明显的负偏差，其绝对值大于 0.50 K，至近地面达到−10.49 K，10.7～30.7 km 平均温度偏差绝对值在 0.20 K 以内，5.0～25.0 km 平均温度偏差为−0.50 K，标准差为 2.64 K。

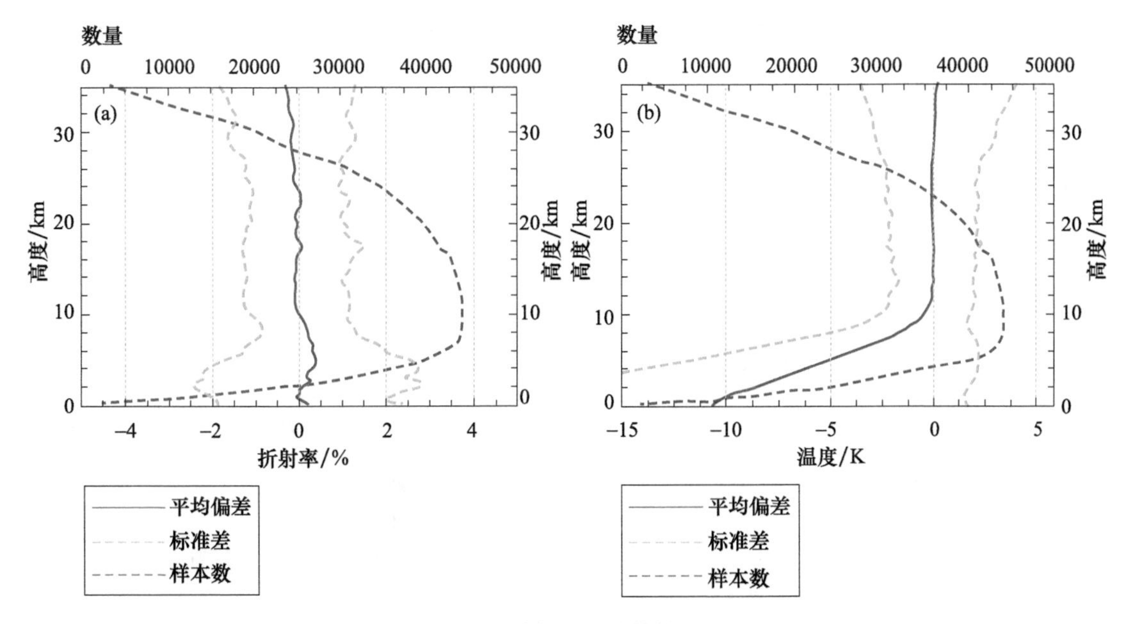

图 6-34　COSMIC 掩星与全球探空比对结果(2007.001—2008.366)

图 6-35～图 6-41 分别给出了低纬地区、中纬地区、高纬地区、春季、夏季、秋季和冬季统计结果，不同区域、不同季节的误差特性与全球的误差特性的差异跟 CHAMP 掩星与探空结果比对的情况类似。不同的是，低纬地区 COSMIC 掩星的折射率平均偏差在 2.1 km 以下才出现负偏差，负偏差最大只有－1.60％，小于 CHAMP 掩星的结果。

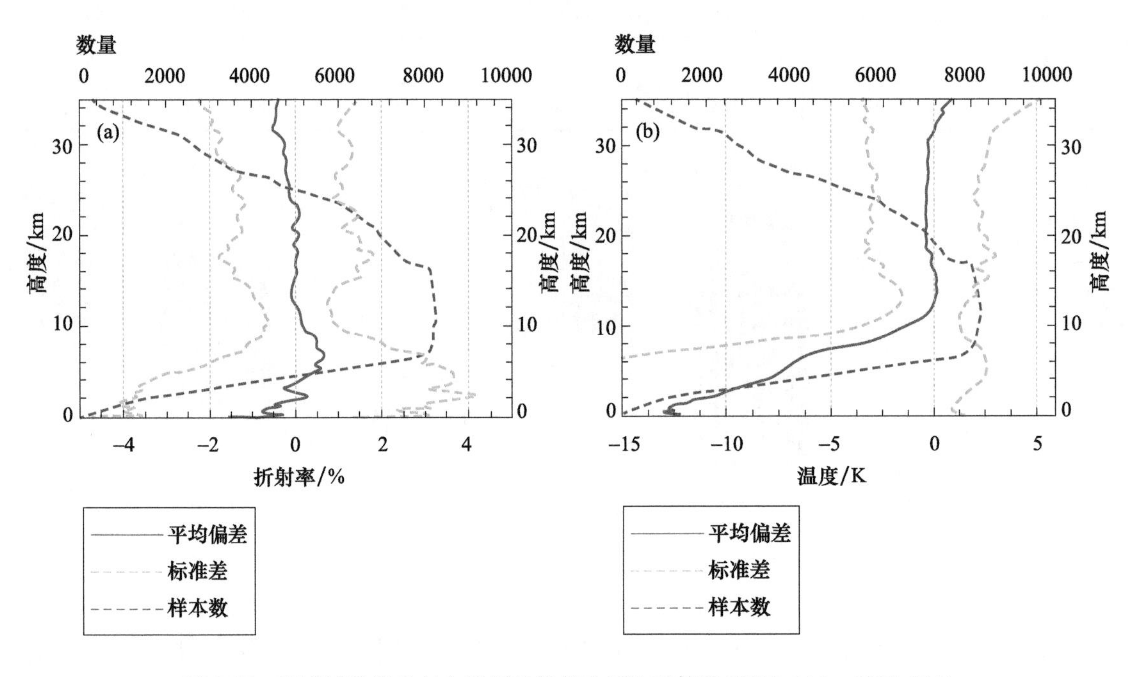

图 6-35　COSMIC 掩星与全球探空低纬地区比对结果(2007.001—2008.366)

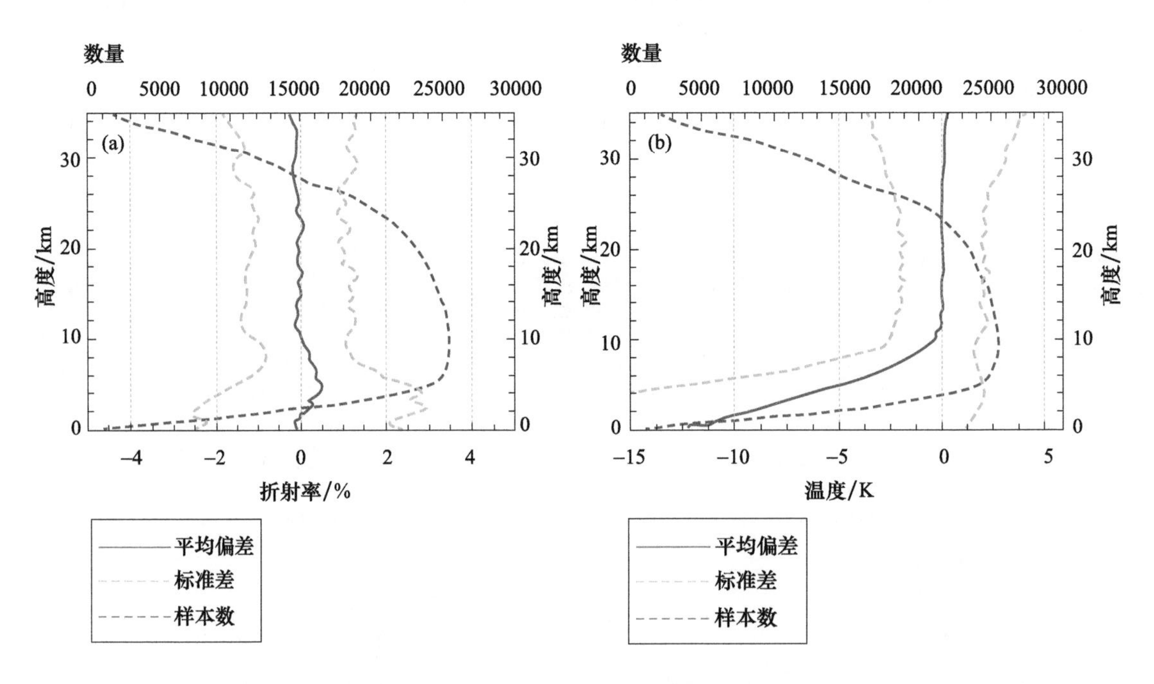

图 6-36　COSMIC 掩星与全球探空中纬地区比对结果(2007.001—2008.366)

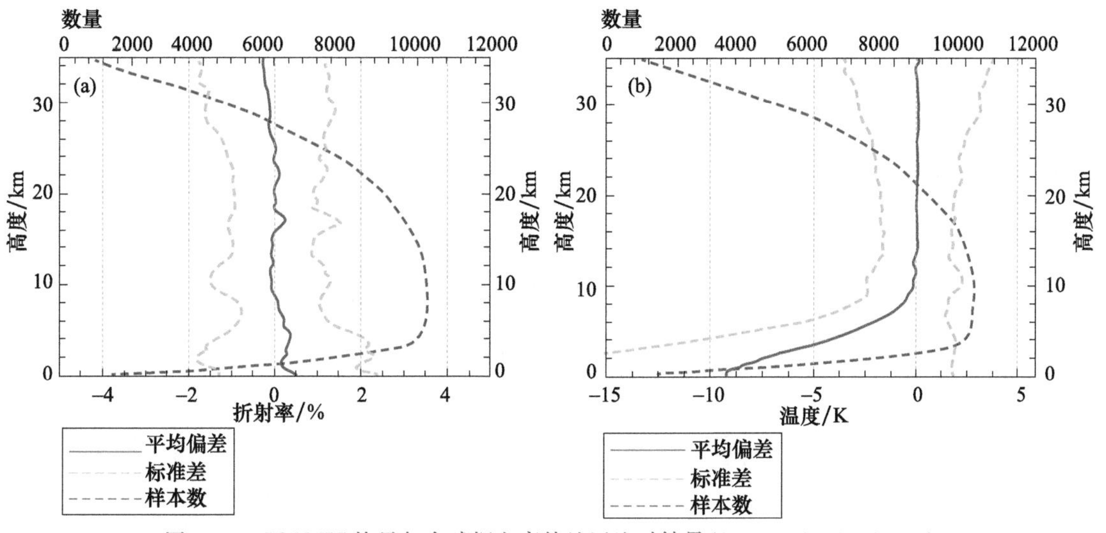

图 6-37 COSMIC 掩星与全球探空高纬地区比对结果(2007.001—2008.366)

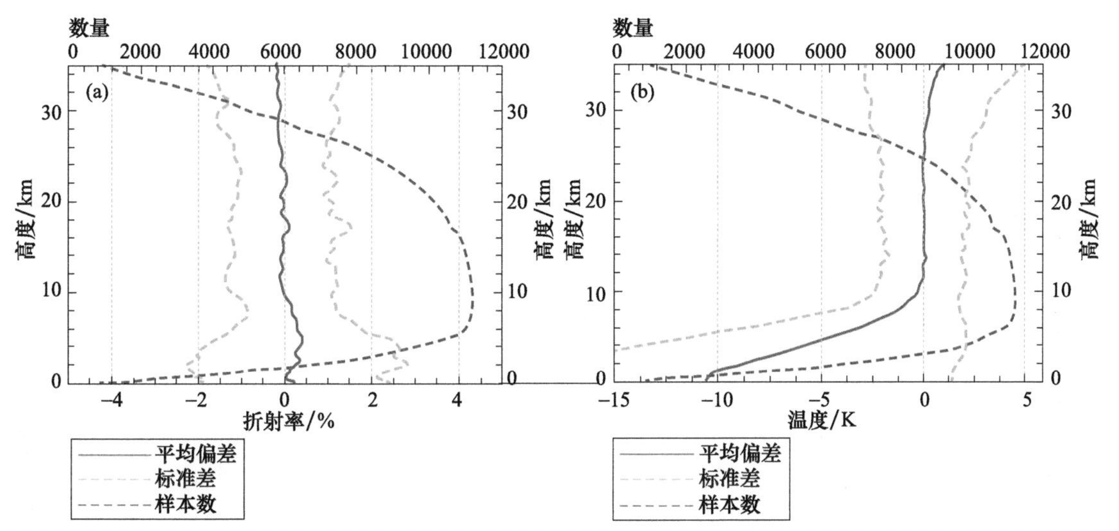

图 6-38 COSMIC 掩星与全球探空春季比对结果(2007.001—2008.366)

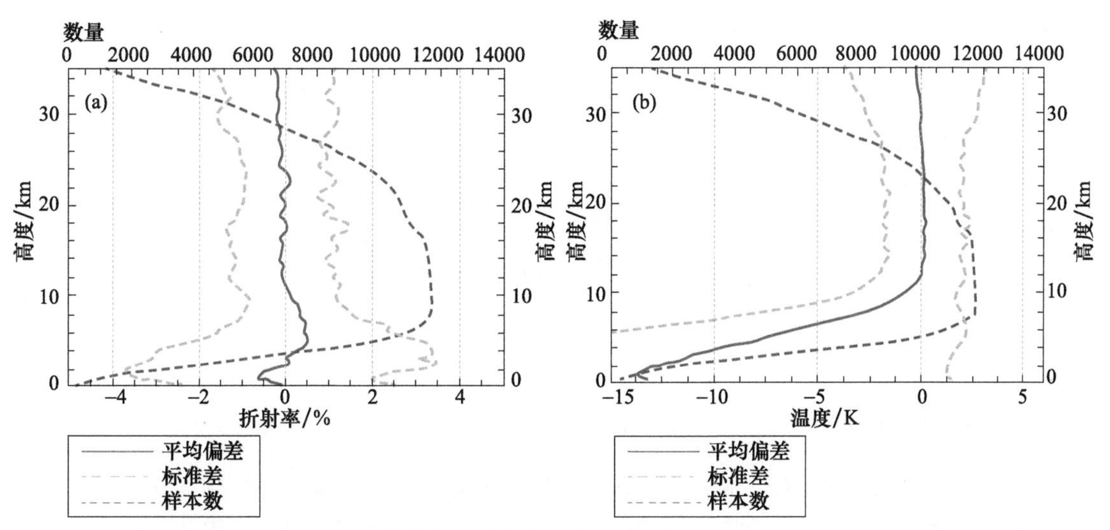

图 6-39 COSMIC 掩星与全球探空夏季比对结果(2007.001—2008.366)

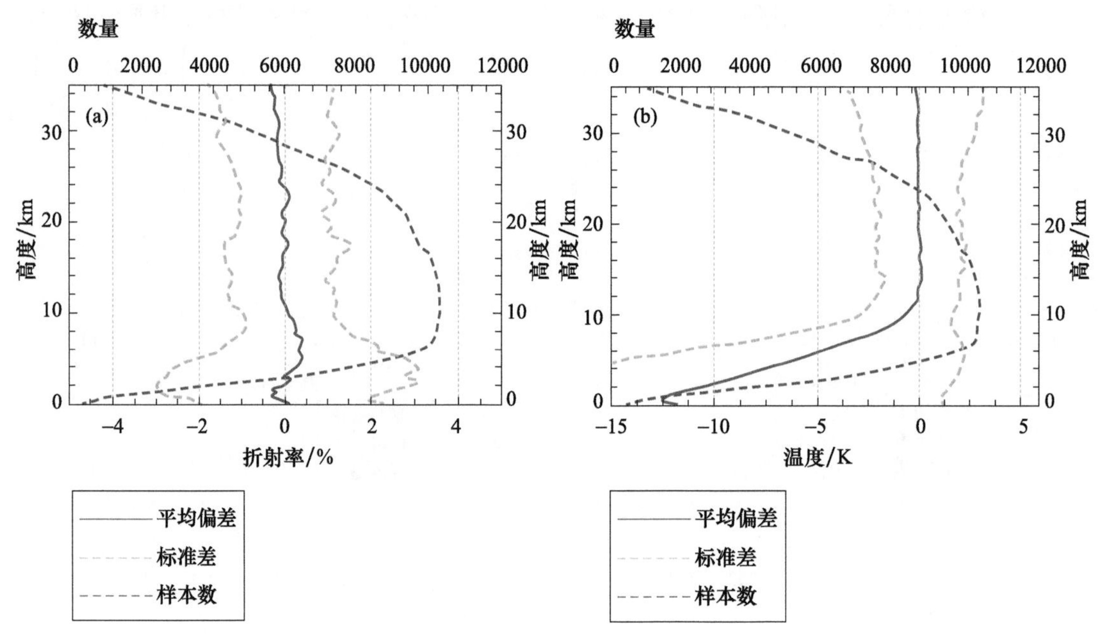

图 6-40　COSMIC 掩星与全球探空秋季比对结果(2007.001—2008.366)

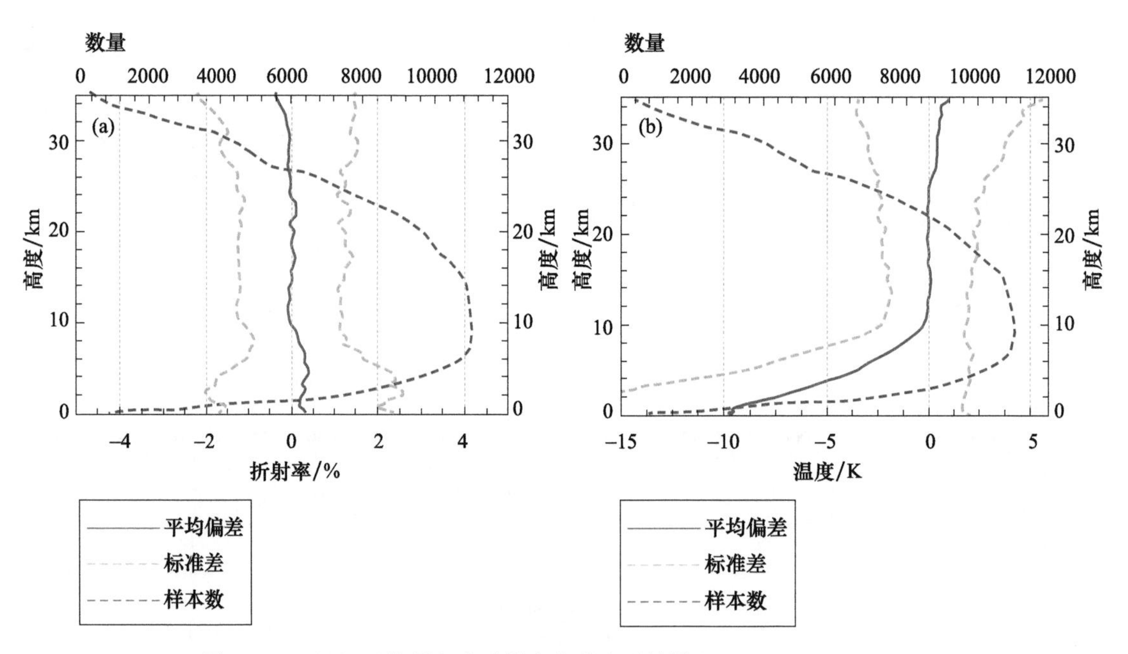

图 6-41　COSMIC 掩星与全球探空冬季比对结果(2007.001—2008.366)

6.3.6　结果分析

由图 6-42 可以看出,GPS/MET 卫星 50%以上的掩星最低高度只能达到 2.9 km,而 50%以上的 COSMIC 可以到达 2.0 km 以内,这主要是由于 GPS/MET 卫星采用的掩星天线是增益较低的螺旋天线，且在低对流层没有采用开环跟踪，而 COSMIC 掩星天线是增益较高的阵列天线，且在低对流层采用了开环跟踪，确保了信号的跟踪质量。

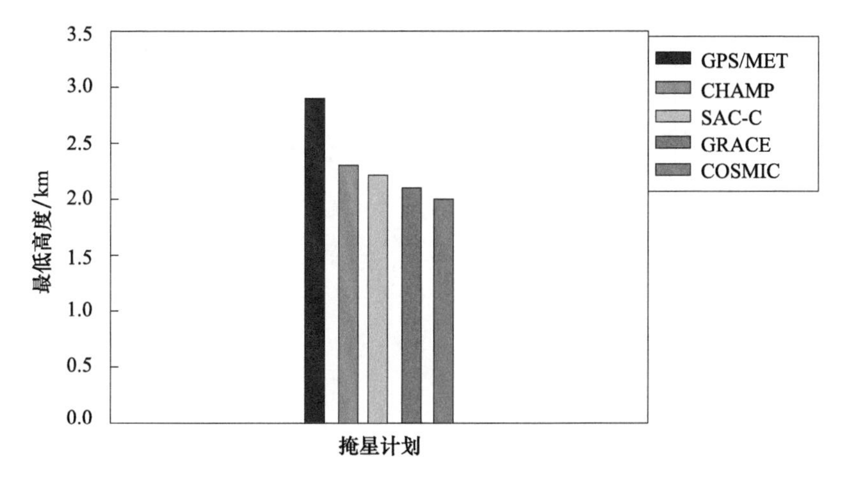

图 6-42　50%以上掩星事件所能穿透的最低高度统计结果

由图 6-43 可以看出，50%以上掩星所能探测的最低高度低纬地区最高，高纬地区最低；夏秋季高，春冬季低。平均折射率标准差和平均温度标准差也是低纬地区最大，高纬地区最小；夏秋季大，春冬季小。这主要是因为低纬地区和夏秋季水汽含量大，导致接收机在低对流层跟踪误差加大，引起反演误差增大，高纬地区和春冬季水汽含量小，接收机能稳定接收，反演误差较小。

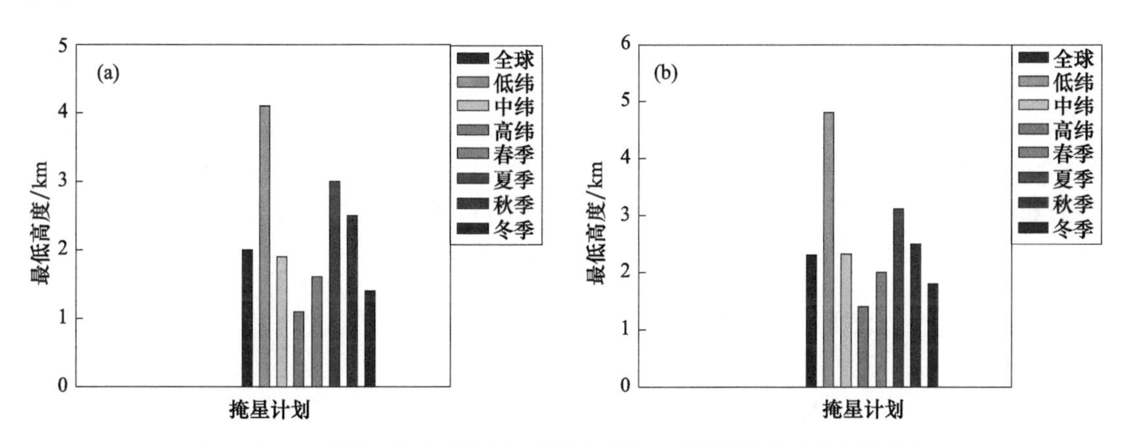

图 6-43　50%以上掩星事件所能穿透的最低高度随纬度带和季节的变化

图 6-44 给出了 5 个不同的卫星掩星资料与全球探空比对的统计对结果，与全球探空结果相比，5.0～25.0 km 平均折射率偏差从大到小依次是 GPS/MET、GRACE、SAC-C、COSMIC 和 CHAMP 掩星资料，其值分别为 0.16%、0.07%、0.07%、0.06%和 0.06%；平均折射率标准差从大到小依次是 GPS/MET、SAC-C、GRACE、COSMIC 和 CHAMP 掩星资料，其值分别为 1.51%、1.43%、1.23%、1.21%和 1.19%；平均温度偏差绝对值从大到小依次是 CHAMP、GRACE、SAC-C、COSMIC 和 GPS/MET 掩星资料，其值分别为 0.59 K、0.54 K、0.53 K、0.50 K 和 0.13 K；平均温度标准差从大到小依次是 GPS/MET、SAC-C、COSMIC、GRACE 和 CHAMP 掩星资料，其值分别为 3.35 K、3.28 K、2.64 K、2.60 K 和 2.60 K。

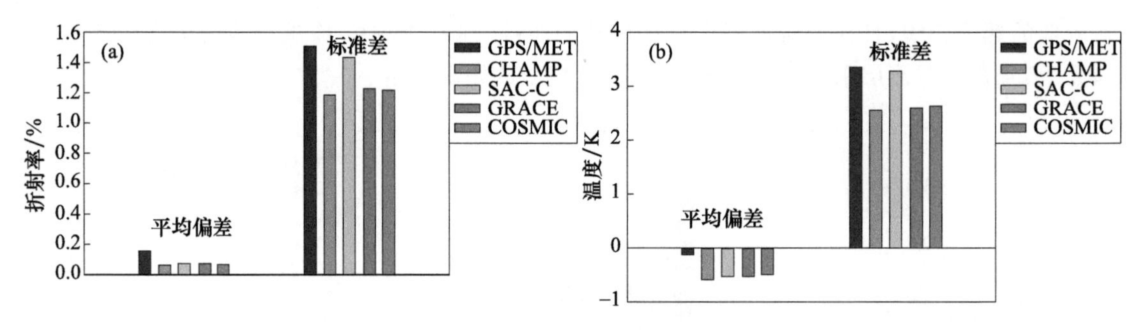

图 6-44　掩星与探空比对结果

6.4　掩星反演结果与 NCEP 分析数据的比对

6.4.1　GPS/MET 掩星结果

表 6-11 给出了 GPS/MET 掩星与 NCEP 分析数据比对的统计结果。

表 6-11　GPS/MET 掩星结果与 NCEP 分析数据比对统计表

样本数	最低高度/km	折射率/%		温度/K	
		平均偏差	标准差	平均偏差	标准差
9991	3.0	0.19	1.53	－0.14	3.59

图 6-45 给出了全球 GPS/MET 掩星与 NCEP 分析数据比对的结果，与 NCEP 分析数据相比，5.0～25.0 km 掩星平均折射率偏差为 0.19%，平均标准差为 1.53%，在 7.1 km 以下和 31.5 km 以上平均偏差以负偏差为主，标准差在 5.2～22.7 km 小于 2.00%；11.1 km 以下平均温度呈现负偏差，9.5 km 以下平均温度负偏差绝对值大于 0.50 K，至近地面达到－12.65 K，11.2 km 以上平均温度偏差随高度增加而增大，至 20.0 km 处达到极大值 1.11 K，之后平均偏差随高度增加而减小，5.0～25.0 km 温度平均偏差为－0.14 K，标准差为 3.59 K。

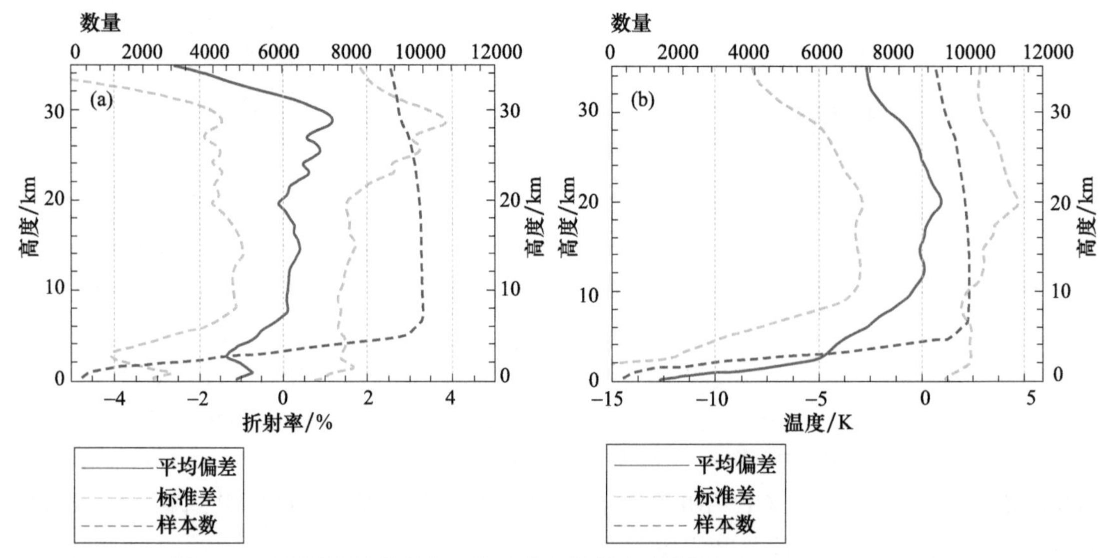

图 6-45　GPS/MET 掩星与 NCEP 分析数据比对结果(1995.111—1997.047)

6.4.2　CHAMP 掩星结果

表 6-12 和图 6-46 给出了 CHAMP 掩星与 NCEP 分析数据比对的统计结果，可以看出，平均折射率标准差和平均温度标准差随区域变化明显，由大到小依次是低纬、全球、中纬和高纬地区，平均折射率标准差在 0.86%～1.15%，平均温度标准差在 1.88～2.98 K；但是随季节变化不大，平均折射率标准差在 0.96%～1.00%，平均温度标准差在 2.23～2.42 K。

表 6-12　CHAMP 掩星结果与 NCEP 分析数据比对统计表

区域/季节	样本数	最低高度/km	折射率/%		温度/K	
			平均偏差	标准差	平均偏差	标准差
全球	321329	2.3	−0.04	0.98	−0.80	2.35
低纬	91885	4.1	−0.11	1.15	−1.42	2.98
中纬	118727	2.0	−0.04	0.90	−0.68	2.09
高纬	110718	1.0	0.01	0.86	−0.43	1.88
春季	86327	2.2	−0.03	0.96	−0.71	2.23
夏季	82790	2.7	−0.03	0.99	−0.89	2.42
秋季	82596	2.4	−0.05	1.00	−0.91	2.42
冬季	73799	2.2	−0.06	0.99	−0.75	2.37

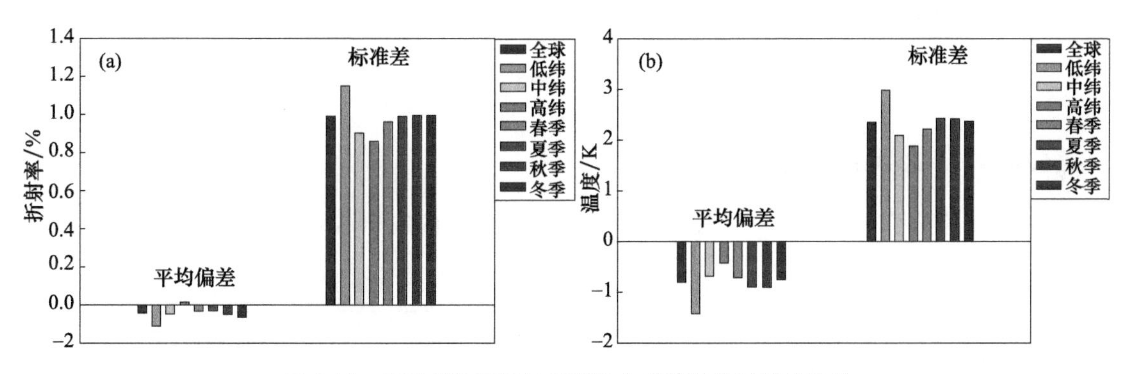

图 6-46　CHAMP 掩星与 NCEP 分析数据比对统计结果

6.4.3　SAC-C 掩星结果

表 6-13 给出了 SAC-C 掩星与 NCEP 分析数据比对的统计结果。

表 6-13　SAC-C 掩星结果与 NCEP 分析数据比对统计表

样本数	最低高度/km	折射率/%		温度/K	
		平均偏差	标准差	平均偏差	标准差
51212	2.2	−0.02	1.14	−0.75	3.00

图 6-47 给出了全球 SAC-C 掩星与 NCEP 分析数据比对的结果，可以看出，与 NCEP 分析数据相比，在 0～6.7 km 和 30.7 km 以上，SAC-C 掩星的折射率平均偏差呈负偏差，6.8～30.6 km 折射率平均偏差在－0.28%～0.61%，5.0～25.0 km 平均值为－0.02%，标准差平均为 1.14%，标准差在 4.5～30.7 km 小于 2.00%；11.1 km 以下平均温度偏差呈现明显的负偏差，其绝对值大于 0.50 K，至近地面达到－11.95 K，11.2～38.1 km 平均温度偏差正负交替，随高度变化不大，其绝对值都在 0.50 K 以内，5.0～25.0 km 温度平均偏差为－0.75 K，标准差为 3.00 K，其中 8.9～23.6 km 标准差在 3.00 K 以内。

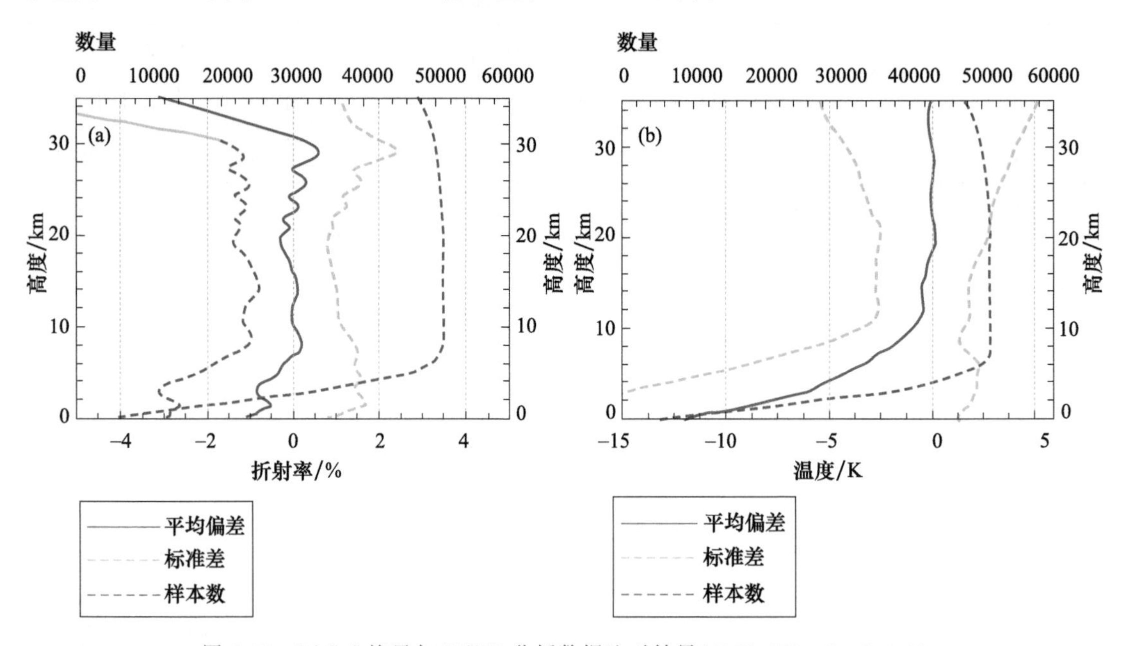

图 6-47 SAC-C 掩星与 NCEP 分析数据比对结果(2001.225—2002.309)

6.4.4 GRACE 掩星结果

表 6-14 给出了 GRACE 掩星与 NCEP 分析数据比对的统计结果。

表 6-14 GRACE 掩星结果与 NCEP 分析数据比对统计表

样本数	最低高度/km	折射率/%		温度/K	
		平均偏差	标准差	平均偏差	标准差
63647	2.1	－0.03	0.96	－0.76	2.29

图 6-48 给出了全球 GRACE 掩星与 NCEP 分析数据比对的结果，可以看出，与 NCEP 分析数据相比，在 0～6.2 km 和 30.2 km 以上，GRACE 掩星的折射率平均偏差呈负偏差，6.3～30.1 km 折射率平均偏差在－0.26%～0.38%，5.0～25.0 km 平均值为－0.03%，标准差平均为 0.96%，标准差在 0～31.3 km 小于 2.00%；11.2 km 以下平均温度偏差呈现明显的负偏差，其绝对值大于 0.50 K，至近地面达到 11.33 K，11.3～35.1 km 平均温度偏差正负交替，随高度变化不大，其绝对值都在 0.5 K 以内，5.0～25.0 km 温度平均偏差为－0.76 K，标准差为 2.29 K，其中 8.7～30.7 km 标准差在 3.00 K 以内。

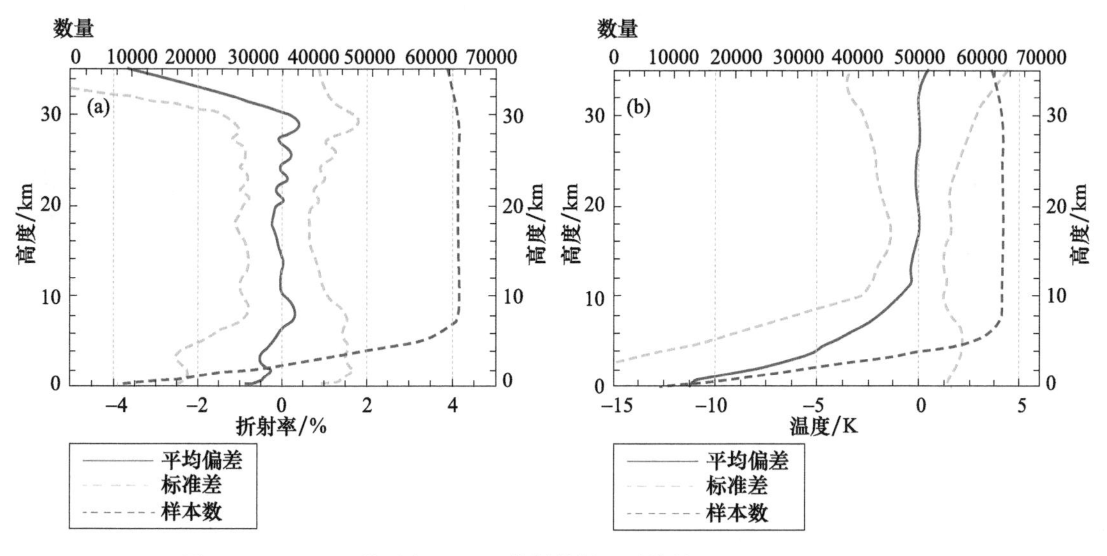

图 6-48　GRACE 掩星与 NCEP 分析数据比对结果(2007.061—2008.366)

6.4.5　COSMIC 掩星结果

表 6-15 和图 6-49 给出了 COSMIC 掩星与 NCEP 分析数据比对的统计结果，可以看出，平均折射率标准差和平均温度标准差随区域和季节变化规律与 CHAMP 掩星资料比对结果类似。

表 6-15　COSMIC 掩星结果与 NCEP 分析数据比对统计表

区域/季节	样本数	最低高度/km	折射率/%		温度/K	
			平均偏差	标准差	平均偏差	标准差
全球	1459519	2.0	−0.06	0.96	−0.78	2.33
低纬	472971	3.8	−0.09	1.11	−1.32	2.89
中纬	672704	1.6	−0.08	0.86	−0.63	2.05
高纬	313844	0.7	0.05	0.82	−0.33	1.77
春季	319574	1.9	−0.05	0.94	−0.69	2.24
夏季	383528	2.3	−0.06	0.95	−0.86	2.40
秋季	415431	2.1	−0.06	0.94	−0.86	2.35
冬季	386665	1.8	−0.06	0.97	−0.73	2.32

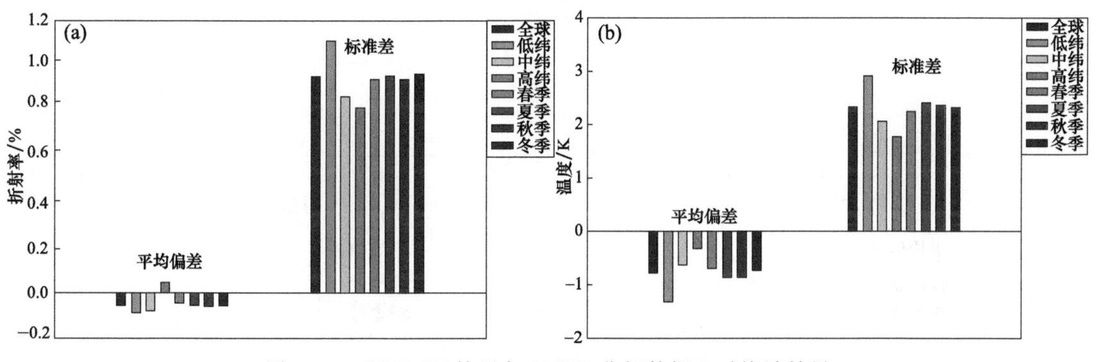

图 6-49　COSMIC 掩星与 NCEP 分析数据比对统计结果

图 6-50 给出了全球 COSMIC 掩星与 NCEP 分析数据比对的结果，可以看出，与 NCEP 分析数据相比，在 0～6.9 km 和 30.5 km 以上，COSMIC 掩星的折射率平均偏差呈负偏差，7.0～30.4 km折射率平均偏差在−0.27%～0.59%，5.0～25.0 km 平均值为−0.06%，标准差平均为 0.96%，标准差在 0～31.3 km 小于 2.00%；11.6 km 以下平均温度偏差呈现明显的负偏差，其绝对值大于 0.50 K，至近地面达到 12.32 K，11.7～35.8 km 平均温度偏差正负交替，随高度变化不大，其绝对值都在 0.50 K 以内，5.0～25.0 km 温度平均偏差为−0.78 K，标准差为 2.33 K，其中 8.6～30.6 km 标准差在 3.00 K 以内。

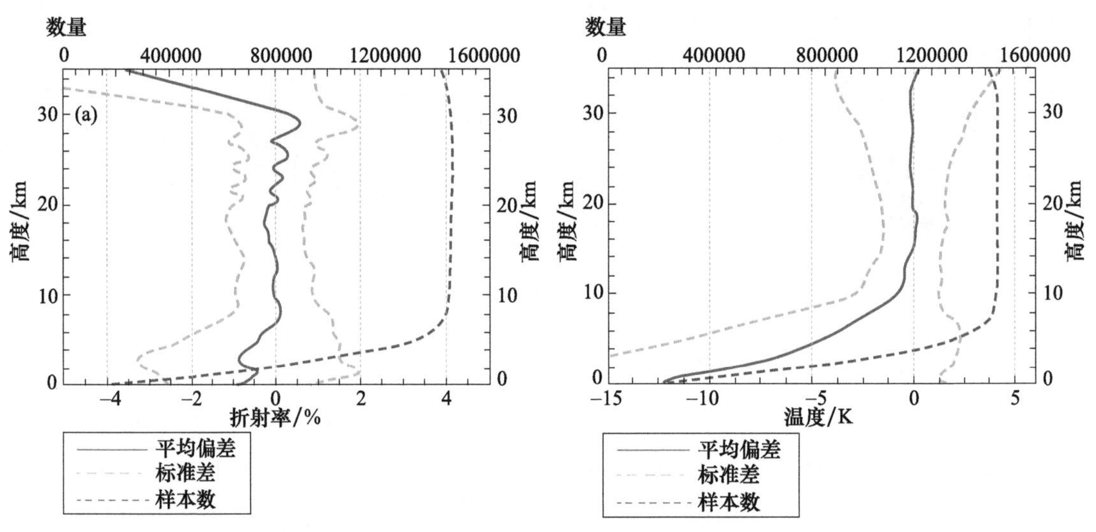

图 6-50 COSMIC 掩星与 NCEP 分析数据比对结果(2006.182—2008.366)

图 6-51～图 6-57 分别给出了低纬地区、中纬地区、高纬地区、全春季、夏季、秋季和冬季统计结果，不同区域、不同季节的误差特性与全球的误差特性的差异跟 CHAMP 掩星与 NCEP 分析数据比对的情况类似。

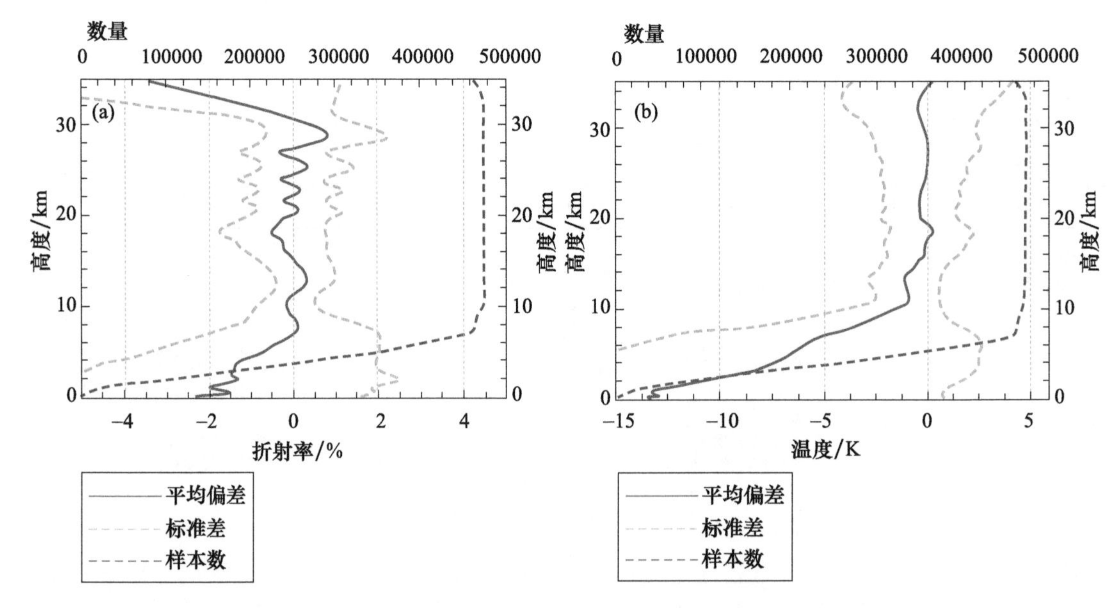

图 6-51 低纬地区 COSMIC 掩星与 NCEP 分析数据比对结果(2006.182—2008.366)

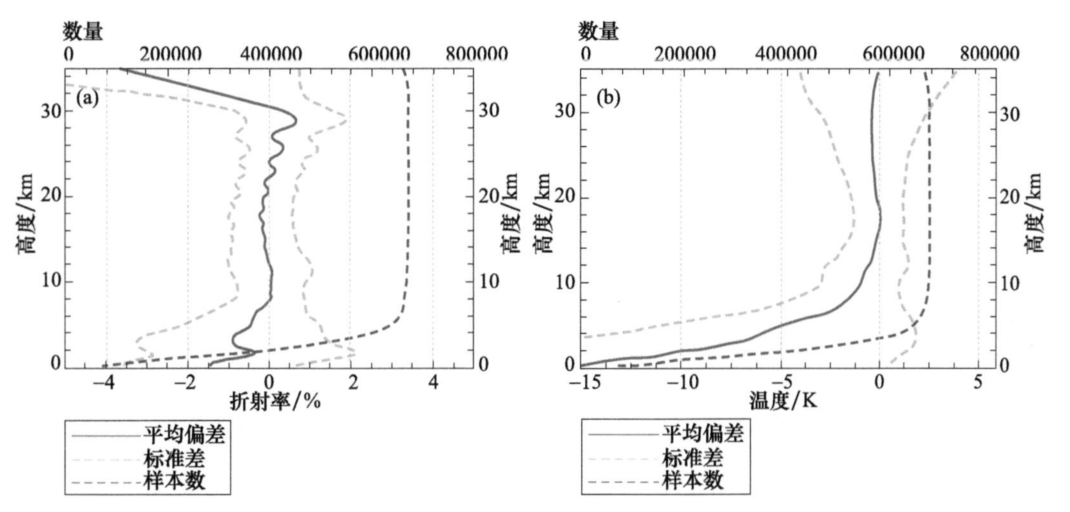

图 6-52　中纬地区 COSMIC 掩星与 NCEP 分析数据比对结果(2006.182—2008.366)

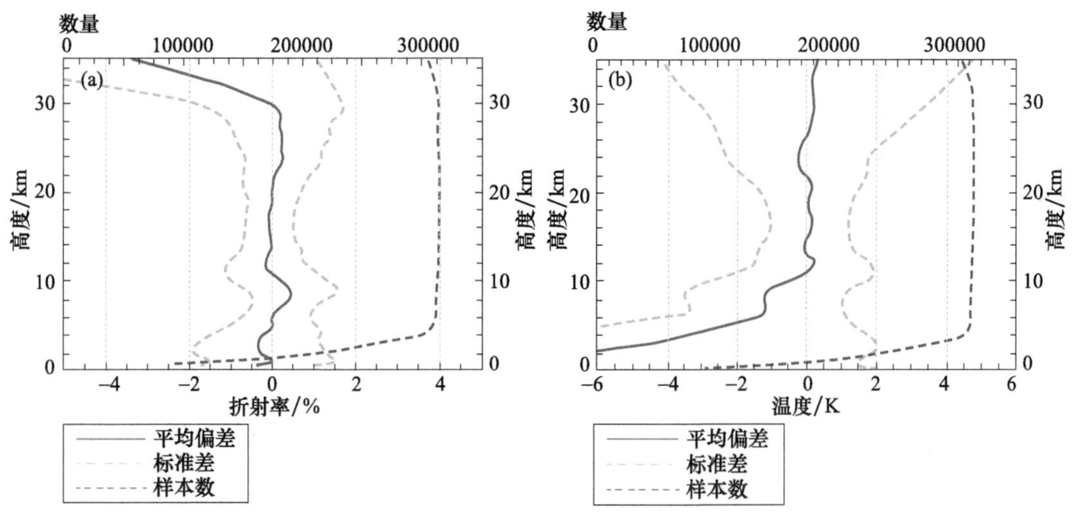

图 6-53　高纬地区 COSMIC 掩星与 NCEP 分析数据比对结果(2006.182—2008.366)

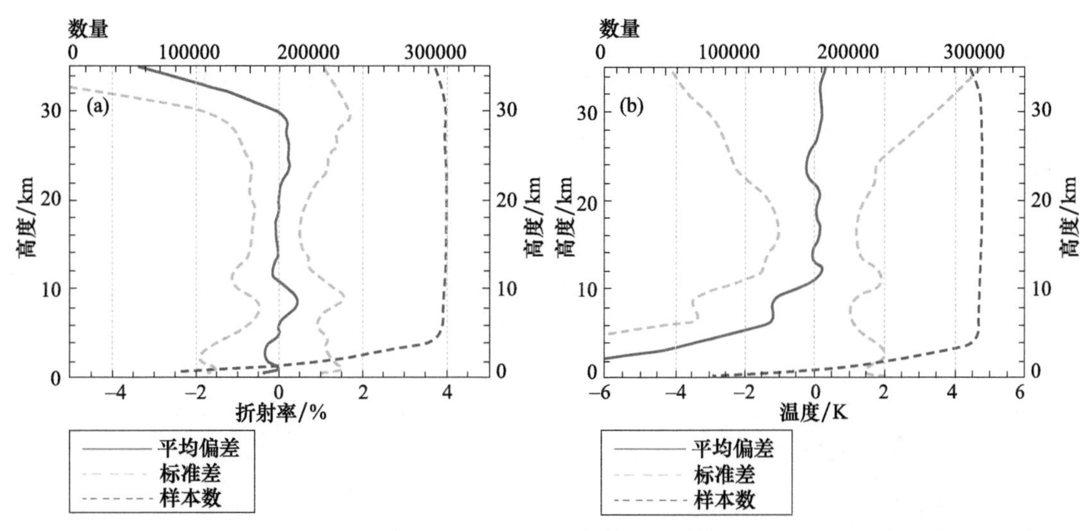

图 6-54　春季 COSMIC 掩星与 NCEP 分析数据比对结果(2006.182—2008.366)

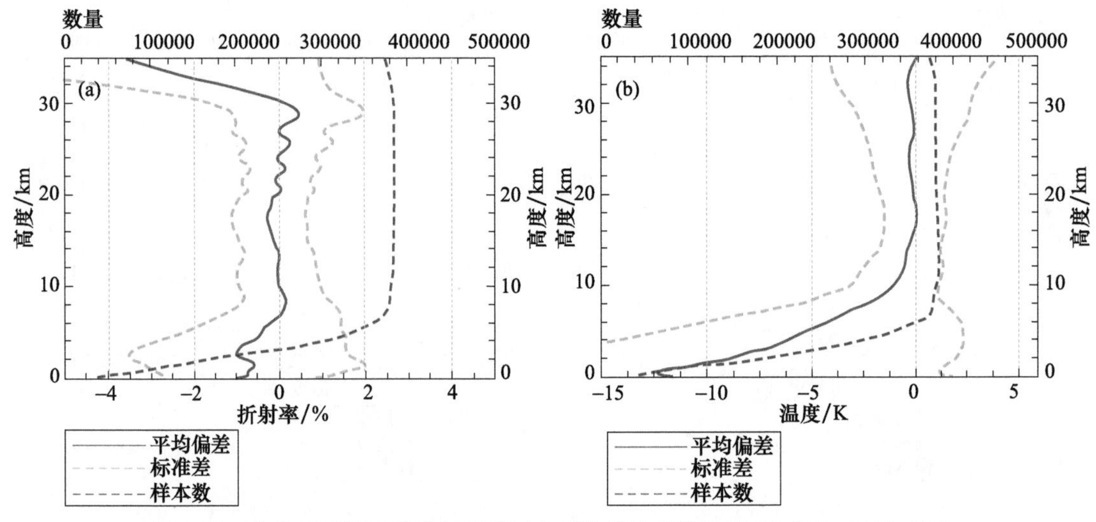

图 6-55　夏季 COSMIC 掩星与 NCEP 分析数据比对结果(2006.182—2008.366)

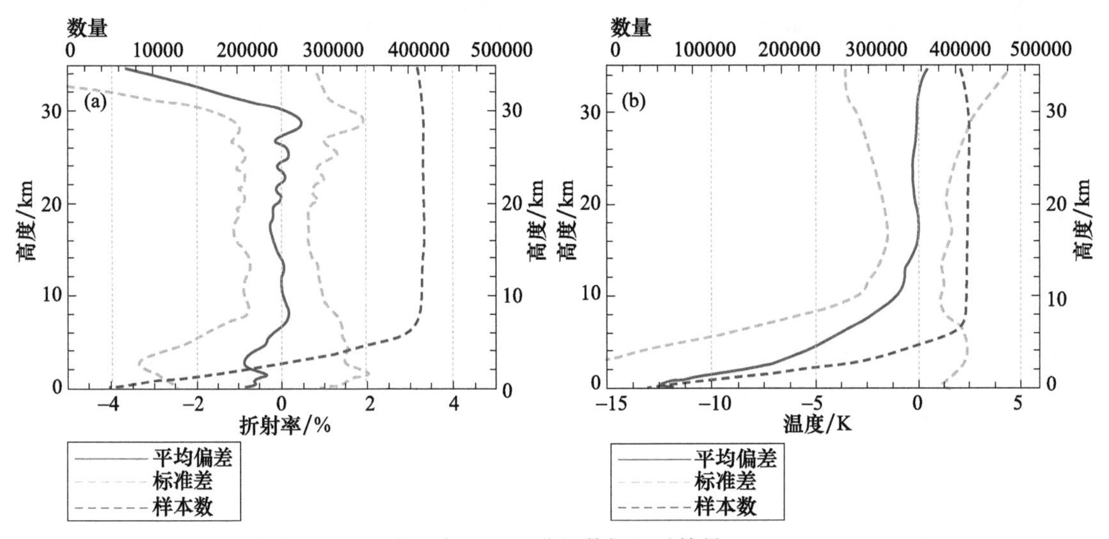

图 6-56　秋季 COSMIC 掩星与 NCEP 分析数据比对结果(2006.182—2008.366)

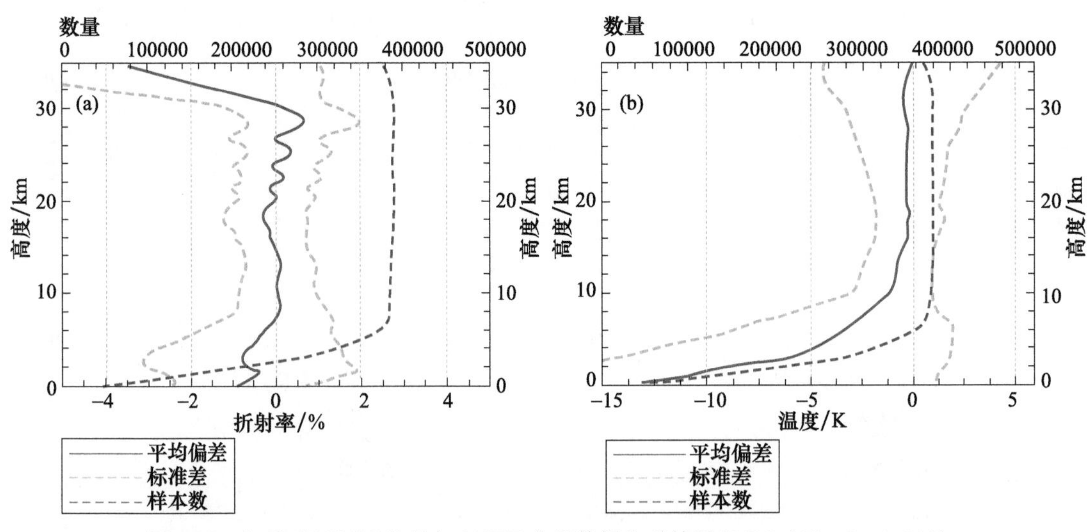

图 6-57　冬季 COSMIC 掩星与 NCEP 分析数据比对结果(2006.182—2008.366)

6.4.6 结果分析

由表 6-11～表 6-15 及图 6-58 可以看出，与 NCEP 分析数据相比，5.0～25.0 km 折射率平均偏差绝对值从大到小依次是 GPS/MET、COSMIC、CHAMP、GRACE 和 SAC-C 掩星资料，其值分别为－0.19%、0.06%、0.04%、0.03%和 0.02%；平均折射率标准差从大到小依次是 GPS/MET、SAC-C、CHAMP、GRACE 和 COSMIC 掩星资料，其值分别为 1.53%、1.14%、0.98%、0.96%和 0.96%；温度平均偏差绝对值从大到小依次是 CHAMP、COSMIC、GRACE、SAC-C 和 GPS/MET 掩星资料，其绝对值分别为 0.80 K、0.78 K、0.76 K、0.75 K 和 0.14 K；平均温度标准差从大到小依次是 GPS/MET、SAC-C、CHAMP、COSMIC 和 GRACE 掩星资料，其值分别为 3.59 K、3.00 K、2.35 K、2.33 K 和 2.29 K。

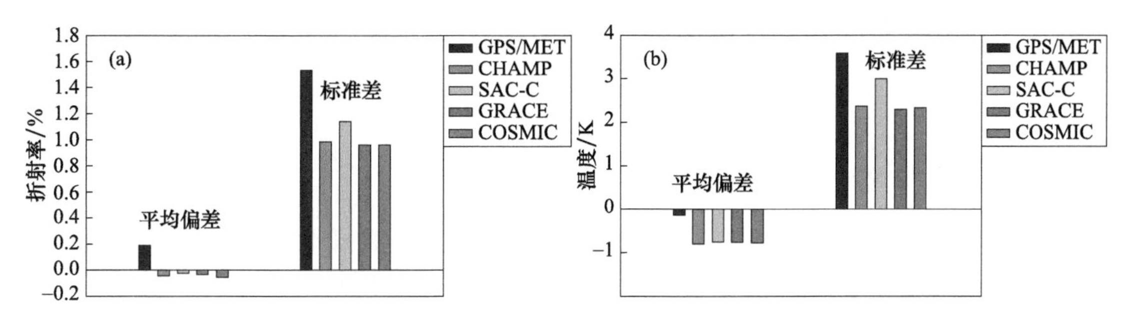

图 6-58 掩星与 NCEP 分析数据比对结果

6.5 掩星反演结果与 ECMWF 分析数据的比对

6.5.1 GPS/MET 掩星结果

表 6-16 给出了 GPS/MET 掩星与 ECMWF 分析数据比对的统计结果。

表 6-16 GPS/MET 掩星结果与 ECMWF 分析数据比对统计表

样本数	最低高度/km	折射率/%		温度/K	
		平均偏差	标准差	平均偏差	标准差
9988	3.0	0.39	1.51	0.09	3.61

图 6-59 给出了全球 GPS/MET 掩星与 ECMWF 分析数据比对的结果，可以看出，与 EC-MWF 分析数据相比，在 3.7～24.3 km，GPS/MET 掩星的折射率平均偏差呈正偏差，5.0～25.0 km 平均值为 0.39%，标准差平均为 1.51%，在 3.7 km 以下和 24.3 km 以上平均偏差以负偏差为主，标准差在 4.8～21.8 km 小于 2.00%；11.3 km 以下平均温度呈现负偏差，9.4 km以下平均温度负偏差绝对值大于 0.50 K，至近地面达到 13.32 K，11.4 km 以上平均温度偏差为正偏差，其值在 0.02～1.65 K，5.0～25.0 km 温度平均偏差为 0.09 K，标准差为 3.61 K，其中 8.7～14.3 km 标准差在 3.00 K 以内。

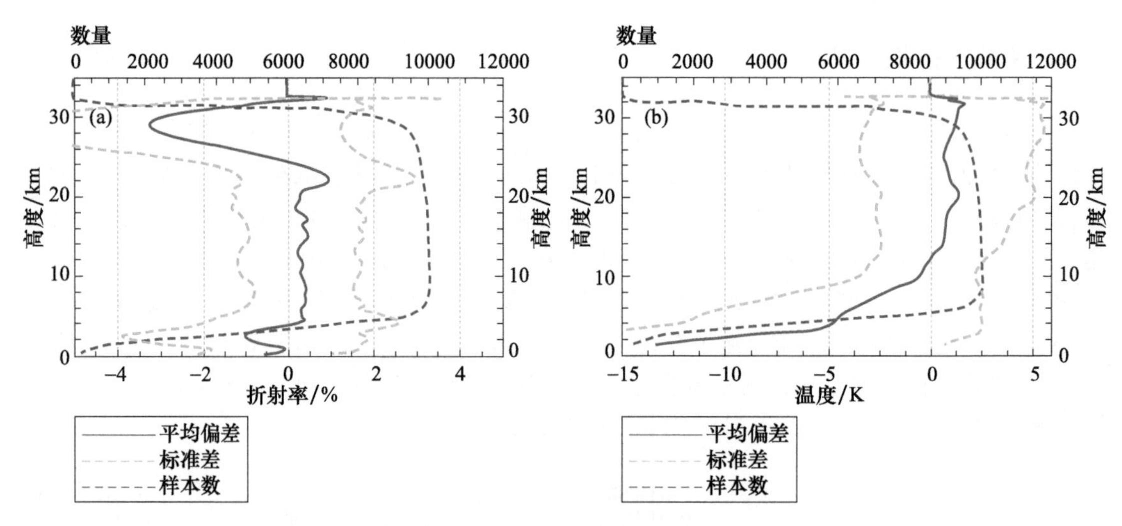

图 6-59　GPS/MET 掩星与 ECMWF 分析数据比对结果(1995.111—1997.047)

6.5.2　CHAMP 掩星结果

表 6-17 和图 6-60 给出了 CHAMP 掩星与 ECMWF 分析数据比对的统计结果。可以看出,平均折射率标准差和平均温度标准差随区域及季节变化规律与 NCEP 比对情况类似。

表 6-17　CHAMP 掩星结果与 ECMWF 分析数据比对统计表

区域/季节	样本数	最低高度/km	折射率/%		温度/K	
			平均偏差	标准差	平均偏差	标准差
全球	311963	2.3	0.25	0.73	—0.33	1.94
低纬	89085	4.1	0.30	0.87	—0.91	2.60
中纬	115349	2.0	0.26	0.69	—0.3	1.72
高纬	107529	1.0	0.21	0.59	0.09	1.33
春季	86400	2.2	0.23	0.71	—0.33	1.88
夏季	78371	2.6	0.26	0.75	—0.39	2.04
秋季	73065	2.4	0.26	0.74	—0.36	1.98
冬季	73915	2.1	0.26	0.72	—0.28	1.91

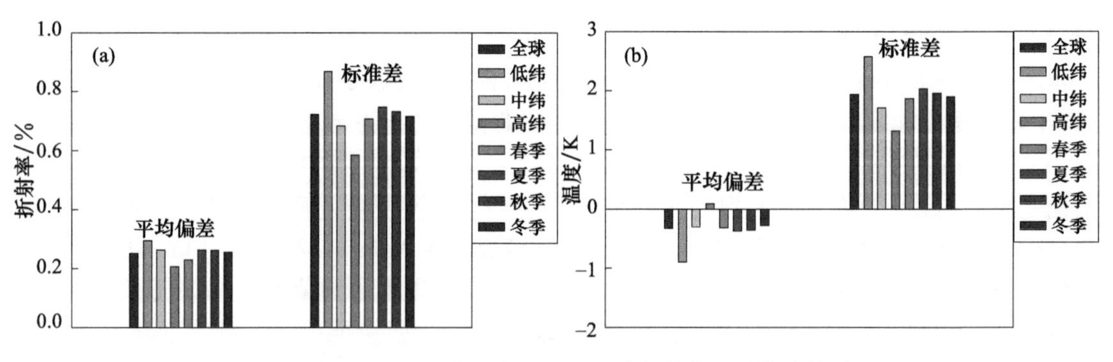

图 6-60　CHAMP 掩星与 ECMWF 分析数据比对统计结果

图 6-60 给出了全球 CHAMP 掩星与 ECMWF 分析数据比对的结果，可以看出，与 ECMWF 分析数据相比，全球 CHAMP 掩星的折射率平均偏差在 0～3.1 km 呈负偏差，近地面处最大负偏差为－0.70％，3.2 km 以上呈正偏差，5.0～25.0 km 平均折射率偏差为 0.25％，平均标准差为 0.73％，其中 5.0～27.8 km 折射率标准差在 1.50％以内；0～35.0 km 范围内平均温度偏差整体呈现负偏差，在 9.6 km 以下平均温度偏差呈明显负偏差，其绝对值大于 0.5 K，至近地面达到－11.4 K，12.0～14.4 km 温度平均偏差绝对值在 0.2 K 以内，5.0～25.0 km 平均温度偏差为－0.33 K，标准差为 1.94 K，其中 8.2～30.3 km 标准差在 3.00 K 以内。

6.5.3　SAC-C 掩星结果

表 6-18 给出了 SAC-C 掩星与 ECMWF 分析数据比对的统计结果。

表 6-18　SAC-C 掩星结果与 ECMWF 分析数据比对统计表

样本数	最低高度/km	折射率/%		温度/K	
		平均偏差	标准差	平均偏差	标准差
51245	2.2	0.27	0.93	－0.28	2.73

图 6-61 给出了全球 SAC-C 掩星与 ECMWF 分析数据比对的结果，可以看出，与 ECMWF 分析数据相比，在 0～3.3 km，SAC-C 掩星的折射率平均偏差呈负偏差，近地面负偏差绝对值最大为 0.78％，3.3 km 以上折射率平均偏差呈正偏差，5.0～25.0 km 平均值为 0.27％，标准差平均为 0.93％，标准差在 2.8～28.1 km 小于 2.00％；9.7 km 以下平均温度偏差呈现明显的负偏差，其绝对值大于 0.50 K，至近地面达到－12.09 K，9.7 km 以上平均温度偏差随高度增加而增大，5.0～25.0 km 温度平均偏差为－0.28 K，标准差为 2.73 K，其中 8.4～24.9 km 标准差在 3.00 K 以内。

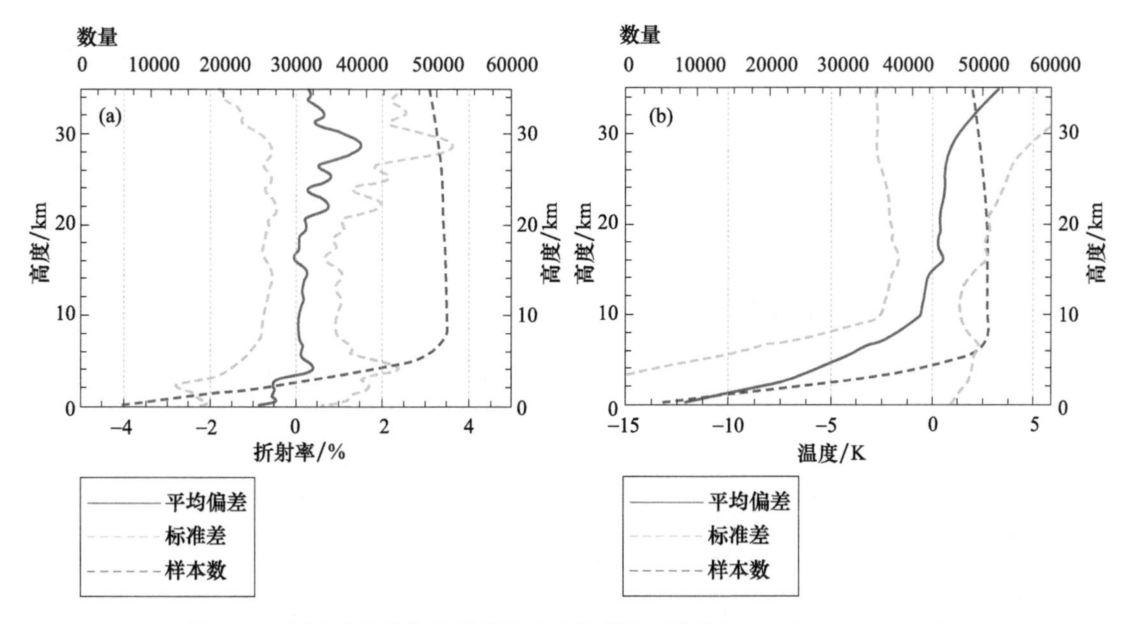

图 6-61　SAC-C 掩星与 ECMWF 分析数据比对结果（2001.225—2002.309）

6.5.4 GRACE 掩星结果

表 6-19 给出了 GRACE 掩星与 ECMWF 分析数据比对的统计结果。

表 6-19 GRACE 掩星结果与 ECMWF 分析数据比对统计表

样本数	最低高度/km	折射率/%		温度/K	
		平均偏差	标准差	平均偏差	标准差
64545	2.0	0.25	0.68	−0.45	1.85

图 6-62 给出了全球 GRACE 掩星与 ECMWF 分析数据比对的结果，可以看出，与 ECMWF 分析数据相比，在 0～2.1 km，GRACE 掩星的折射率平均偏差呈负偏差，近地面负偏差绝对值最大为 0.44%，2.2 km 以上折射率平均偏差呈现正偏差，5.0～25.0 km 平均值为 0.25%，标准差平均为 0.68%，标准差在 0～35.0 km 小于 2.00%，其中 5.7～27.0 km 标准差小于 1.00%；10.0 km 以下温度平均偏差呈现明显的负偏差，其绝对值大于 0.50 K，至近地面达到−11.04 K，5.0～25.0 km 平均温度偏差为−0.450 K，标准差为 1.852 K，其中 8.2～32.3 km 标准差在 3.00 K 以内。

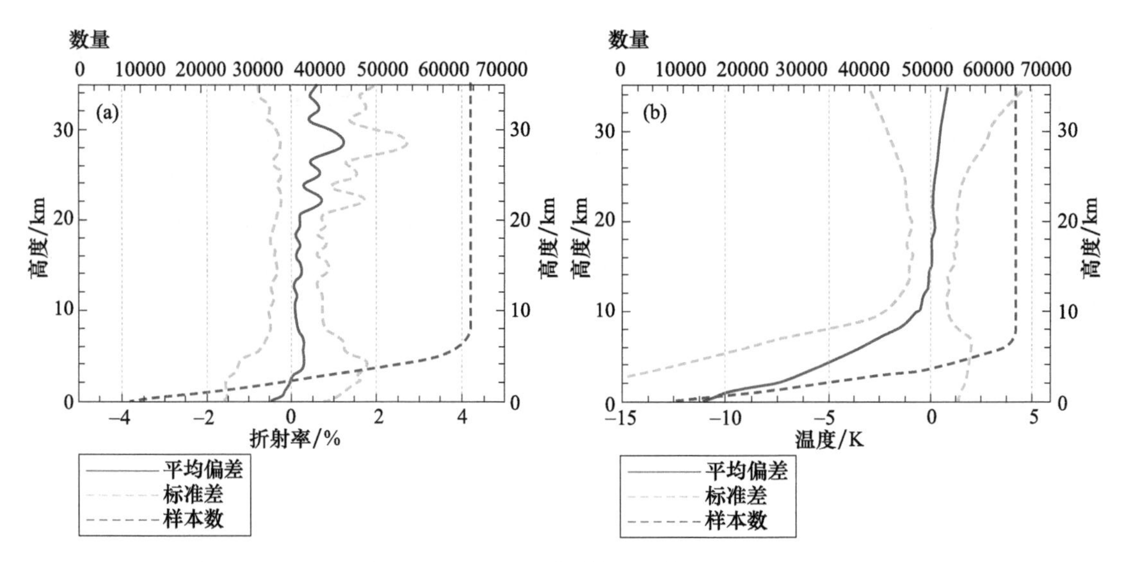

图 6-62 GRACE 掩星与 ECMWF 分析数据比对结果(2007.061—2008.366)

6.5.5 COSMIC 掩星结果

表 6-20 和图 6-63 给出了 COSMIC 掩星与 ECMWF 分析数据比对的统计结果。可以看出，折射率和温度标准差随区域和季节变化规律与 NCEP 比对类似。

表 6-20 COSMIC 掩星结果与 ECMWF 分析数据比对统计表

区域/季节	样本数	最低高度/km	折射率/%		温度/K	
			平均偏差	标准差	平均偏差	标准差
全球	992607	1.9	0.24	0.70	−0.47	1.94
低纬	319682	3.7	0.25	0.79	−1.00	2.49
中纬	459570	1.5	0.25	0.66	−0.38	1.70

续表

区域/季节	样本数	最低高度/km	折射率/%		温度/K	
			平均偏差	标准差	平均偏差	标准差
高纬	213355	0.6	0.21	0.55	0.07	1.25
春季	173000	1.8	0.23	0.68	−0.46	1.87
夏季	241932	2.3	0.24	0.70	−0.54	2.03
秋季	298283	2.0	0.23	0.70	−0.50	1.96
冬季	326442	1.8	0.24	0.70	−0.43	1.91

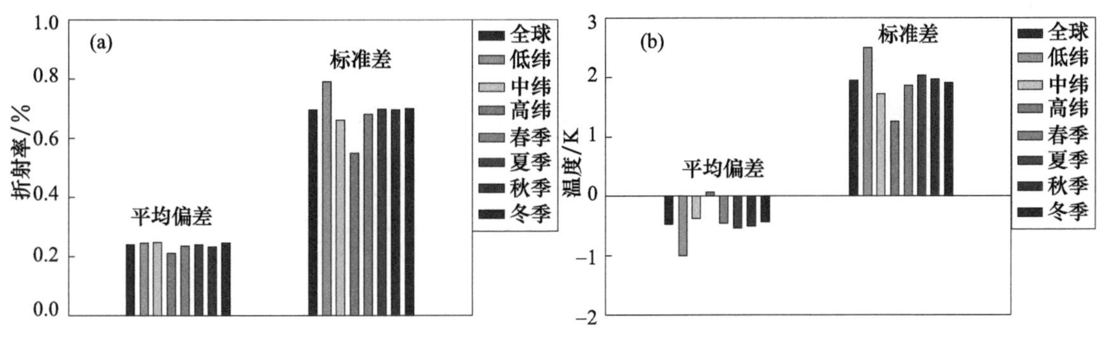

图 6-63　COSMIC 掩星与 ECMWF 分析数据比对统计结果

图 6-64 给出了全球 COSMIC 掩星与 ECMWF 分析数据比对的结果，可以看出，与 ECMWF 分析数据相比，在 0～3.2 km，COSMIC 掩星的折射率平均偏差呈负偏差，近地面负偏差绝对值最大为 0.35%，3.3 km 以上折射率平均偏差呈正偏差，其值在 0.04%～1.41%，5.0～25.0 km 平均值为 0.24%，标准差平均为 0.70%，标准差在 2.7～37.4 km 小于 2.00%；10.1 km 以下平均温度偏差呈现明显的负偏差，其绝对值大于 0.50 K，至近地面达到 12.10 K，12.5 km 以上平均温度偏差以正偏差为主，其绝对值都在 0.51 K 以内，5.0～25.0 km 温度平均偏差为−0.47 K，标准差为 1.94 K，其中 8.2～32.6 km 标准差在 3.00 K 以内。

图 6-64～图 6-71 分别给出了全球、低纬地区、中纬地区、高纬地区、春季、夏季、秋季和冬季统计结果，不同区域、不同季节的误差特性与全球的误差特性的差异跟 CHAMP 掩星与 ECMWF 分析数据比对的情况类似。

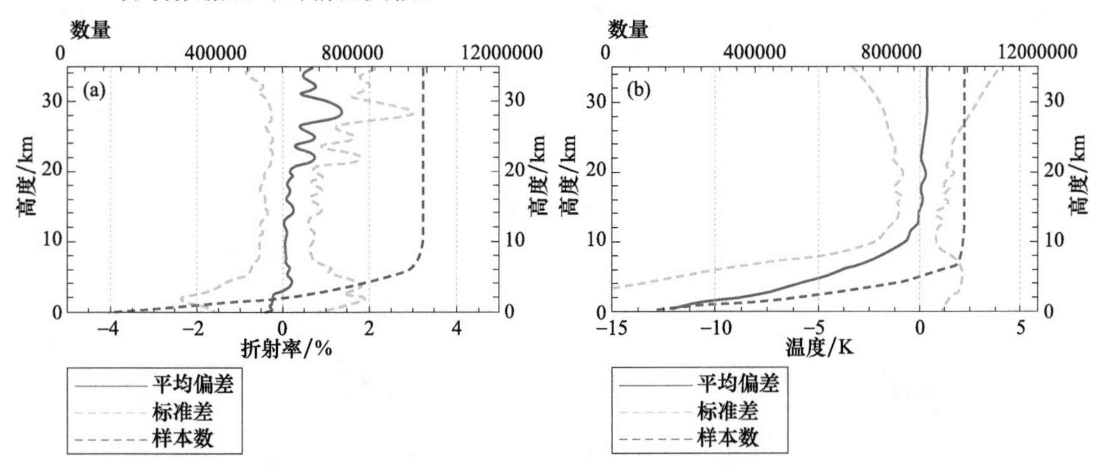

图 6-64　COSMIC 掩星与 ECMWF 分析数据比对结果(2006.182—2008.366)

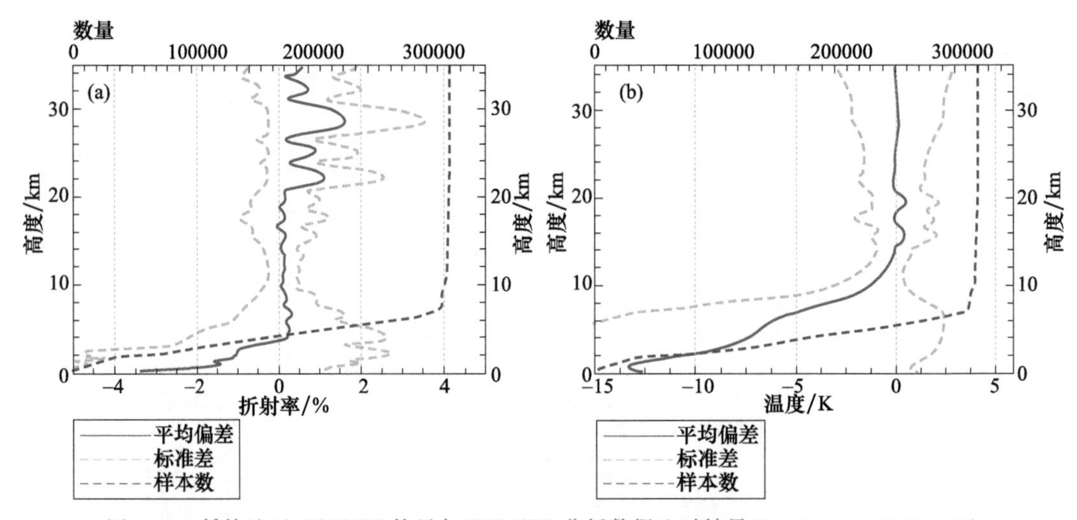

图 6-65　低纬地区 COSMIC 掩星与 ECMWF 分析数据比对结果(2006.182—2008.366)

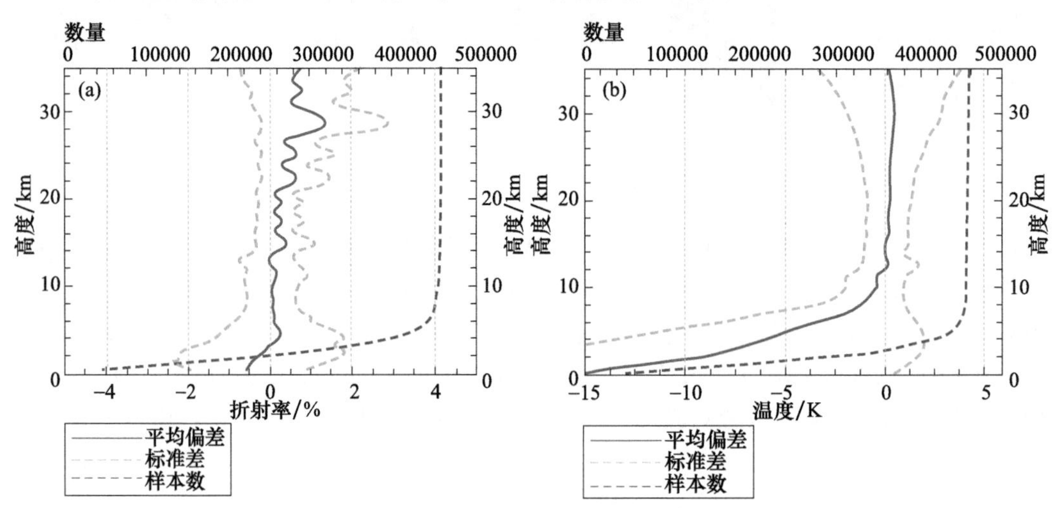

图 6-66　中纬地区 COSMIC 掩星与 ECMWF 分析数据比对结果(2006.182—2008.366)

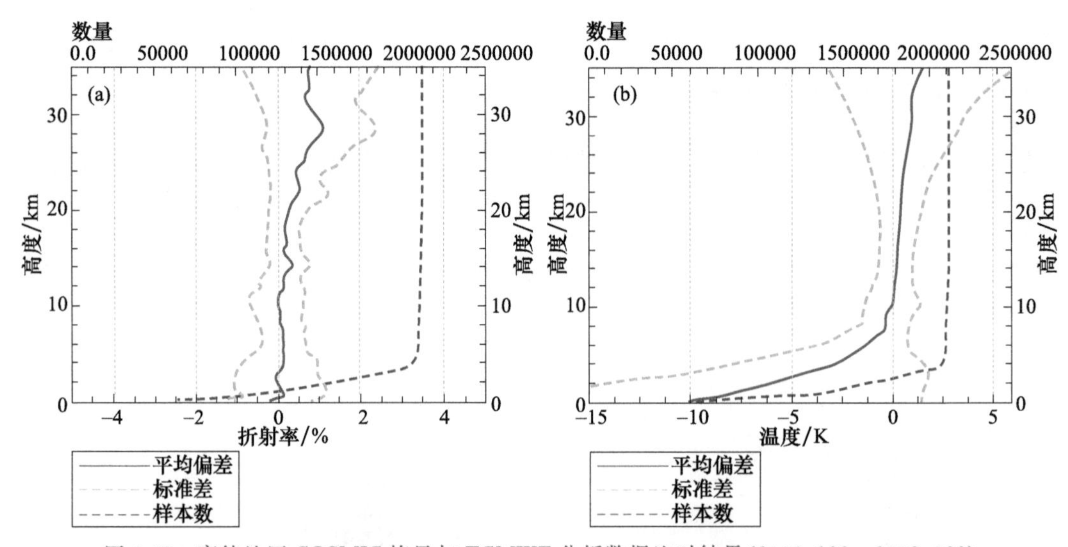

图 6-67　高纬地区 COSMIC 掩星与 ECMWF 分析数据比对结果(2006.182—2008.366)

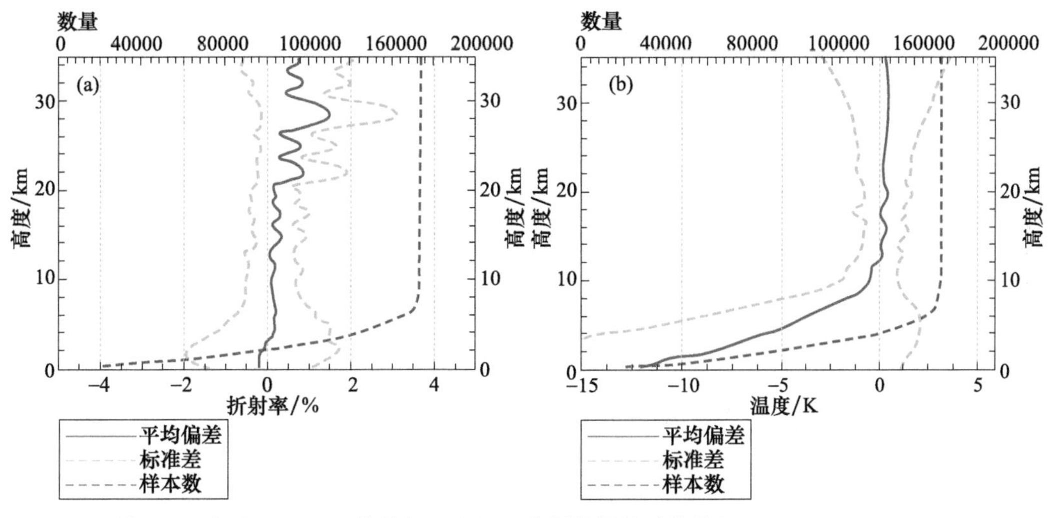

图 6-68　春季 COSMIC 掩星与 ECMWF 分析数据比对结果(2006.182—2008.366)

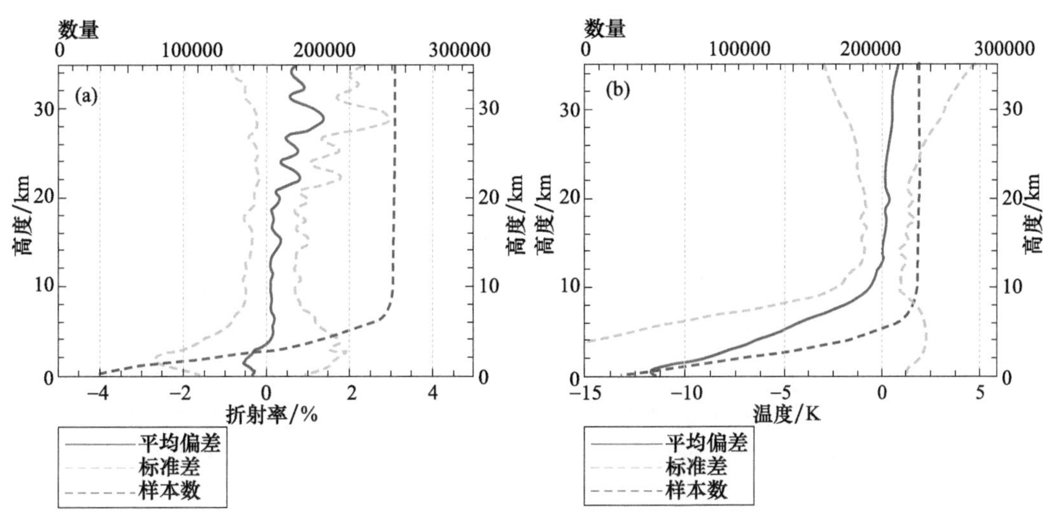

图 6-69　夏季 COSMIC 掩星与 ECMWF 分析数据比对结果(2006.182—2008.366)

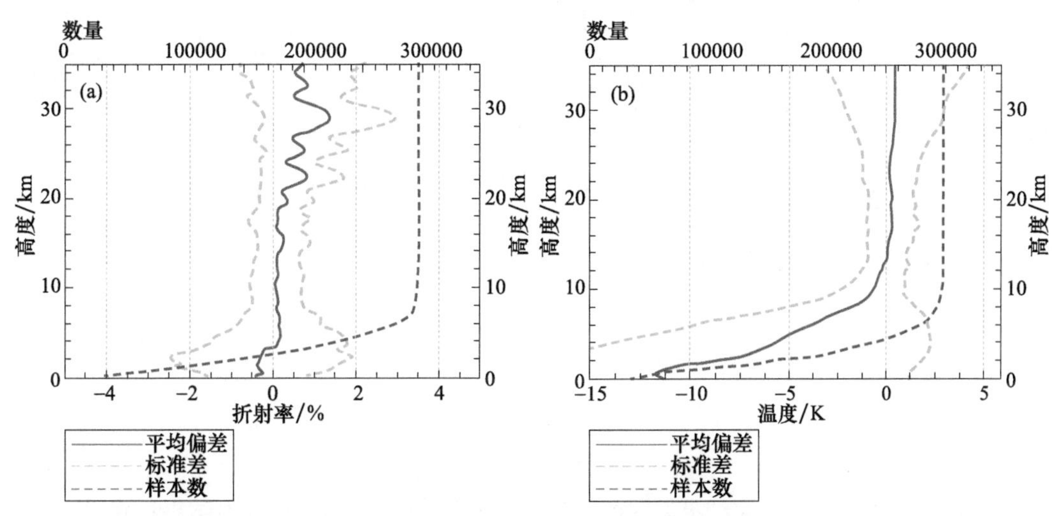

图 6-70　秋季 COSMIC 掩星与 ECMWF 分析数据比对结果(2006.182—2008.366)

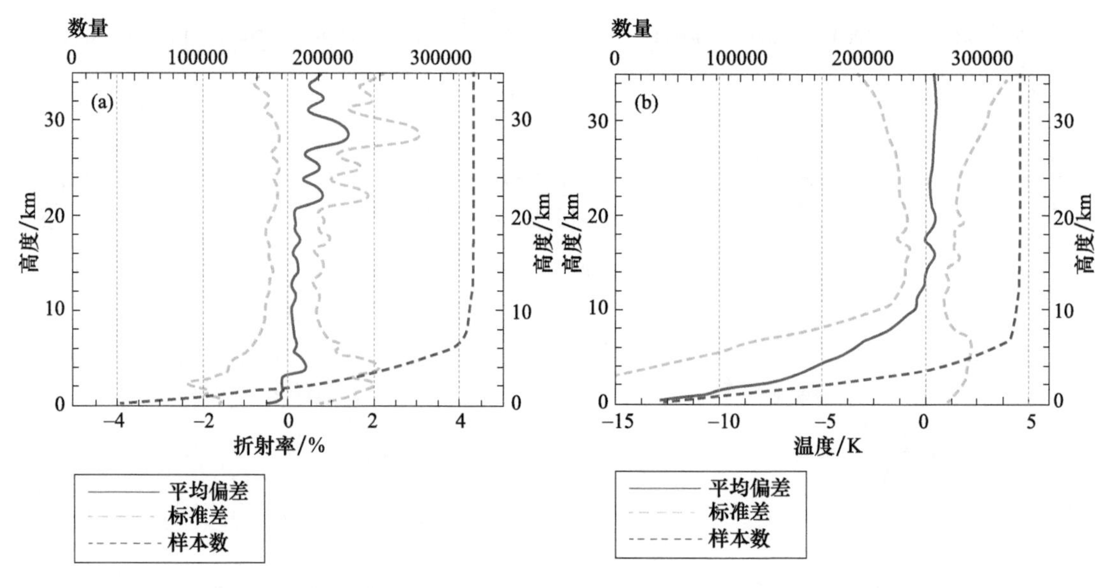

图 6-71　冬季 COSMIC 掩星与 ECMWF 分析数据比对结果(2006.182—2008.366)

6.5.6　结果分析

由表 6-16～表 6-20 及图 6-72 可以看出，与 ECMWF 分析数据相比，5.0～25.0 km 折射率平均偏差从大到小依次是 GPS/MET、SAC-C、CHAMP、GRACE 和 COSMIC 掩星资料，其值分别为 0.39%、0.27%、0.25%、0.25%和 0.24%；平均折射率标准差从大到小依次是 GPS/MET、SAC-C、CHAMP、COSMIC 和 GRACE 掩星资料，其值分别为 1.51%、0.93%、0.73%、0.70%和 0.68%；温度平均偏差绝对值从大到小依次是 COSMIC、GRACE、CHAMP、SAC-C 和 GPS/MET 掩星资料，其绝对值分别为 0.47 K、0.45 K、0.33 K、0.28 K 和 0.09 K；平均温度标准差从大到小依次是 GPS/MET、SAC-C、CHAMP、COSMIC 和 GRACE 掩星资料，其值分别为 3.61 K、2.73 K、1.94 K、1.94 K 和 1.85 K。

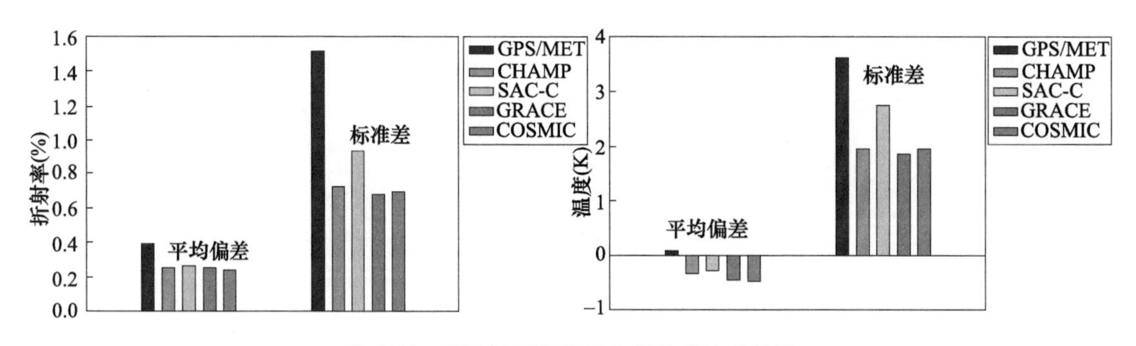

图 6-72　掩星与 ECMWF 分析数据比对结果

6.6　小结

本章从不同卫星掩星反演结果之间的一致性、掩星反演结果与全球探空结果比对、掩星反演结果与 NCEP 分析数据比对和掩星反演结果与 ECMWF 分析数据比对四个方面，分别对 GPS/

MET、CHAMP、SAC-C、GRACE、COSMIC掩星资料进行了全面验证[15,16]，主要结果如下：

(1)不同卫星掩星反演结果之间具有很好的一致性，在相差1 h、100.0 km的情况下，0～40.0 km掩星对之间的平均折射率偏差在±0.15%以内，平均折射率标准差在1.50%以内；平均温度偏差在±0.20 K以内，平均温度标准差在3.00 K以内。

(2)在相差1 h、300.0 km的情况下，5.0～25.0 km GPS/MET、SAC-C、GRACE、COSMIC和CHAMP掩星产品，与全球探空相比，平均折射率偏差在0.06%～1.51%，平均折射率标准差在1.19%～1.51%，平均温度偏差在−0.59～−0.13 K，平均温度标准差在2.56～3.35 K；与NCEP分析数据相比，平均折射率偏差绝对值在0.19%～0.06%，平均折射率标准差在0.96%～1.53%，平均温度偏差绝对值在0.80～0.14 K，平均温度标准差在2.29～3.59 K；与ECMWF分析数据相比，平均折射率偏差在0.24%～0.39%，平均折射率标准差在0.68%～1.51%，平均温度偏差在−0.09～0.47 K，平均温度标准差在1.85～3.61 K。

(3)与全球探空、NCEP分析数据和ECMWF分析数据比对结果表明，GPS/MET卫星50%以上的掩星最低高度只能达到3.0 km以下，而50%以上的COSMIC掩星可以到达2.0 km以内。50%以上掩星所能探测的最低高度低纬地区最高，高纬地区最低；夏季高，春冬季低。平均折射率标准差和平均温度标准差也是低纬地区最大，高纬地区最小；夏季大，春冬季小。这与低纬地区和夏季水汽含量大，高纬地区和春冬季水汽含量少有关。

(4)无论是与全球探空相比，还是与NCEP分析数据和ECMWF分析数据相比，折射率和温度的标准差都是GPS/MET掩星最大，其次是SAC-C掩星，而CHAMP、GRACE和COSMIC掩星结果比较接近，标准差较小。这主要是由于所采用的接收机性能不同造成的，GPS/MET采用的掩星接收机是由地基GPS接收机简单改装而成的，掩星天线增益也较低，因此掩星信号质量相对差一些；而CHAMP、GRACE和COSMIC则采用的是JPL专为掩星探测设计的BlackJack接收机，且都采用了高增益掩星天线，因此信号质量较好。比对的结果也从一个侧面反映了掩星接收机的发展和性能变化。

参考文献

[1]SHAO H，ZOU X. The impact of observational weighting on the assimilation of GPS/MET bending angle[J]. Journal of Geophysical Research：Atmospheres，2002(D23)：1-28.

[2]PALMER P I，BARNETT J J. Application of an optimal estimation inverse method to GPS/MET bending angle observations[J]. Journal of Geophysical Research，2001(D15)：17147-17160.

[3]LIOU Y A，PAVELYEV A G，WICKERT J，et al. Analysis of atmospheric and ionospheric structures using the GPS/MET and CHAMP radio occultation database：A methodological review[J]. GPS Solutions，2005(2)：122-143.

[4]GORBUNOV M E，KORNBLUEH L D. Analysis and validation of GPS/MET radio occultation data[J]. Journal of Geophysical Research，2001(D15)：17161-17169.

[5]ZHANG B，HO S，CAO C，et al. Verification and validation of the COSMIC-2 excess phase and bending angle algorithms for data quality assurance at STAR[J]. Remote Sensing，2022(14)：32-38.

[6]SINGH R，OJHA S P，ANTHES R，et al. Evaluation and Assimilation of the COSMIC-2 radio occultation constellation observed atmospheric refractivity in the WRF data assimilation system. [J]. Journal of Geophysical Research，2021(18)：1-21.

[7]WEE T K，ANTHES R A，HUNT D C，et al. Atmospheric GNSS RO 1D-Var in use at UCAR：Descrip-

tion and validation[J]. Remote Sensing,2022(5614).
[8]FELTZ M L,KNUTESON R O,REVERCOMB H E. Assessment of COSMIC radio occultation and AIRS hyperspectral IR sounder temperature products in the stratosphere using observed radiances. [J]. Journal of Geophysical Research,2017(16): 8593-8616.
[9]HO S,KIREEV S,SHAO X,et al. Processing and validation of the STAR COSMIC-2 temperature and water vapor profiles in the neural atmosphere[J]. Remote Sensing,2022(5588).
[10]PIRSCHER B,FOELSCHE U,BORSCHE M,et al. Analysis of migrating diurnal tides detected in FORMOSAT-3/COSMIC temperature data[J]. Journal of Geophysical Research:Atmospheres,2010(D14): 10.
[11]KURSINSKI E R,KUO Y H,ROCKEN C,et al. Understanding the atmosphere through radio occultation [J]. Transactions American Geophysical Union,2008(11): 109.
[12]SCHREINER W,ROCKEN C,SOKOLOVSKIY S,et al. Quality assessment of COSMIC/FORMOSAT-3 GPS radio occultation data derived from single and double-difference atmospheric excess phase processing [J]. GPS Solutions,2010(1): 13-22.
[13]廖仿玉．高空气象探测技术的现状及其发展(一)[J]. 气象仪器装备,1997(4): 13-15.
[14]KHAYKIN S M,POMMEREAU J P,HAUCHECORNE A. Impact of land convection on the thermal structure of the lower stratosphere as inferred from COSMIC GPS radio occultations[J]. Atmospheric Chemistry and Physics Discussions,2013(1): 1-31.
[15]ZOU X,ZENG Z. A Quality control procedure for GPS radio occultation data[J]. Journal of Geophysical Research:Atmospheres,2006(D2):10.
[16]WU Q,PEDATELLA N M,BRAUN J J,et al. Comparisons of ion density from IVM with the GNSS differential TEC-derived electron density on the FORMOSAT-7/COSMIC-2 Mission[J]. Journal of Geophysical Research: Space Physics,2022(8):30-39.

第7章　掩星大气探测资料应用

GNSS掩星大气探测资料是对传统大气探测资料的有力补充，其观测数据具有全球覆盖、高垂直分辨率、高精度、稳定性好等优点，能够弥补无线电探空仪和气象卫星的不足，具有推动天气预报、气候和全球变化等领域进步的潜力。对于天气预报而言，数值天气预报(NWP)模式必须采用三维大气参数数据作为初值，目前提供这种初值的无线电探空网络在时空分布上密度不够，极大地限制了模式的精度，而气象卫星资料的垂直分辨率有限，对模式精度的贡献较小，掩星观测由于其高垂直分辨率和高精度，所提供的丰富数据资料具有进一步改进NWP模式的潜力。由于掩星观测的长期性与稳定性，它对于气候和全球变化研究也具有重要作用。另外，GNSS掩星观测对于电离层的研究也提供了有利条件，它具备足够的时空分辨率提供全球电离层映像。

7.1　中性大气掩星应用研究

7.1.1　数值天气预报应用

1. 数据同化概述

近几十年来，数值天气预报在业务化预报中的基础作用越来越凸显，随着数值天气预报模式的不断发展和完善，数值天气预报的初始场精度已成为制约预报准确率的关键因素。为了提高数值天气预报初始场的精度，有效同化不同种类的卫星遥感探测资料已成为当前主要手段。相对于微波温度和红外高光谱资料，掩星资料具有不受云雨影响的优势；掩星探测仪器长期稳定，不需要进行误差偏离调整；掩星探测资料分布比较均匀，能够有效丰富极地和海洋等观测稀少地区的观测资料[1]。

GNSS无线电掩星观测资料在数值天气预报中的应用主要是通过资料同化系统对其进行同化实现的，目前COSMIC资料的分析和存储中心(CDAAC)提供了两种级别和多种形式的GNSS无线电掩星资料产品：一级产品(L1)包括原始观测的位相、振幅及卫星轨道和地面基站数据；二级产品(L2)主要包括弯角、折射率、反演的大气气压、温度和水汽[2]。

为了使用较小计算量获得较高精度的分析结果，同化的资料越是原始，观测资料越好，而需要的观测算子越简单越好，因此选择何种级别的产品进行同化，需要综合考虑：

(1)资料处理过程中是否加入了带有误差的额外信息；

(2)观测误差特征是否能够容易准确估计；

(3)观测算子是线性的还是非线性的；

(4)观测算子的代表性；

(5)观测算子的代表性误差是否能容易准确估计；

(6)观测算子及其伴随的计算量等[3]。

Kuo等和Syndergaard等详细分析了同化GPS掩星观测各级别产品的优缺点，认为弯曲角和折射率是最适宜同化的产品[4,5]。因为弯曲角产品仍然是比较原始的观测资料，观测算子不要求精确的卫星轨道信息，也不需要电离层模式，重要的是能够相对容易和准确地估计其观测误差；折射率产品的优点是其观测算子简单，不需要精确的卫星轨道信息，不需要电离层模式和大气模式层顶以上的大气变量，计算量小。

变分同化的目标是通过极小化目标函数，最大限度地提取观测信息，最大可能改进模式初始场的精度[6]。在已有变分同化系统中，要同化一种新的观测资料，主要有两个方面的工作，一是建立一个简单、精确、高效的观测算子；二是准确估计观测误差方差等统计参数。

弯曲角和折射率都不是大气变量的直接观测，因此，建立简单、精确和高效观测算子是同化弯曲角和折射率的关键和主要研究内容，目前已经发展了若干同化弯曲角[7-14]和同化折射率[15-17]的观测算子，是主要业务中心的掩星资料使用方式。由于折射率局地观测算子简单，具有计算量小等优点，目前许多业务中心采用局地观测算子来同化折射率资料[18]。

成功同化弯曲角和折射率资料的另一个关键是观测误差的准确估计。在变分同化中，观测误差包括测量误差与观测算子的代表性误差两部分[6]。观测算子代表性误差主要来源于两个方面，一是数值天气预报模式的有限分辨率；二是观测算子不能够将完美的模式状态计算出完美的观测，即观测算子本身的误差。所以，即使相同观测产品，采用不同观测算子，代表性误差不同，造成的观测误差也不同。2002 年 Shao 等针对二维射线积分算子统计估计了弯曲角的观测误差并应用于弯曲角同化中[9]。由于折射率资料是数值天气预报中应用最广泛的 GNSS 无线电掩星产品，其观测误差的准确估计就显得尤为重要。针对局地观测算子，已经有许多学者研究了折射率观测误差。2006 年 Steiner 等采用观测与模拟对比的方法[19]，估计了 CHAMP 折射率在 2002—2003 年北半球冬季和夏季的南北半球高、中、低纬度带上折射率的观测误差方差及其垂直相关性，这个研究主要针对的是 CHAMP 观测的折射率，并且采用的是观测与分析对比的方法，其中，欧洲中心分析场模拟的折射率误差是经验获得的，且被主观经验地乘以 2 倍因子；2011 年 Foelsche 等利用与 Steiner 等同样的经验分析方法[20]，估计了 CHAMP、GRACE-A 和 COSMIC 卫星观测的弯曲角、折射率、反演的干大气气压和温度等变量在 4～50 km 的观测误差，发现了不同卫星观测误差具有很强的一致性，并且在 20 km 以上，观测误差具有明显的季节变化，在各半球冬季的观测误差最大，但是 Foelsche 等并未对 4 km 以下的观测资料进行估计[20]，且其对观测误差的估计也存在与 Steiner 等相同的问题[17]，同时这个研究所估计的观测误差相比 1996 年 Kursinski 等估计的值偏大[21]，特别是在 10～20 km 高度。Kuo 等针对折射率局地观测算子[22]，用 CHAMP 和 SAC-C 卫星 2001 年 12 月的折射率资料，估计了折射率在 1000～10 hPa 的观测误差，分析了低纬度（30°S～30°N）和中纬度（30°～60°N）两个纬度带上折射率的观测误差，并与 Kursinski 等估计的观测误差进行了比较。因观测误差的估计精度直接影响变分同化分析和预报效果，因此，提高折射率观测误差的估算精度是改进和提高其同化效果的重要途径。

2. 同化应用

目前，无论是业务应用还是科学研究，掩星资料在数值预报中均展示了良好的应用效果和潜力。Zou 等和 Kuo 等在数值模式中对 GPS RO 的折射率资料进行同化后[23,24]，温度和湿度场得到了有效的改善，提高了数值预报模式的结果。Sui 等利用 MM5 模式及其三维变分（3DVar）对 GPS 掩星折射率进行同化[25]，发现 GPS RO 资料对于台风路径及降水预报都有正影响。2010 年 Cucurull 在全球模式业务预报中对 GPS RO 折射率资料进行同化，等压面的重力位势高度和风速得到了有效改善，预报准确度也得以提高[26]。英国气象局对 CHAMP 掩星资料进行同化[27]，预报试验表明 GPS 掩星观测资料能够提高低对流层对无线电波温度观测量分析和预报的符合度。2006 年 Healy 等通过 4DVar 将 GPS RO 弯曲角资料同化到 ECMWF 全球模式中[28]，提供了高准确度的温度信息，并证明了这有助于提升温度预报的准确度，特别是南半球 300～50 hPa 高度的区域。朱孟斌等在全球模式中利用四维变分同化系统对 GPS 弯曲角进行同化，试验结果表明同化 GPS 无线电掩星资料之后全球区域正作用十分明显[29]。余江林等针对暴雨天气，利用 GSI-3DVar 同化系统对 GPS 掩星弯曲角进行同化，结果表明同化后强降水的预报准确性得到了有效提高[1]。邹逸航等基于 GRAPES 的三维变分同化系统对 GPS 掩星资料进行同化，结果发现，同化可以减小台风路径误差，提高降水预报准确率[30]。

目前，大多数运行中的数值预报中心都报告了 GNSS-RO 的积极影响，特别是对对流层上层和平流层温度的影响。图 7-1 显示了 ECMWF 在 2006 年 12 月 12 日，首次同化 GNSS 掩星数据后对平流层 ECMWF 短期预报偏差的影响。

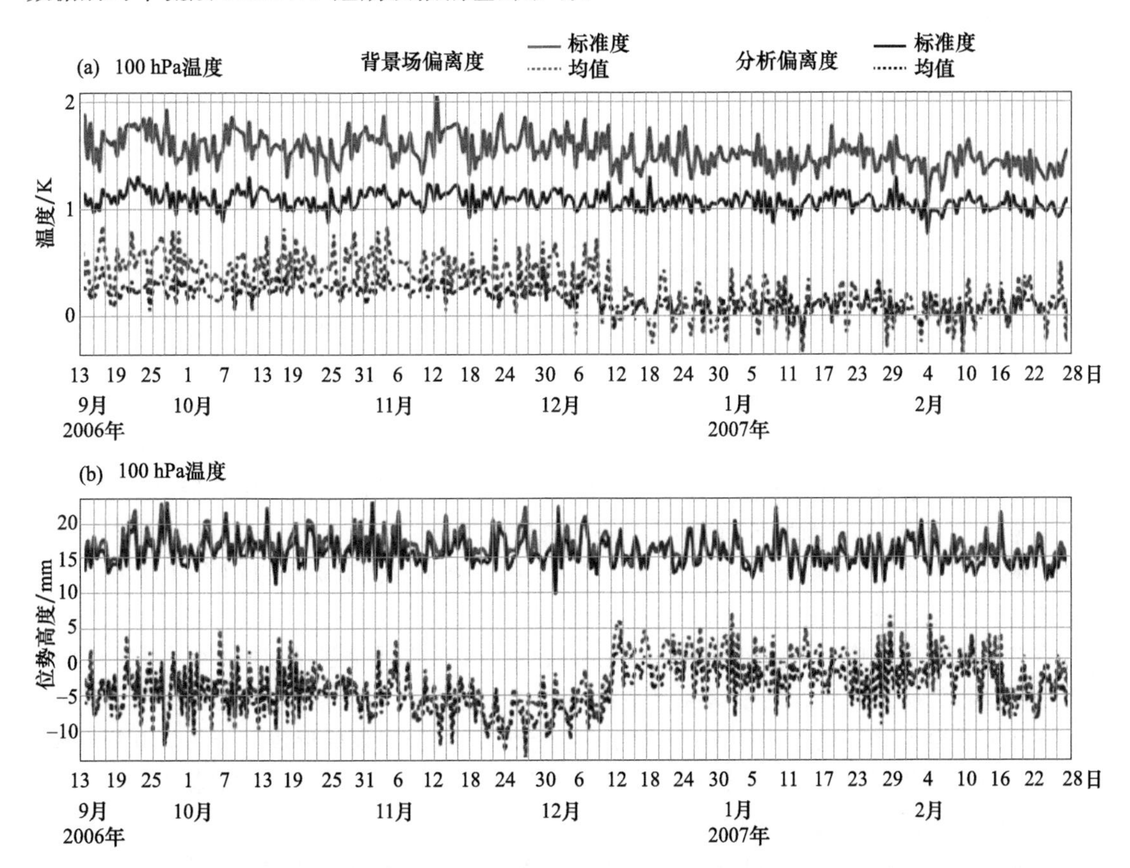

图 7-1　南半球 100 hPa 的温度(a)和位势高度(b)无线电探空仪测量的 ECMWF 业务背景场和分析场偏差平均值和标准差的时间序列(GNSS-RO 数据于 2006 年 12 月 12 日引入)

7.1.2　气候应用

全球气候观测系统(GCOS)计划明确了关于卫星观测气候监测原则以及基于基本气候变量(ECVs)生成的卫星气候数据记录(CDRs)的严格质量标准[31]，用于气候监测和变化检测的观测系统必须满足这些原则和标准。基本气候数据记录(FCDR)是一种包含系列仪器的长期观测数据的记录，这些仪器具有足够的校准和质量控制，确保能够生成足够准确、稳定和同质化的气候监测产品。

由于来自不同平台的独立数据集必须具有直接可比性，才能提供可靠的长期记录[32]，因此这些测量数据要保持长期稳定，并能够溯源到国际单位制单位(SI)，用于生成高空大气温度基本气候变量的通常是经过校准的微波辐射计和红外辐射仪形成的基本气候数据记录(FCDRs)。对于无线电掩星测量系统来说，其弯曲角测量数据被视为 FCDRs，此外，在气候数据记录(TCDR)术语中定义了一系列长期的基本气候变量，这些气候变量可由无线电掩星大气温度或折射率等基本气候数据记录生成。

气候观测的准确度要求比气象观测严格得多[33](例如，气候温度观测准确度为 0.1 K，气象观测准确度为 1 K)，观测不确定度必须小于 10 a 变化的预期信号[34,35]。GCOS 对这一高空大气温度(对流层到平流层温度廓线)基本气候变量的目标要求为水平分辨率 25～100 km，垂直分辨率 1～2 km，精度 0.5 K，稳定性 0.05 K[31]。

1. 数据质量控制

(1)无线电掩星资料的气候特性

无线电掩星为监测地球大气和气候提供了高质量的数据记录，在对流层上部和平流层下部之间(UTLS)可在近全天候条件下提供全球覆盖、高精度(温度准确度达到 1 K)和垂直分辨率(～1 km)的观测数据[36]，精确的时间测量确保能够溯源到国际单位[37]，同时测量的长期稳定性和一致性符合气候基准记录的特征。因此，可以将来自不同无线电掩星观测计划中经过一致性处理的数据结合起来，可以无须任何相互校准，就能形成一个无缝气候记录[38]。图 7-2 展示了魏格纳中心的 OPS v5.6 记录[39]。2011 年 Anthes 等详细描述了无线电掩星数据在气候方面的独特性[40]。

GNSS 无线电观测数据的连续性和全球覆盖性对于确保气候数据记录的连续性和长期性至关重要。2011 年 GCOS 将无线电掩星观测系统确定为 GCOS 的关键组成部分，并表示必须确保观测记录的延续。每天掩星观测的数量取决于 GNSS 发射器和掩星接收器的数量，并且随着 GNSS 和 LEO 的不断增长而增加，如果低轨接收卫星位于近极轨道，则可以提供全球覆盖掩星观测。未来，来自多个 GNSS 卫星星座的无线电掩星观测数据可以用来开发用于气候监测的气候数据记录。

虽然通过当前的掩星观测可以成功地解决大规模气候监测问题，但对许多区域尺度和大尺度气候过程的研究和更好的理解关键取决于掩星的重复观测周期和是否具备中尺度分辨率。国际无线电掩星工作组(IROWG)提供了一个参考建议，如果要形成一个约 300 km 的有效水平分辨率以及 6h 昼夜周期分辨率的月平均记录，每天至少需要 20000 次掩星观测[41,42]。

(2)无线电掩星气候学的不确定性特征

准确认识误差是在气候研究中利用数据的重要先决条件，实验误差估计方法可用于无线电掩星大气廓线的观测误差，并可用一个考虑了纬度和季节相关性的简单模型来描述误差特性[38]。经过统计分析，对流层顶区域单条无线电掩星廓线的弯曲角测量不确定度约为 0.8%，折射率约为 0.35%，压力约为 0.15%，温度约为 0.7 K，随着高度的增加，测量不确定度会逐渐增加。

在气候学研究领域，无线电掩星资料总误差包括统计(观测)误差、残余(采样)误差和系统误差[43,44]。由于每个统计区域有数百个单独的测量廓线进行平均，气候学的统计误差可以忽略不计(<0.01 K 或 0.1 K)，使用能够充分代表实际大气时空变率的参考数据可以合理地估计采样误差[20]。

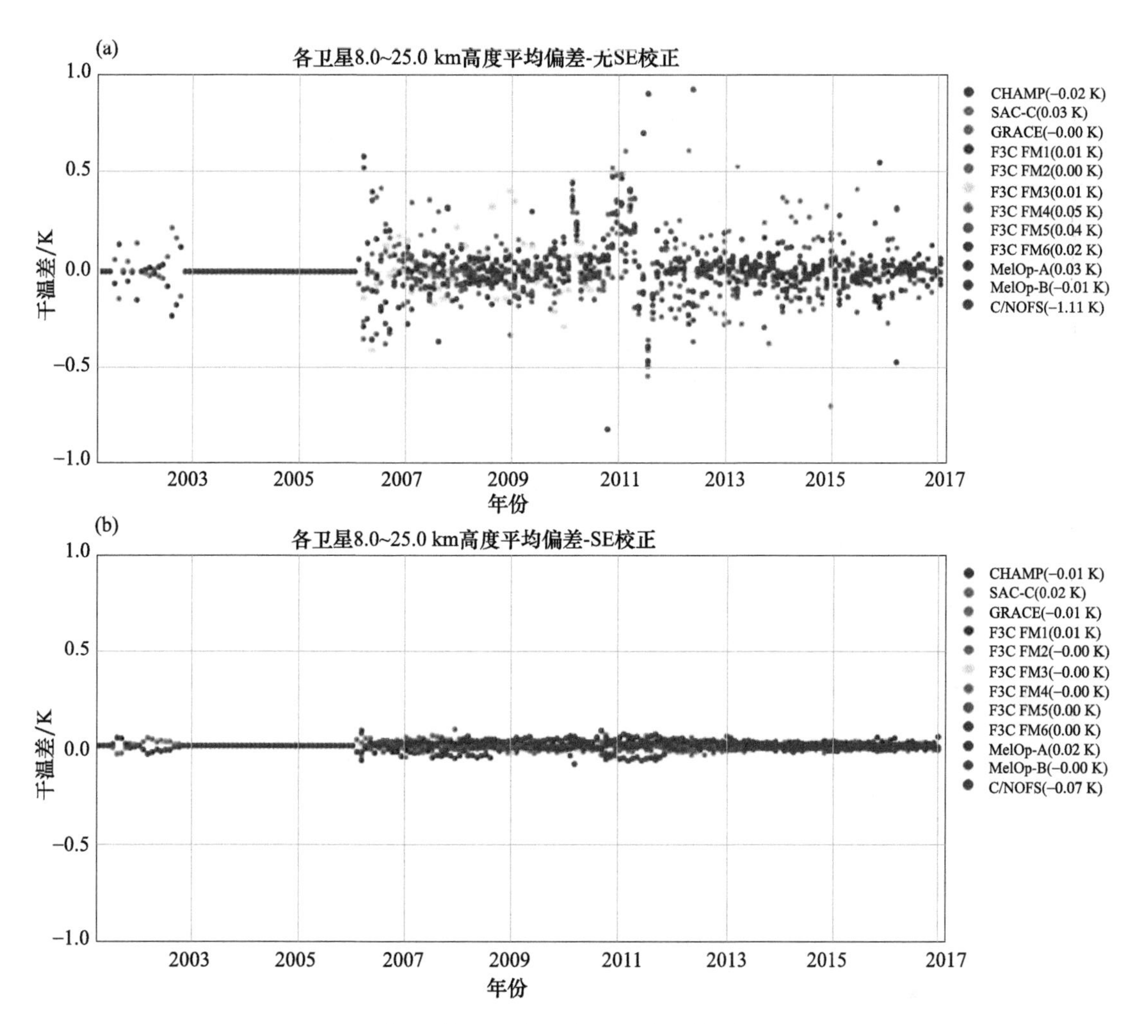

图 7-2　来自不同卫星的无线电掩星观测数据的一致性
（卫星平均值是根据相应月份的所有可获得任务计算得出的，
2006 年 5 月之前只有 CHAMP 和 SAC-C 提供的数据）

(3)不同数据中心无线电掩星气候记录的结构不确定性

无线电掩星资料使用至关重要的是了解不同处理方案引起的无线电掩星数据记录中的结构不确定性。因此，成立了无线电掩星资料趋势比对工作组，开展无线电掩星资料处理中心的国际合作。其工作重点是对无线电掩星多年数据记录进行比对，对准确性和数据质量进行系统评估，目的是表明无线电掩星产品的趋势特征与数据反演处理没有相关性，验证无线电掩星能否作为气候基准。

不同数据加工处理中心对多年的 CHAMP 记录进行处理，根据不同数据加工处理中心提供的弯曲角度与干燥温度的无线电掩星数据，基于来自每个数据中心的完全相同的一组配置文件产生的廓线对比对结果来量化结构不确定性[45-47]。如图 7-3 所示，在 8～25 km处的 50 °S ～ 50 °N 范围内结构不确定性最低，在该地区，7 a 趋势的弯曲角、折射率、压力等结构在小于 0.03%温度方面的不确定性小于 0.06 K，结构不确定性在 25 km 以上和高纬度地区增加，主要是由于数据处理中心处理采用了不同的弯曲角度初始化方案。

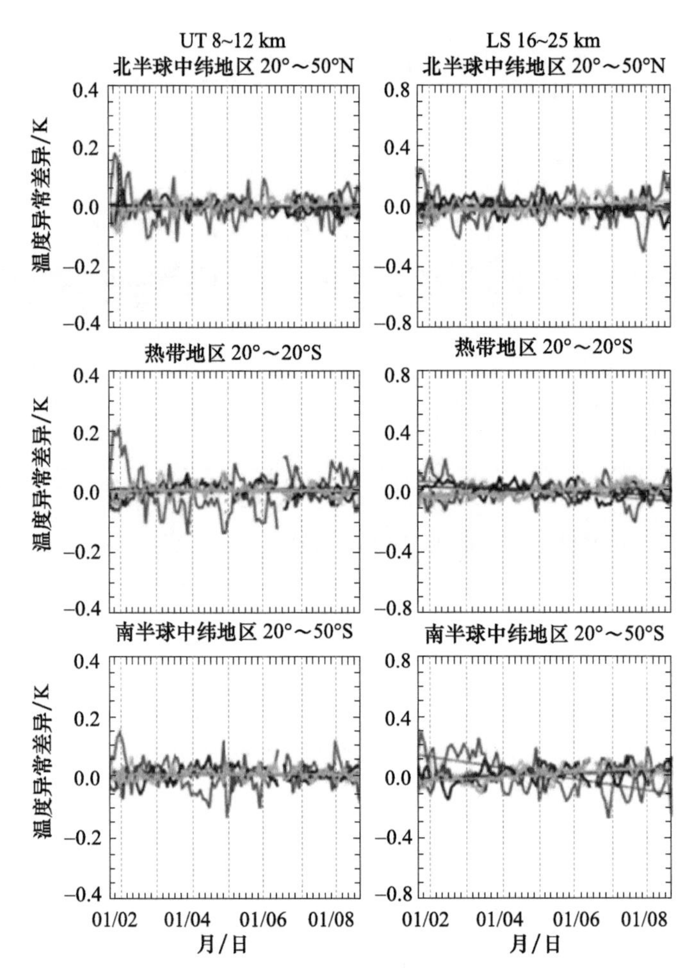

图 7-3　来自不同处理中心的 CHAMP 掩星干廓线温度记录的 2001—2016 年结构不确定性：DMI Copenhagen（黄色）、GFZ Potsdam（蓝色）、JPL Pasadena（红色）、UCAR Boulder（黑色）和 WEGC（绿色）（相对于对流层上层和平流层下层、北部中纬度地区、热带地区和南部中纬度地区的所有中心平均值，显示了温度异常的差异时间序列）[47]

无线电掩星资料趋势比对工作组工作同时被整合到机构间倡议 SCOPE-CM 的 RO-CLIM 项目中。目前正在进行高级比对研究，评估来自不同处理中心的 2001—2016 年多卫星无线电掩星记录的结构不确定性[39]。RO-CLIM 项目的主要目标是提高无线电掩星数据的成熟度[48]，并按照 GCOS 气候监测原则和质量标准生成基于无线电掩星资料的气候数据记录。

2. 气候应用

由于掩星资料良好的时空覆盖性、高垂直分辨率和高精度，它们已经应用于监测和研究全球大气热力学结构和各种不同时空尺度的大气波动过程，譬如，厄尔尼诺-南方涛动（ENSO）的全三维结构[49]，平流层准双年振荡（QBO）、热带季节内振荡（MJO）的热力学细节特征[46]，赤道开尔文波的结构特征[50,51]，周日迁移潮结构及随季节和纬度的变化，对流层顶附近及下平流层重力波的全球分布特征等[52]。虽然这些大气过程已经被各种探空仪、雷达、卫星观测过和理论研究过，但给出其全球三维的精细结构并不多见。

与季节周期、平流层准双年振荡和厄尔尼诺-南方涛动相关的大尺度变化是自然变率的突出模式，可以用无线电掩星资料很好地表征。几项研究证明了无线电掩星资料在 QBO 和

ENSO 中的应用研究[49,53]，如图 7-4 和图 7-5 所示。

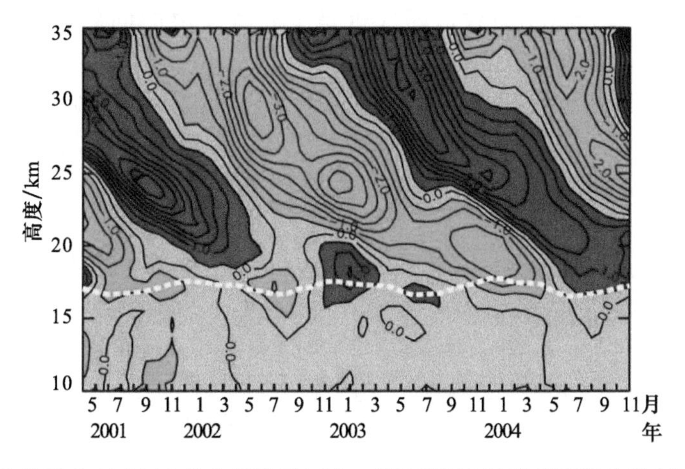

图 7-4　2001 年 5 月至 2004 年 12 月赤道地区(4°S～4°N)CHAMP 掩星温度异常(蓝色:负,红色:正)的 QBO 变率,指示了冷点对流层顶的高度(白色虚线)[54]

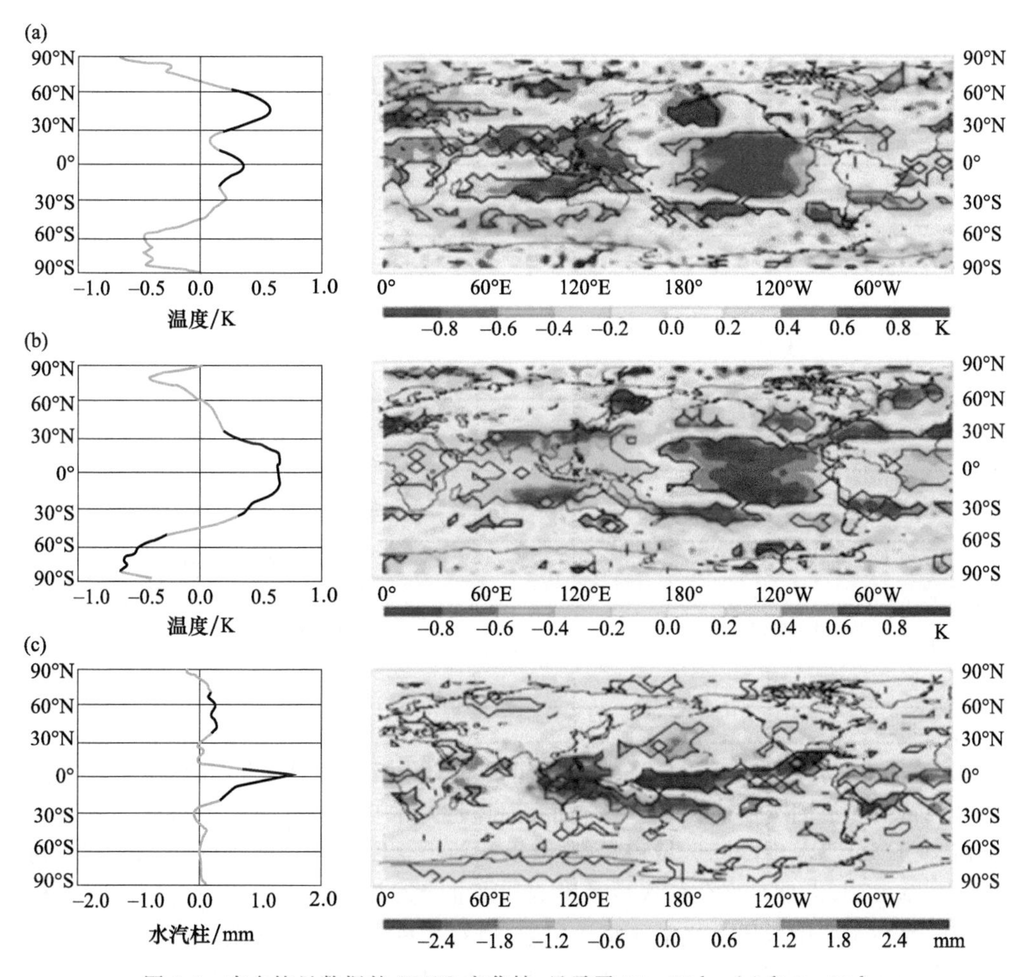

图 7-5　来自掩星数据的 ENSO 变化性，显示了 16～17 km(a)和 9～10 km (b)的纬向平均和涡流温度场的 ENSO 回归系数，以及总柱水汽场(c)(黑色实线包围统计显著回归的区域)[49]

另外，MJO 是热带地区占主导地位的大气振荡模式，虽在过去几十年已经被深入地研究，但其形成机制仍有争议，MJO 的数值模式也是个有待解决的问题。2012 年 Zeng 等基于 COSMIC 掩星数据分析出热带地区 MJO 热力学的精细垂直结构和传播特征(图 7-6)，揭示出小尺度 MJO 强对流和大尺度 Kelvin 波对对流层顶高度和温度的调制作用[46]。研究显示，掩星资料不仅时空分布均匀、垂直分辨率高，而且不受云层的影响，可以获取云层中和云层下的大气参数，较卫星遥感数据或全球再分析资料在 MJO 研究上更有优势。

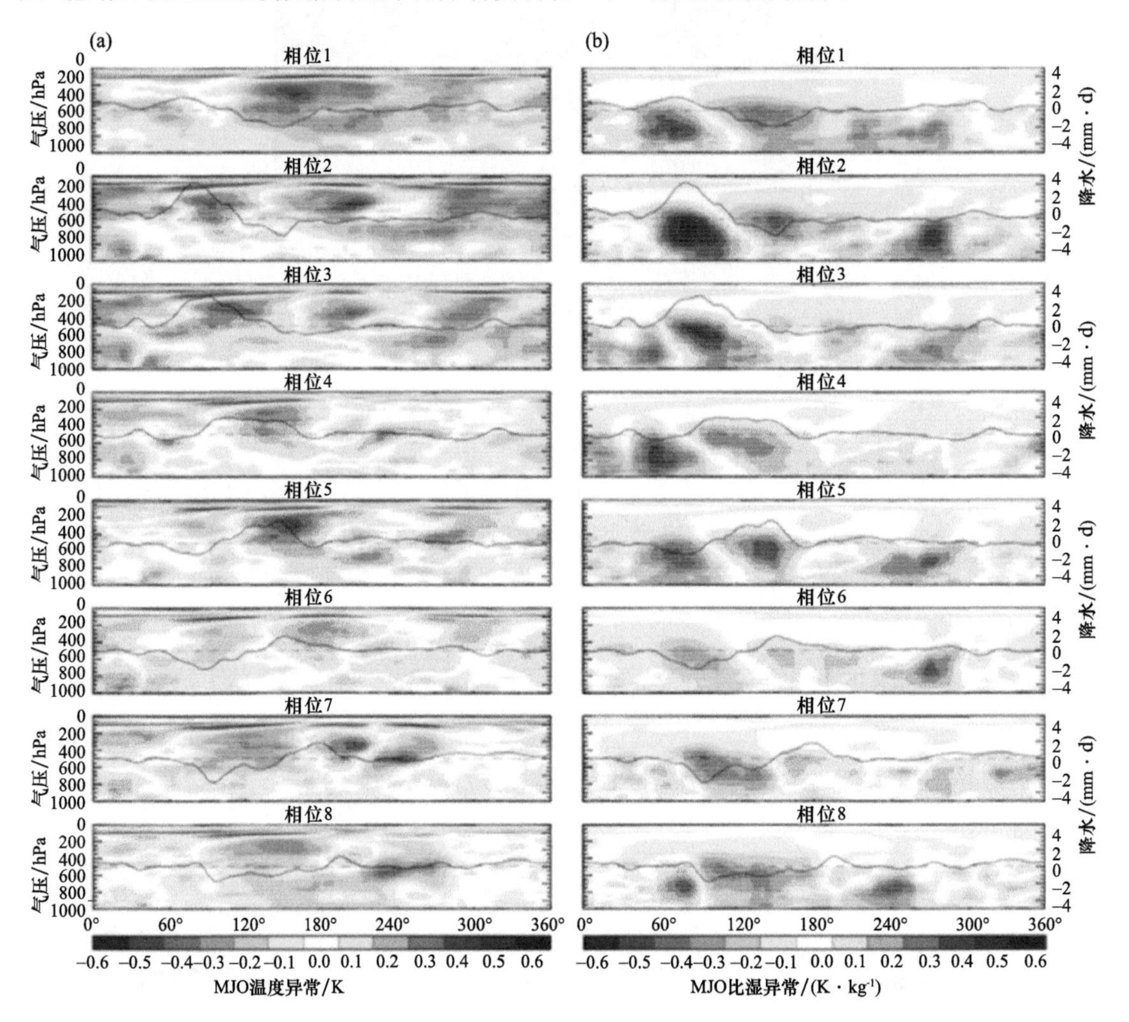

图 7-6 赤道区(10°S～10°N)掩星观测的 MJO 温度(a)和比湿(b)距平的垂直结构随 MJO 相位的演化

再如，2013 年 Khaykin 等从 COSMIC 掩星资料中分析出低纬 UTLS 高度上大气温度日变化的区域特征和成因[55]，显示了夏季陆面强对流性降水频发地区与热带对流层顶层(TTL)高度上傍晚(日落后)温度冷却区域相对应，南半球的吻合度较北半球的更好(图 7-7)，揭示出深对流对夏季 TTL 温度日变化的区域性影响和南北半球差异。尽管理论上预测了这种非迁移周日潮的存在主要由低层大气潜热释放引起，但对其热响应的观测则局限在中间层和热层。在对流层和平流层，由于其振幅很小，且随经度变化，对它的全球分布的探测不仅要求测量精度高，还需具备全时空采样的能力，而这是常规的气象卫星(时间分辨率低)和局地探测(无法实现全球覆盖)都无法实现的。

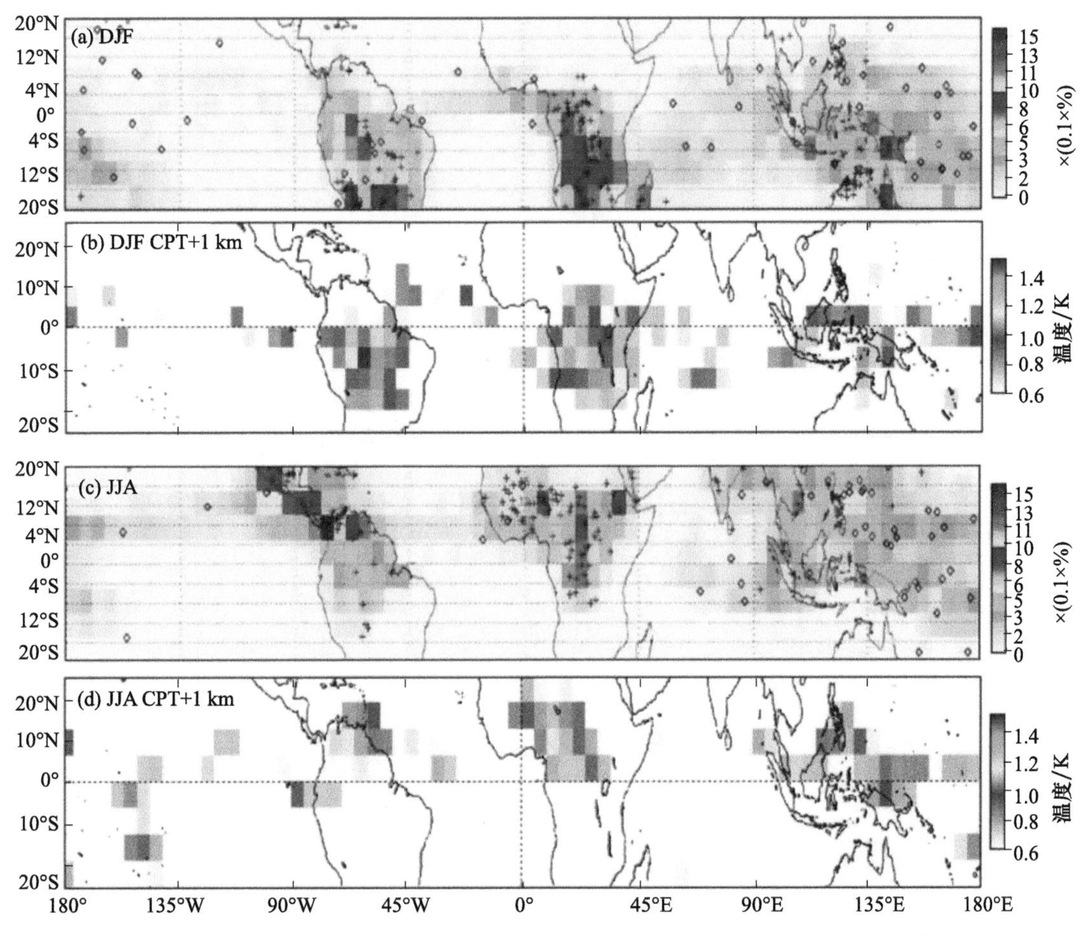

图 7-7　在南半球夏季(a,b)和北半球(c,d),对流层顶上 1 km 范围内大气的日落后温度骤降区域(b,d)与热带降水观测卫星穿透性降水特征频发(a,c)的地理对应关系(温度冷却的幅度大小由晨(10:00±02:00)昏(18:00±02:00)温差决定)[14]

由于掩星探测的高度和气压相互独立,掩星反演出的大气参数可以用于推导全球大气风场和大气环流信息。Healy 等通过模拟掩星观测来分析由掩星位势高度推导地转风的可行性和精度[56],2014 年 Scherllin 等则进一步从实际掩星观测的位势高度信息分析出热带外地转风和梯度风的三维气候学特征[57],掩星计算的月平均风速与模式分析场给出的结果相比,误差一般不到 2 m/s。掩星技术成为探测大气高空风场的又一有效途径,可弥补全球高空风场数据的不足。还有一些研究利用掩星观测来研究热带边界宽度及其气候变化特征,Davis 等利用掩星观测的对流层顶和地表之间的位温差异及推断的地转风信息两种方案诊断出热带边界宽度[58],并给出其季节变化特征。Schreiner 等则是从掩星观测到的对流层顶高度的经向梯度变化来定义热带边界纬度(TEL),分析 Hadley 环流宽度随时间的演化[47],发现 2002—2011 年北半球热带增宽达 1°之多,南半球则没有统计意义上的明显变化(图 7-8)。

由于掩星数据的高精确性,它们已经被应用于评估其他数据的质量,包括全球探空仪温度和湿度数据、红外或微波卫星辐射观测数据[59]、专用微波成像仪(SSM/I)水汽含量数据等,如图 7-9 所示。

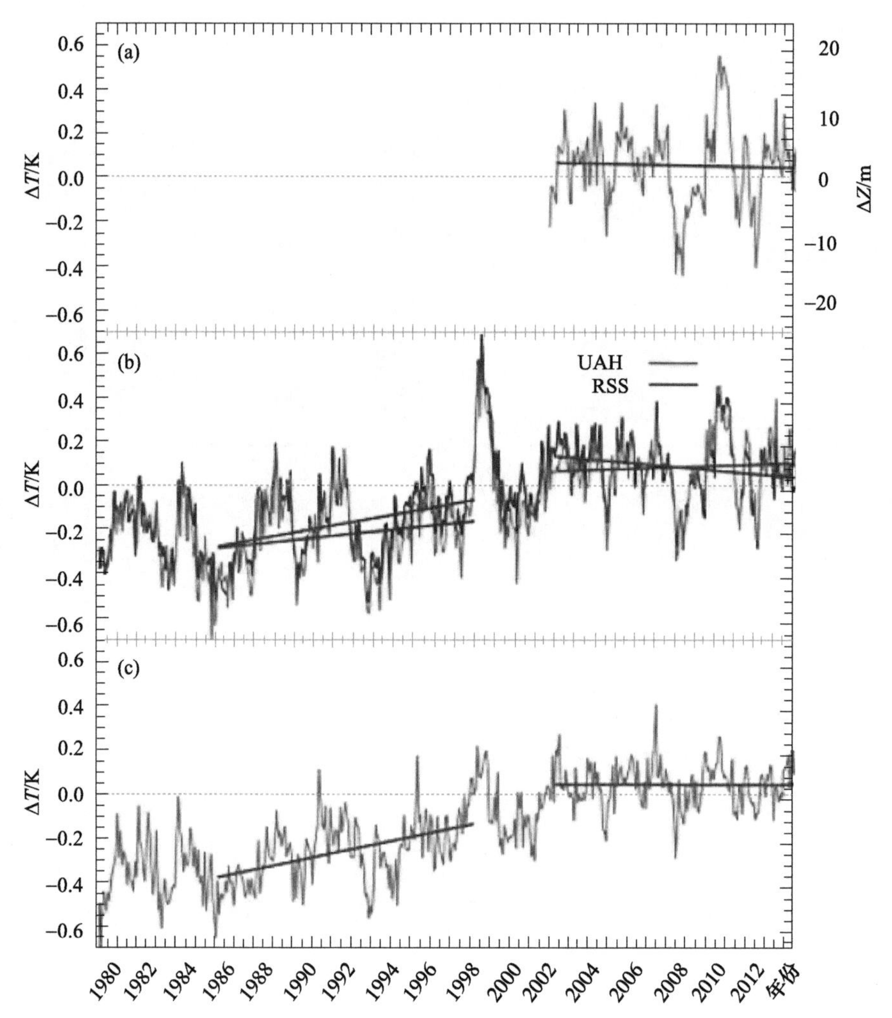

图 7-8　1979—2013 年全球月平均气温记录：来自 ROM SAF 的 GNSS 掩星 300 hPa 地势高度对应于对流层的整体温度(a)，来自 UAH 和 RSS 的 MSU/AMSU 全球平均对流层温度(b)，来自 HadCRUT4 的表面温度(c)(趋势线表示研究中讨论的前中断(1985—1997 年)和中断(2002—2013 年)时间段)[60]

同样，掩星资料也被用于诊断大气模式中可能存在的系统误差。如 Wee 等从 WRF 模式分析和掩星数据的比较研究中发现[62]，WRF 模式给出的位势高度和温度存在系统性误差，并给出相应的补偿方案，通过掩星数据来识别和辅助修正模式的系统误差对于提高数值天气预报的精度具有重要意义。

在气候变化研究方面，COSMIC 对大气观测的长期稳定性、精确性和覆盖范围都是前所未有的，掩星数据正在被广泛应用于平流层和对流层的温度趋势研究中。Steiner 等对 1995—2010 年所有掩星观测的温度数据做分析[63]，发现热带下平流层有变冷、对流层有变暖的趋势，这与气候模型的预测结果一致，如图 7-10 所示。虽然到目前为止掩星观测记录还不足够长，尚不能准确地区分自然的气候脉动(包括逐日、季节、年际和年代际变化，如 ENSO 等)和人为温室效应对温度变化的影响，不过随着掩星数据的不断积累，可以预期将来掩星观测能够提供准确可靠的全球气候变化及其趋势信息。

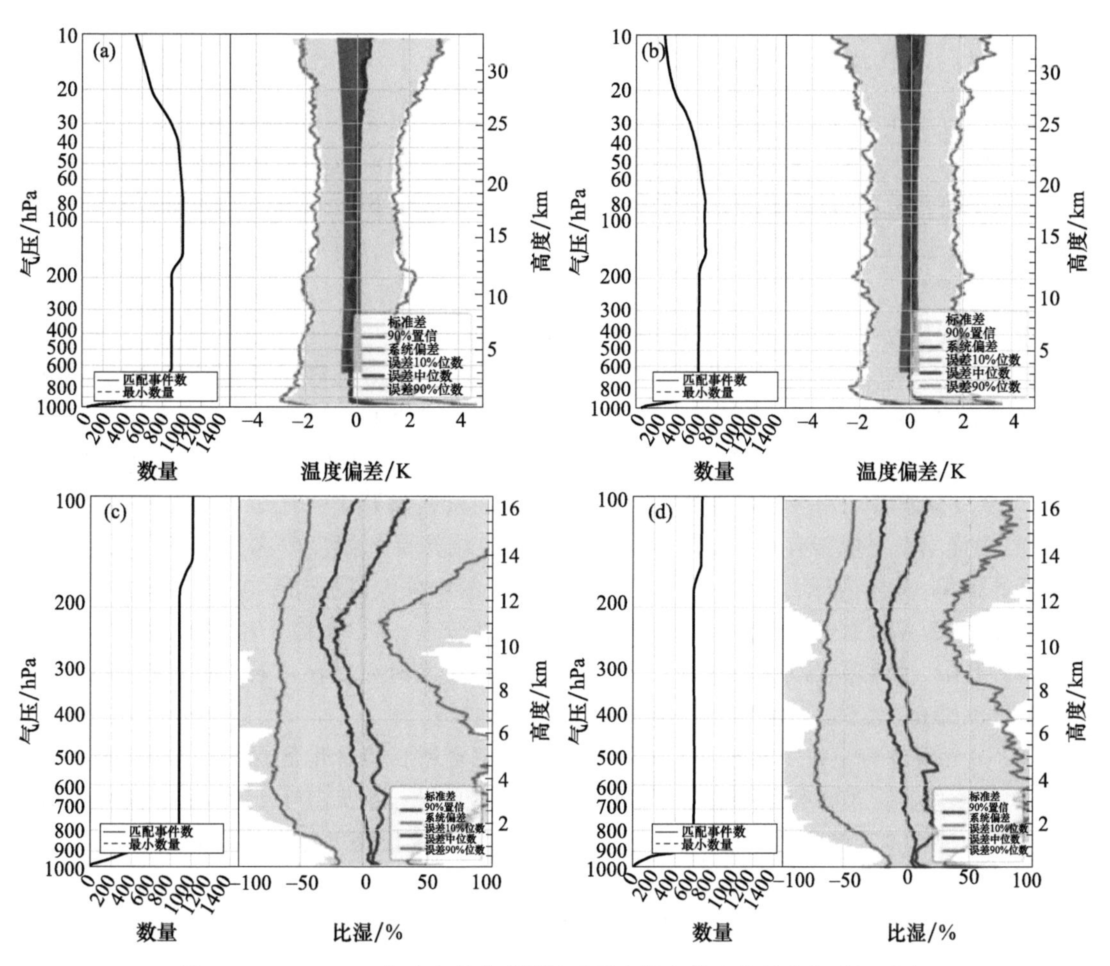

图 7-9　2011—2013 年高空基准观测站无线电探空仪和掩星在白天(a,c)和夜间(b,d)的温度(a,b)和比湿度(c,d)的全球平均偏差[61]

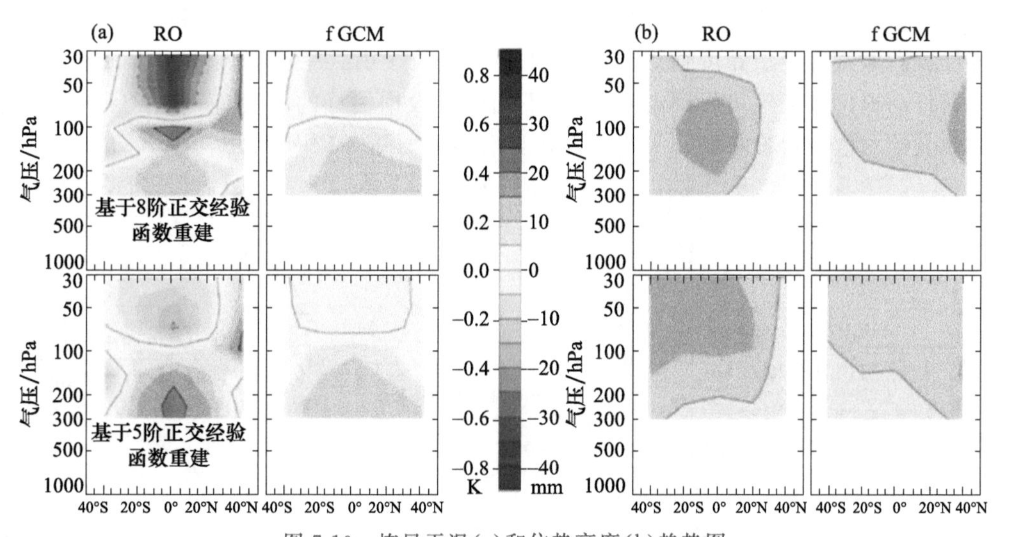

图 7-10　掩星干温(a)和位势高度(b)趋势图

(1995 年 10 月、1997 年 2 月、2001 年 9 月至 2010 年 7 月)[63]

7.1.3 大气边界层高度研究

大气边界层作为最接近地球表面的大气层，是地球大气中物质、能量与动量交换的过渡层（动量耗散层），也是整个地球大气层的热量源和水汽源，其湍流运动经常会影响水分、动量和气溶胶的垂直再分配，能够影响地球的辐射平衡、大气污染物扩散和地表热通量波导，其形成方式跟地形、地貌以及季节更替紧密相关。Pincus 等阐明大气边界层高度是决定云量与云类的关键性因素[64]，各高度层、各类型云受辐射影响强度差异对大气边界层也有影响，因此，大气边界层高度研究对全球大气和气候预报有重要意义。

现阶段，大气边界层的研究资料主要包括无线电探空、星载遥感以及再分析数据。其中，无线电探空站资料作为传统边界层探测手段数据源测量精度高，基本上不受云雾雨天气条件干扰，但由于在海上难以布设探空仪设备，因此，难以应用于海洋地区的边界层高度研究。近年来，许多专家学者利用大气红外探测仪（AIRS）探测资料展开了大气边界层研究，结果表明 AIRS 自身光学通道能够有效探测地球大气各个垂直结构层的温度等参数信息，但也存在比较明显的缺陷，具体表现为两点：第一是光学通道中的红外波段遇到云层时信号衰竭现象明显，一旦遇到云雾遮盖气候条件，星载遥感资料适用性较差；第二是由于星载遥感探测资料垂直分辨率有限，纵然遥感探测资料充分，但用于边界层高度研究时仅可看作一种粗略估计，探测精度仍不够高，尚不能对全球边界层高度分布特征进行分析。

GNSS 无线电掩星技术能够极大地弥补传统探空资料在特殊地区探测的缺陷，具有全天候全球分布，垂直分辨率和水平分辨率高的优势，且不易受云雨天气干扰等特点，其廓线数据通常包含了特别多有效的边界层信息，可用于全球大气边界层高度特征的相关研究。

ROPP 软件是 EUMESATE 下属科研机构 GRAS 开发的，其最初目的是用于处理 MetOp 卫星数据，但在实际使用中，可通过调整软件配置，处理其他 GPS-LEO 掩星数据。在掩星数据处理过程中，ROPP 可以对无线电掩星数据进行预处理和质量控制，还可通过一维变分同化获得掩星湿大气廓线。ROPP 是基于 Fortran90 开发的开源代码，在 Linux 系统下运行。在 ROPP 9.0 版本中已经实现了基于各种无线电掩星廓线数据（包括弯曲角和折射率）的最大垂直梯度位置的大气边界层高度估计。图 7-11 显示了位于南太平洋海区积云区域利用无线电掩星数据诊断得出的大气边界层高度示例，不同廓线数据估计的高度有一定区别。由折射率梯度的最大绝对值位置诊断的月平均大气边界层高度如图 7-12 所示。

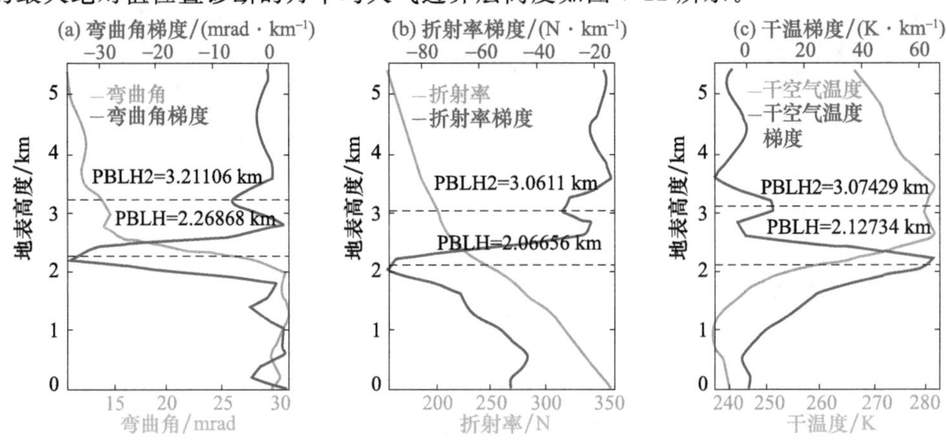

图 7-11 基于掩星的弯曲角(a)、折射率(b)和干温(c)确定的南美洲西海岸海区(108°W,25°S)附近大气边界层高度

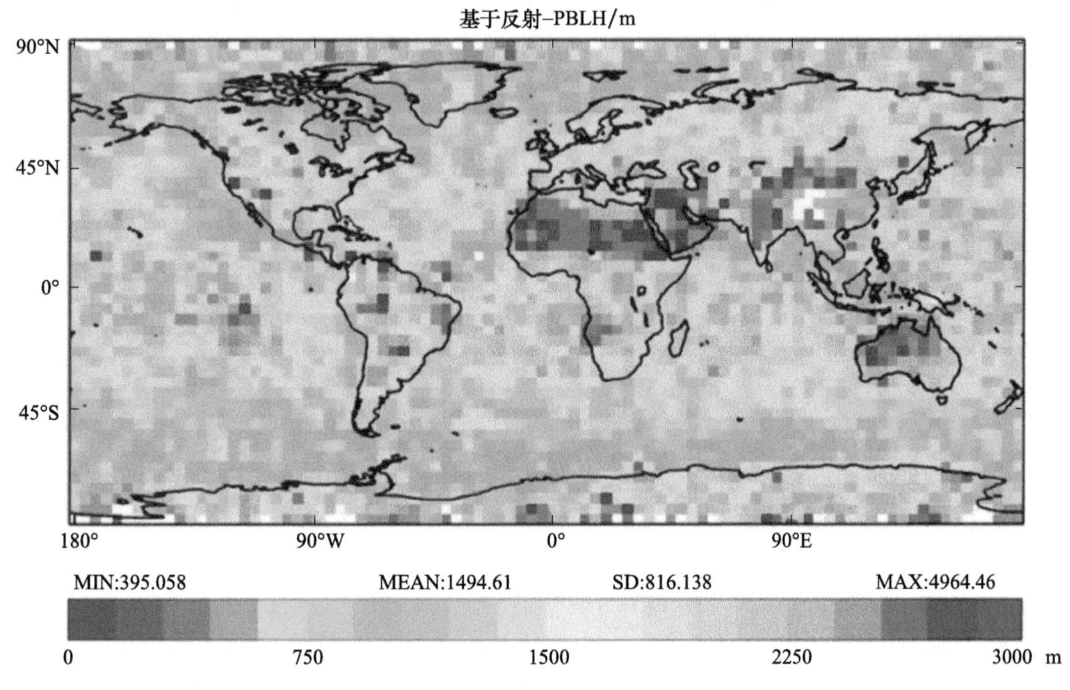

图 7-12　基于 2013 年 4 月的所有可用掩星折射率数据确定的月平均大气边界层高度

未来利用无线电掩星数据开展大气边界层高度研究工作可能还包括：

(1)分析掩星垂直分辨率、空间位置、掩星种类(上升掩星或下降掩星)、对流层底部无线电掩星数据处理方法、季节和年份等对不同大气边界层高度的影响，如果掩星数据被同化或用作模型开发的参考数据集，这是必不可少的。

(2)评估大气边界层高度对水平梯度误差(包括电离层中的误差)的影响，最近的研究结果表明影响可达 100 m[65]。

(3)一旦更好地了解上述影响结果，评估无线电掩星数据作为气候数据记录就具有实际价值，从气候模型场中生成干温、折射率或弯曲角将很简单，这些可以直接与无线电掩星观测得出的大气边界层高度进行比较。

7.1.4　重力波研究

在中高层大气中存在着各种各样的波动，大气重力波作为大气波动的基本形式之一，能够传播扰动，传递能量和动量，耦合和连接大气层，并且影响大气热力学和环流结构，在中高层大气中发挥着重要的作用。重力波在向上传播和破碎过程中产生的驱动力是中层大气结构的重要驱动源，许多重要的大气过程是由重力波控制的，特别是重力波(GW)传输动量的能力对循环有影响。例如，由破碎的重力波驱动的平流层准双年振荡[66]、平流层极涡的形成[67]和夏季半球经向传输[68]。重力波还在触发极地平流层云和卷云成核方面发挥作用[69]。重力波还会辐合到带电荷的电离层，在那里它们可以对通信和导航系统造成干扰。因此，研究重力波的分布特性和行为无论对天气预报还是长期气候变化预测都至关重要。

目前，许多最新的大气环流模式(GCMS)/气候模式(CCMS)还不能解析重力波频谱的主要(l-short)部分，需对重力波进行参数化，但仍缺乏对重力波参数化的观测值约束，必须通过观测手段获得重力波测量值验证它们的参数化，提高模式预报的精度和可靠性。国内外对重力波进行了诸多研究，通过实测数据的温度廓线和风速廓线获取重力波的势能(EP)、波长及传播方向、动量通量(MF)等参数是领域内的研究热点[70]。图 7-13 显示了两种不同方法估算重力波势能的结果，一种方法是“horizontal de-trending”(水平去趋势法，对周边的廓线进行平均)；另一种是“vertical de-trending”(垂直去趋势法，使用实际廓线的平滑值)。

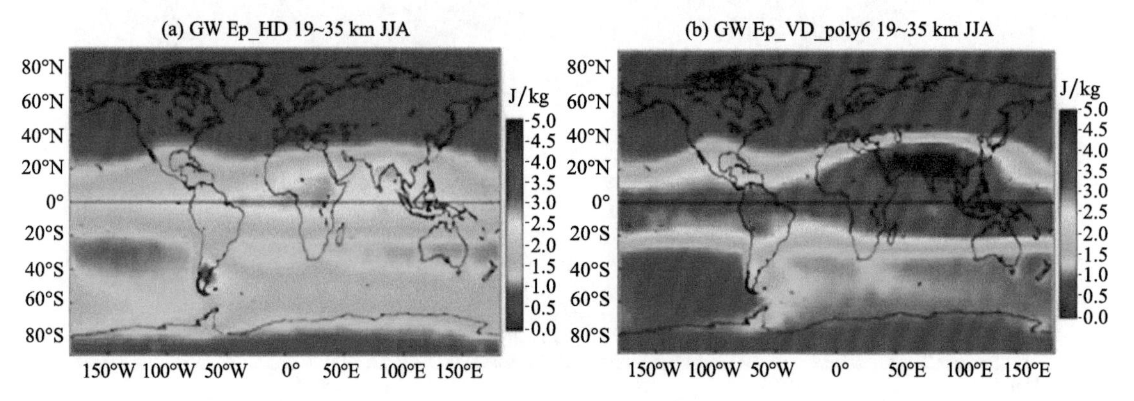

图 7-13　基于干温波动的重力波势能气候学例子(GW Ep 指重力波势能)

(a)水平去趋势；(b)垂直去趋势

(数据来源：ROM SAF CDR1 v0.0(6—8 月)。ROM SAF 是 EUMETSAT 下属的无线电掩星气象卫星地面应用设施的分散处理中心，负责处理来自 MetOp 和 MetOp-SG 卫星的无线电掩星(RO)数据以及来自其他掩星任务的无线电掩星数据的操作处理。ROM SAF 为 NWP 用户提供近实时的地球物理变量，再处理气候数据数据集(CDRs)和临时气候数据集(ICDRs)。CDR 和 ICDR 数据可被进一步处理为全球网格化月平均数据，用于气候监测和气候科学应用)

图 7-14 展示了一个从无线电掩星数据中反演得到的赤道重力波势能密度的例子。纬向平均重力波势能密度显示了赤道附近地区平流层低层风场的准双年振荡现象。它是一个双向过程，平流层中交替的西风和东风由于受到垂直重力波向下传播的阻碍，重力波产生的动量进一步推动交替。

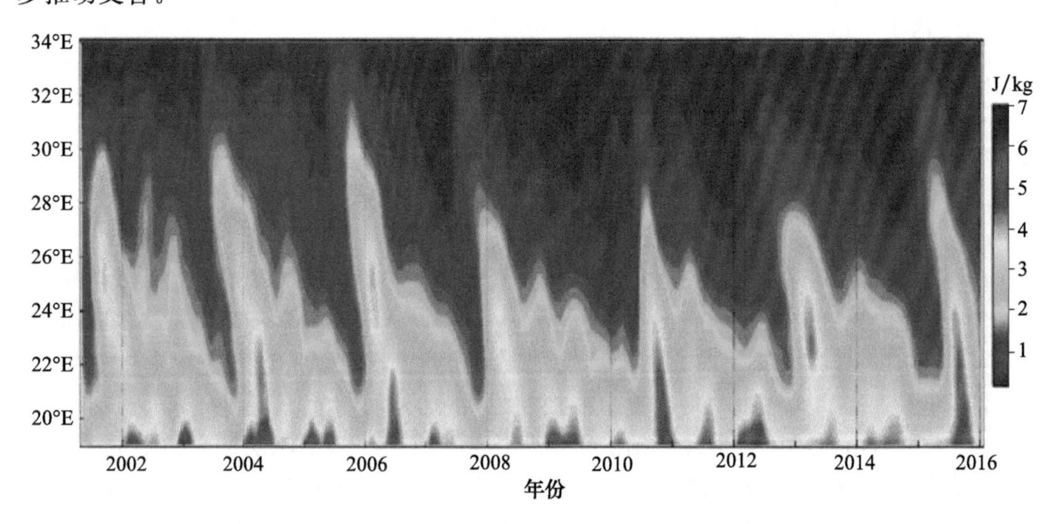

图 7-14　重力波势能沿赤道±2°的均值年变化

使用无线电掩星数据开展重力波相关工作还包括：为再处理气候数据数据集(CDRs)和临时气候数据集(ICDRs)开发实验性离线重力波产品；通过多源无线电掩星事件研究重力波层析特征以及动量通量特性；为模型验证提供数据集。

7.1.5　对流层顶高度

对流层是地球大气层中密度最大的一层，占据了整个大气层 75％的质量。大气层中 90％的水汽集中在对流层，且对流频繁，因此，众多天气现象都发生在对流层中。对流层顶是平流层和对流层的过渡区域，在这个区域对流层与平流层频繁交换气团、水汽和能量。世界各国学者利用探空气球、MST 雷达以及数值天气预报再分析等手段与资料，针对对流层顶开展了广泛研究，也取得一定成果。但传统探空手段均无法提供较高垂直分辨率的对流层顶结构数据，且成本高，已经无法满足更深层次的对流层顶结构与气候变化关系的研究需求。

GNSS 无线电掩星技术具有较高的垂直探测分辨率以及全球覆盖的特点，有效打破了探空气球、MST 雷达等观测手段的局限，被广泛应用于地球大气的三维立体探测。针对众多无线电掩星产品，学者们开展了大量科学实验。刘艳等利用 COSMIC/GPS 掩星折射率资料研究得出全球海洋边界层顶高度的季节变化、年际变化和日变化的气候学特点[71]，袁韦华等利用 COSMIC 数据分析全球对流层顶温度和高度的变化特征[72]，刘久伟等利用 COSMIC/GPS 掩星干温及干压资料探测对流层顶的高度[73]，Gobiet 等利用 CHAMP 掩星观测资料分析热带对流层顶温度和高度的分布及变化特征[74]，Schmidt 等利用 CHAMP 掩星观测资料分析对流层顶高度、温度、气压等参数的空间变化及年际变化等[75]。2022 年 Guo 等利用 FY-3C 气象卫星 GNSS 掩星数据估计对流层顶高度变化，分析了中国区域对流层顶参数的时空分布特征[76]。

Lewis 介绍了一种基于掩星弯曲角识别对流层顶高度的方法[77]。ROPP 软件中包含了利用掩星弯曲角度、折射率和干温分布来诊断对流层顶高度的工具，主要判据是温度递减率。图 7-15 分别显示了利用弯曲角度、折射率和干温诊断对流层的例子。

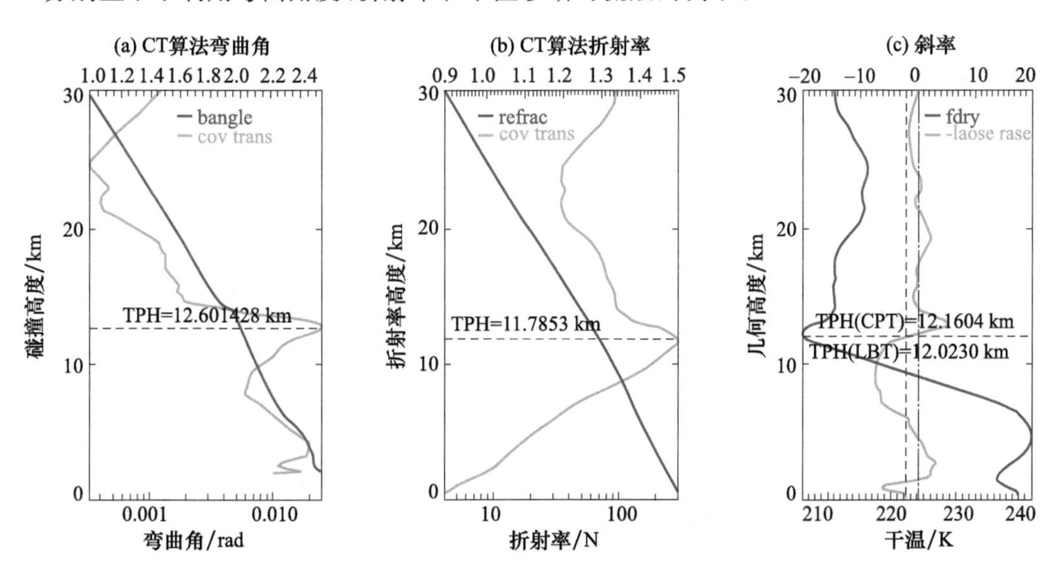

图 7-15　2009 年 5 月 1 日位于(100°W,270°S)的掩星的 TPHs 由弯曲角度(a)、折射率(b)和干温度(c)定义

图 7-16 比较了分别由 ROPP 和 GFZ 利用干温递减率变化(实际上是 WMO 对对流层顶高度的定义)推导出的纬向月平均对流层顶高度，两者基于相似的算法以及不同的数据集(ROPP 使用了 2013 年 4 月所有的无线电掩星数据，GFZ 使用了 2013 年 4 月 GRACE-A and TerraSAR-X 掩星数据)，总体来看，总体形式和平均值具有一致性。

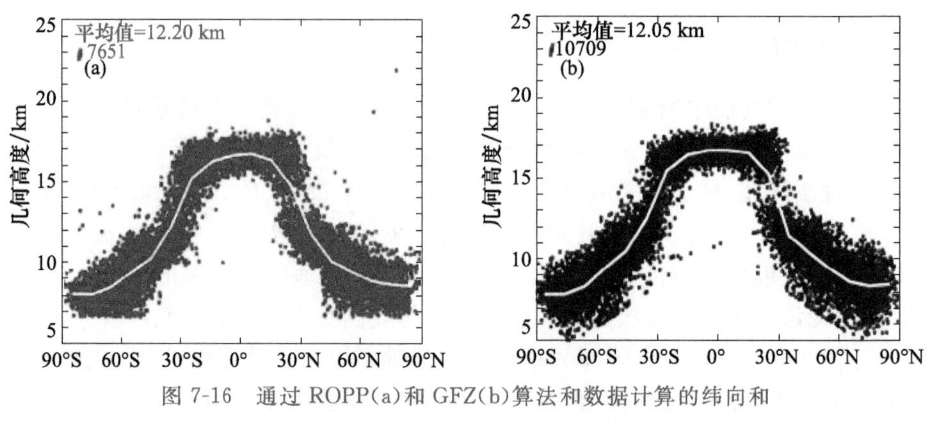

图 7-16 通过 ROPP(a)和 GFZ(b)算法和数据计算的纬向和月度(2013 年 4 月)平均干温失效率 TPH[47]

下一步使用掩星数据开展对流层顶高的研究工作可能包括：进一步理解并减少 ROPP 算法中利用不同数据诊断对流层高度方法之间的差异；确定对流层顶高度诊断结果的不确定性；开展对流层顶高度数据在深对流、亚洲季风、平流层成分、对流层-平流层交换等方面的应用等。

7.1.6 云边界参数反演

云是由大气中水汽凝结(或凝华)成的水滴、过冷水滴、冰晶或它们混合组成的漂浮于空气中的可见聚合体，在地-气系统的辐射收支和水汽循环中具有重要的调节作用，是影响气候变化的重要因子，同时云的边界参数也在空中作战、空中加油、空降垂直登陆等军事行动中发挥重要作用。因此，准确获取云的边界参数信息具有十分重要的科学意义和军事价值。

许多学者已经利用不同的卫星仪器和不同的技术来确定风暴云顶的高度研究，其研究结果在很大程度上取决于物理反演方法和使用的卫星数据[78]。首次应用“掩星弯曲角异常”方法[79]，即弯曲角度值与同一地区的气候之间的差异值分析，来检测由于强对流等极端天气而引起的异常，如图 7-17 所示。比较了几个深对流天气过程中基于星载激光雷达反演的云顶高与利用无线电探空仪反演的云顶高[80,81]，发现两者之间的误差约为 300 m，如图 7-18 所示。

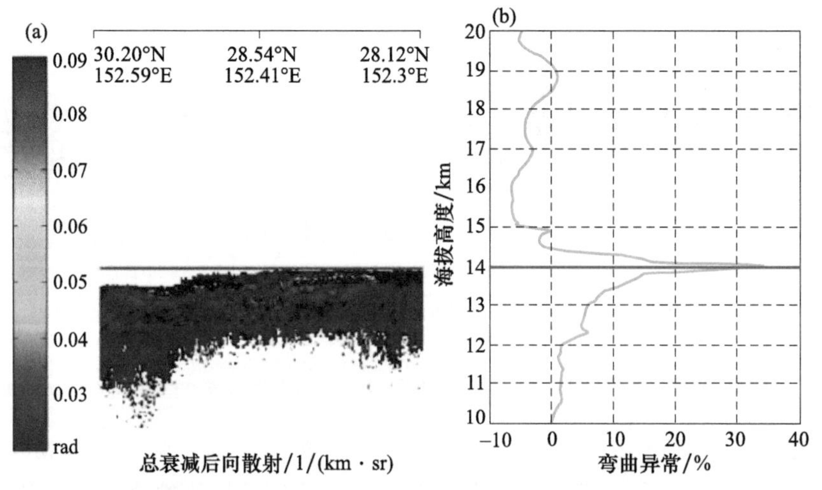

图 7-17 2008 年 4 月 14 日，在一个对流系统的 CALIOP 532 nm 处的总衰减后向散射(a)，以及对应云顶的弯曲角度异常剖面图(b)(水平的红线是弯曲角度异常尖峰对应的云顶高度)[81]

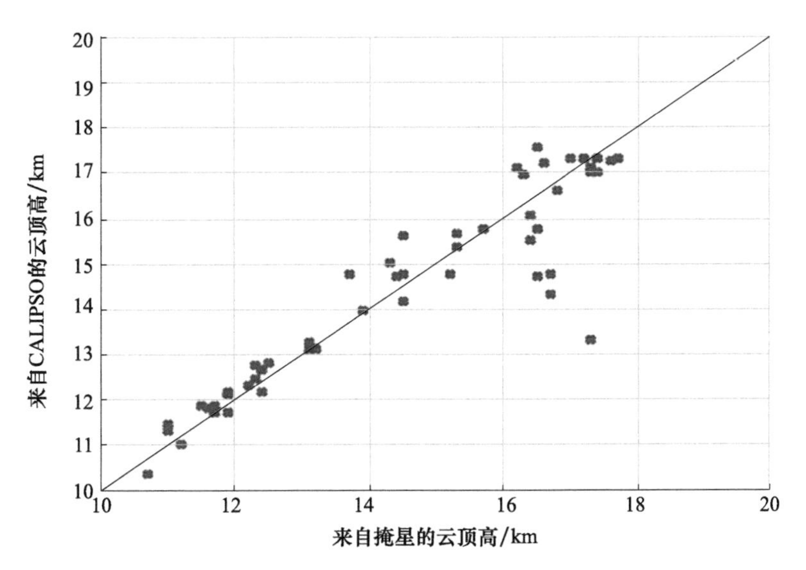

图 7-18 散点图显示了在选定的深度对流系统中，由掩星和CALIPSO 得出的云顶高度之间的相关性[81]

1995 年 Steiner 等利用无线电探空仪探测的温度和露点温度数据[19]，计算出二者温度差随高度变化的廓线，通过设定相关阈值进行云底高和云顶高的反演，进而得到云层厚度信息，但该算法会造成多数高云及多层云的漏检测，对云物理特性的研究十分不利。Wang 等对算法进行了改进[83]，利用探空仪相对湿度廓线数据进行云垂直结构的判定，并与国际卫星云气候计划(ISCCP)及地面观测结果进行对比分析，结果表明：无线电探空仪对中低云的检测结果与地面观测保持较好的一致性，但对高云和多层云的检测，与 Poore 等相比虽有一定改进，但仍会造成约 1/3 云层很薄且分布零散的毛卷云的漏检测，一方面由于探空资料的质量随高度升高而降低，另一方面多层云的检测受探空仪湿度廓线垂直分辨率的限制[82]。严卫等在前人工作的基础上，利用 COSMIC 掩星探测资料，基于相对湿度变化检测方法对云底高反演进行了研究[84]。

下一步，在应用 GNSS 掩星探测资料实现云边界参数的反演时，一方面需进一步提高掩星的探测精度，获取更准确的探测资料；另一方面需实现多种设备的联合探测并改进反演算法，从而得到更准确的云边界参数信息。

7.2 电离层掩星应用研究

7.2.1 全球电离层变化规律研究

电离层的主要特性由电子密度、电子温度、碰撞频率、离子密度和离子温度等基本参数来表示，其中最重要的研究对象是电子密度随高度的分布，电离层电子密度随季节、经度、纬度、太阳活动具有复杂的变化，其变化可以分为日复一日、重复出现的规律性变化和随机、不规则、不均匀变化。图 7-19 所示的电子密度廓线中，存在几个重要的电离层特征参数——电子密度峰值(NmF2)，即电子密度最高的值；峰值对应的高度(hmF2)，即电子密度达到峰值时对应的地球大气高度；电离层标高(Hsc)。

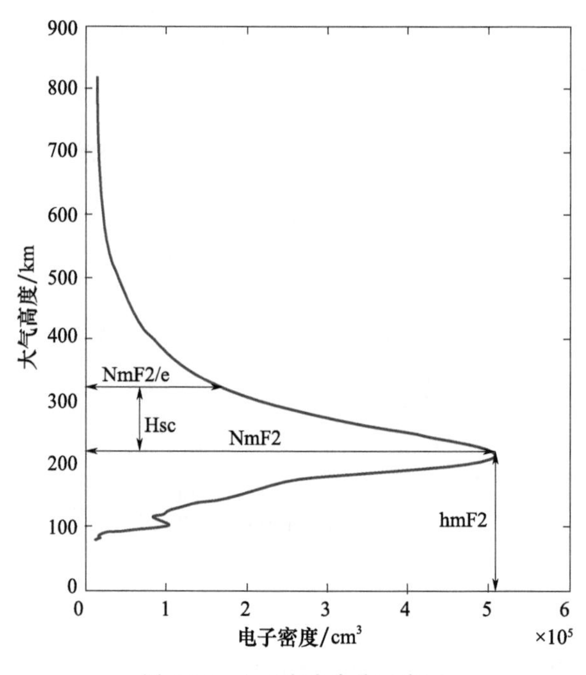

图 7-19　电子密度廓线示意图

hmF2 参量获取主要是通过地基探测，包括电离层测高仪、地基雷达和火箭实地探测等，以及通过国际电离层参考模式 IRI 获取[85-87]。然而，这些观测方式以及模型具有一定的局限性，无法获得精确的全球 hmF2 分布，自 2001 年以来，越来越多的学者通过利用掩星探测手段来对 hmF2 的全球空间分布特性进行研究[88-90]。利用全球导航卫星系统掩星数据统计分析了全球 f0F2 和 hmF2 的周年变化性、日变化特性以及季节变化特性，并通过与日本地区测高仪站 f0F2 数据进行对比，分析了两种探测方式获取电离层参数的相关性。

同时，电离层与太阳辐射及太阳活动密切相关，日食可能会给电离层带来复杂的动力学和化学过程，引起电离层形态及结构在短时间内发生快速变化。2014 年王虎等利用 COSMIC 掩星数据反演的电子密度廓线[91]如图 7-20 所示，可以看出 2009 年 7 月 22 日在亚洲和太平洋区域发生的日全食期间 SHAO 站上空 NmF2 的垂直变化特征，比较明显的是日全食期间通过掩星事件的电子密度峰值 NmF2 比相应平静日时刻的 NmF2 有所下降，随着高度的增加，电子密度的相对下降幅度逐渐减小，鉴于现阶段掩星观测时间分辨率的限制，掩星反演结果还无法呈现出类似于连续的曲线或全球电离层图这样更直观的观测结果，但未来更多的掩星卫星以及海量的掩星观测数据将使这一问题得到解决。

电离层偶发 E 层(Es)强度是指在距离地面 80～130 km 处出现的局部电离增强结构，其电子密度可以超过常规 E 层电子密度的 10～100 倍[92]，垂直厚度为 0.5～5 km，大多发生在夏季的中纬度地区。Es 的形成受到太阳活动强度、地球磁场、中性风场和平流层重力波等多种因素的影响，并且 Es 在高纬度地区、中纬度地区和低纬及赤道地区的产生机制也并不完全相同[93]。目前关于中纬度地区的 Es 被广泛认可的成因解释是风剪切理论[94,95]。随着无线电掩星技术的发展，对 Es 的研究不再局限于地基观测台站的局部区域，而是可以通过掩星观测资料实现全球范围内 Es 分布特征和变化规律的研究。Hocke 等使用 1995 年 6 月、7 月、10 月和 1997 年 2 月共计四个月的 GPS/MET 掩星观测资料[96]，研究发现 Es 结构存在明显的季节依赖，并且主要发生在夏季半球和 90～110 km 的高度；2008 年 Anthes 等基于 COSMIC、GRACE 和 CHAMP 三个卫星系统观测的 2002 年 1 月至 2007 年 12 月的掩星数据[97]，以5°×5°的空间分辨率提供了 Es 发生频率的全球分布地图；2016 年杨晶晶等基于 FY-3C 掩星数据研究了 Es 全球分布特征与变化趋势[98]。

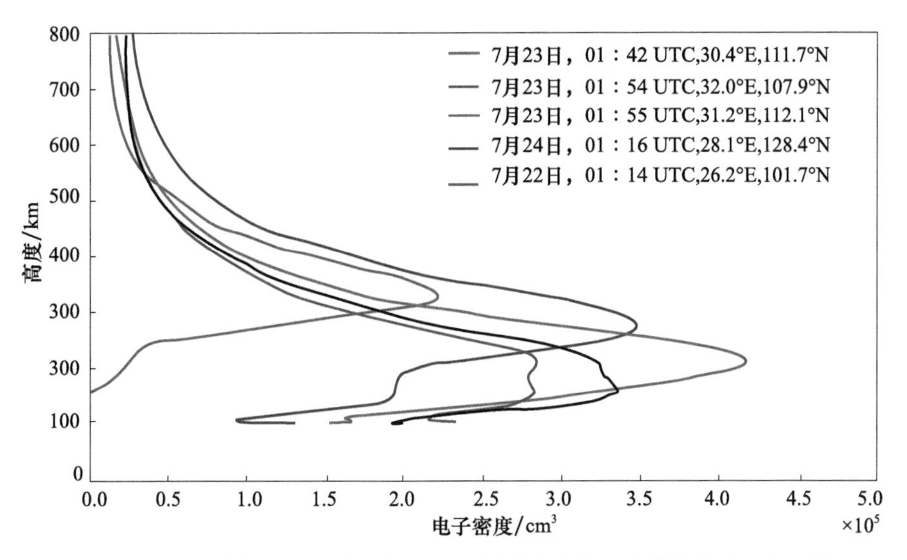

图 7-20　日全食期间和平静日在 SHAO 站所发生掩星事件的电子密度比较

7.2.2　改进电离层经验模型

电离层经验模型是基于大量的观测数据，从中提取电离层各个周期项的平均值，利用比较简单的解析公式对电离层进行表达形成的模型。常用的电离层经验模型有国际电离层参考(IRI)模型、Klobuchar 模型和 NeQuick 模型。

(1)国际电离层参考(IRI)模型

国际电离层参考(IRI)模型作为最广泛使用的经验电离层模型，能够提供多种电离层参数的信息，如电子温度、离子温度、离子漂移等，并能计算出任意指定时间和经纬度的 60～2000 km 的电子密度和总电子含量(TEC)。IRI 是由国际空间委员会(COSPAR)和国际无线电联盟(URSI)共同资助的项目，并在 2014 年成为国际标准组织(ISO)的官方电离层标准。建模时主要使用垂测仪、非相干散射雷达等地基观测数据、卫星观测数据以及探空火箭的数据。自 1972 年以来，IRI 模型不断改进，并发行了多个版本，本质上是基于多源数据融合，反映的是电离层平静时期的平均状态。COSPAR 和国家空间科学数据中心提供了国际参考电离层的 Fortran 源程序以及相关详细说明和在线计算方式(http://nssdcftp.gsfc.nasa.gov/models/ionospheric/iri/)。

(2)Klobuchar 模型

Klobuchar 模型近似描述了整个垂直电离层折射，并可计算码测量值垂直时间延迟。GPS 和北斗导航电文中广播的电离层采用的就是该模型的系数。该模型把白天的时延看成是余弦函数中正的部分，将晚间的电离层时延视为常数，取值为 5 ns。大量观测资料的验证结果表明，该模型在中纬度地区比较适合，但从全球应用角度来考虑，Klobuchar 模型的改正效果一般在 50%～60%，在磁暴条件下精度较差。

(3)NeQuick 模型

NeQuick 模型由意大利萨拉姆国际理论物理中心(ICTP)和奥地利格里兹大学的地球物

理、天体物理与气象研究所(IGAM)共同开发,该模型已经被国际电信联盟的无线电通信部门(ITU-R)采纳用作 TEC 建模,同时该模型也被欧洲伽利略全球导航定位系统采用为其单频用户计算电离层延迟改正。该模型是基于电离层经验气候学的三维、时间依赖的电离层电子密度模型,通过输入 6 个太阳活动相关的参量:太阳黑子数或者太阳辐射流量、月份、地理经度和纬度、高度以及世界时即可计算出月平均的电子密度。模型在 E 层和 F 层上有与 IRI 模型相当的精度。该模型设计时侧重跨电离层传播应用,可以计算任意两点之间的斜路径 TEC,因而也用作电离层掩星反演的背景电离层。

目前,国际参考电离层模型 IRI 中利用 F2 层传输因子 M(3000)F2 参量来得到 hmF2,二者的转换方程只有在近似假设电子密度与高度呈抛物型相关的条件下才能成立[99],这一假设与实际情况并不完全相符。研究表明,在高纬地区 IRI 模型值超出测高仪实测值的 30%左右,在赤道附近则低估达 40%左右[100]。很多学者利用不同的观测数据和方法对 hmF2 的建模进行了研究,使用经验正交函数(EOF)[101,102]、使用球谐函数构造了全球 hmF2 经验模型[103],分别使用不同的数学表达来描述 hmF2 的全球变化和日变化[104]。但是,这些模型都是基于地基测高仪数据建立的。虽然地面测站已经积累了较长时间的电离层观测数据,但全球站点的数量极为有限,且全球分布不均(在海洋上几乎没有分布)。随着掩星技术的发展,研究人员基于掩星数据也构建了一些 hmF2 模型,例如,使用勒让德函数和傅里叶展开分别描述 hmF2 的空间变化和时间变化,得到了 SMF2 模型[99],但是,SMF2 模型缺少太阳活动变化项,只能局限于太阳活动低年使用。利用非线性多项式方程[105],建立了 hmF2 的 NPHM 模型,NPHM 模型只包含 13 个系数,并且模型缺少经度变化项和地磁变化项。在此基础上,利用 CHAMP、GRACE 和 COSMIC 观测掩星探测数据[89],使用非线性多项式方程对全球 hmF2 建模,与 NPHM 模型相比,该模型采用的非线性多项式包含 315 个系数,将全球按照纬度划分为 71 个纬度带,在各纬度带内分别通过最小二乘拟合确定系数,回避了在模型中加入先验纬度变化信息,且除纬度、太阳活动、年积日和地方时外,更为全面地考虑了经度和地磁活动两项影响因素。

近年来,许多学者在利用 COSMIC 电离层掩星观测数据改进电离层顶部经验模型做了大量研究,对顶部电离层模型进行了深入的调研和分析[106],通过引入掩星探测计划 COSMIC 提供的掩星观测资料,从顶部电离层模型中分析提取电离层标高 Hsc 信息,对 IRI 顶部电离层廓线进行约束,从而提高 IRI 模型的精度,使其计算得到的顶部电子密度更接近真实的电离层情况,如图 7-21 所示。

7.2.3 电离层闪烁研究

电离层中电子密度分布不均匀,导致穿越其中的无线电信号的幅度和相位发生快速随机起伏变化的现象,称为电离层闪烁。电离层闪烁具有明显的随时空变化特性,主要发生在低纬赤道区和高纬极区,太阳活动高年时甚至出现在中纬地区,并与地方时、季节、地磁活动等密切相关。电离层闪烁通常又分为幅度闪烁和相位闪烁,并分别用幅度闪烁指数(S4)和相位闪烁指数($\sigma\varphi$)表征其闪烁强弱程度,在低纬赤道区电离层闪烁一般以幅度闪烁为主,而在高纬极区则以相位闪烁为主。中国区域覆盖中低纬地区,而南方大部分地区又是全球范围内电离层闪烁多发地区。因此,电离层闪烁会以多种方式影响 GNSS 接收器的性能,开展电离层闪烁特性研究对于全球导航卫星系统高精度应用具有重要意义。

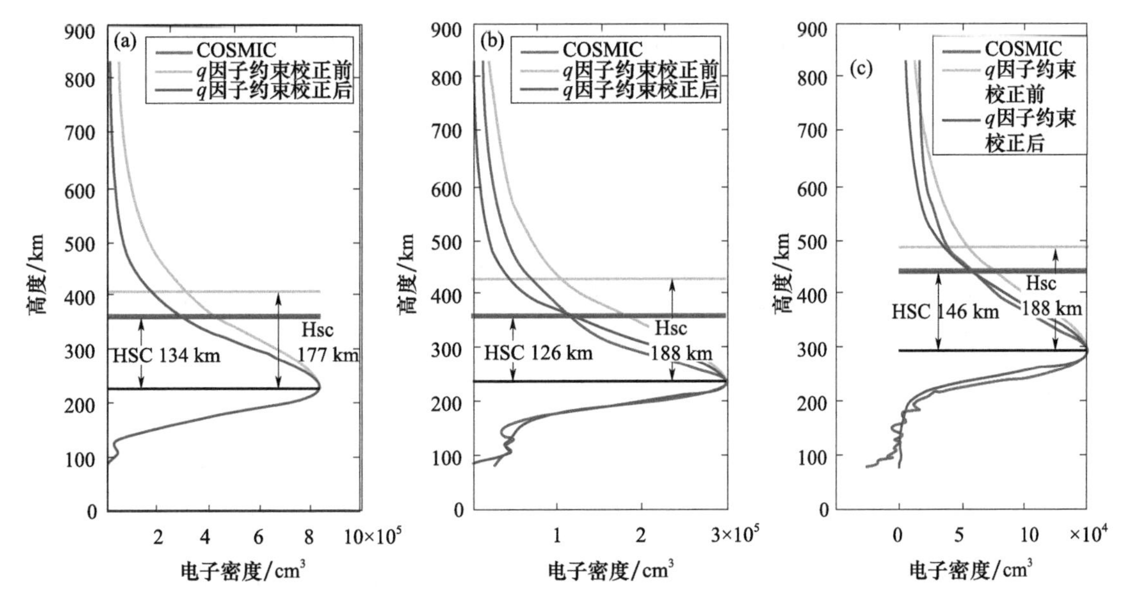

图 7-21　比例高度约束引入 IRI 前后，三个反演结果与检索对应的 COSMIC 模拟轮廓的比较结果

无线电掩星探测可用于补充原位和地面观测的缺陷，近年来，有学者开始利用 COSMIC 掩星观测的振幅闪烁指数 S4 或 GPS L1 和 L2 频点信号的幅度和相位数据等，来研究全球 L 波段电离层闪烁、赤道 F 区不规则体和 Es 的气候学特征，下一步还需要促进以下方面的研究：

(1)在赤道、极光和极地电离层中运行的不稳定机制。

(2)在赤道、极光和极地电离层中形成的不规则尺度。

(3)赤道、极光和极地电离层中等离子体不稳定性机制的建模。

(4)电离层对特定空间天气事件的响应。

(5)跨电离层传播中不同散射方式的建模。

在高纬度和低纬度的电离层中，大部分不规则性平均在 100～600 km 延伸(电离羽流在低纬度达到 1000 km)，假设 GNSS 信号在相位屏幕近似下衍射散射，观测的典型菲涅尔频率可能超过 100 Hz(在 L1 频率)，这使得未来一些新的无线电掩星接收机(如闭环和开环并行测量、采样率 200～250 Hz、多星座兼容等)更适合于捕获等离子体不规则特性。

7.2.4　三维 TEC 重构

为满足卫星导航、通信和雷达等许多无线电信息系统高精度电离层误差修正的需要，获取高精度电离层三维电子密度分布对上述系统应用及空间天气研究等领域均具有重要的理论意义和实用价值。在电离层研究和应用过程中，电离层的三维电子密度分布通常需要借助电离层模型计算得到，例如 IRI 模型、NeQuick 模型等，作为常用的电离层“气候学”模型，这些模型输出的电子密度参量都是给定条件下的月中值，只能描述电离层的平均状态，而无法反映电离层每天的真实变化。

随着电离层探测数据资源的日益丰富，很多学者开始提出融合多源数据的电离层电子密度重构方法。Brunini 等提出了一种能够同时融合 GPS TEC 和 COSMIC 卫星掩星电子密度数据的电离层三维电子密度重构方法[104]，该方法利用 Kalman 滤波方法对国际电信联盟无线电咨询委员会(CCIR)的 1448 组系数进行了更新，有效提升了 NeQuick 模型的倾斜 TEC 及电子密度的重构精度。仵梦婕等基于 Chapman 函数与球谐函数，吸收 GNSS 的倾斜 TEC、卫星雷达高度计垂直 TEC 及 COSMIC 卫星倾斜 TEC 数据，利用非线性最小二乘技术实现了全球三维电子密度的重构[106]。相比单纯吸收 TEC 数据的方法，这些方法可提高 hmF2 的重构精度，但缺点在于需要估算大量的未知系数，这需要大量的观测数据作为支撑，难以满足观测数据较为稀疏的区域的电离层重构需求；同时，这些方法还需要观测数据有良好的空间覆盖性，否则容易导致电子密度重构结果不稳定。欧明等在前人研究成果的基础上，以国际参考电离层模型 IRI-2016 为背景模型，选择 IG 指数与 Rz 指数作为驱动量，采用 Brent 算法将地基 GNSS 数据和 COSMIC 掩星电子密度分步同化到 IRI 模型中，实现了 IRI 模型最优化 IG 指数与 Rz 指数的提取，重构得到的电离层 NmF2 和 hmF2 精度均有明显提高[107]。

7.2.5 电离层同化

随着近年来电离层数据同化理论的蓬勃发展，全球导航卫星系统的空前发展和地基观测网的迅速增加，利用数据同化方法，建立既包含内在物理过程，又反映真实观测，同时满足人们对电离层空间天气现报要求的模型，成了电离层研究和应用领域的重点内容之一。数据同化在气象学和海洋学领域已经得到了广泛使用，并积累了诸如最优估计理论、卡尔曼滤波、变分同化等一系列算法，其基本原理是在基于物理机制的背景模型上加入时空不规则分布的观测资料，将观测值通过同化过程融合到背景模型中，使模型与数据相互匹配以达到更精确的分析结果。

目前，国外使用的电离层数据同化模式包括多仪器数据分析系统（MIDAS）、电子密度同化模式（EDAM）、GPS 电离层反演系统（GPSII）、The Texas Reconfigurable Ionosphere Plasmasphere Logarithmic Data Assimilator（TRIPL-DA）。还有一些数据同化模式，它们使用物理模型作为背景，例如犹他州立大学电离层测量全球同化模型（USU-GAIM）、喷气动力实验室和南加州大学共同开发的全球同化电离层模型（JPL/USCGAIM）等。在 Bust 等中可以找到电离层数据同化模型的详细描述[108]。

在同化电离层无线电掩星数据时，有许多不同的方法，例如，Angling 和 Komjathy 等分别将 COSMIC 掩星的 TEC 数据和地基 TEC 数据同化到电子密度同化模式（EDAM）和 JPL-GAIM，评估无线电掩星数据的影响[109,110]；Lin 等同样使用卡尔曼滤波方法同化无线电掩星 TEC 数据检验了非平稳背景模型误差协方差的影响[111]。Lee 等使用 NCAR 数据同化研究试验台（DART）开展了集合卡尔曼滤波试验[112]，将无线电掩星数据同化到热层/电离层耦合模型（TIE-GCM）。大多数电离层无线电数据的同化研究集中在电离层 F 层，但是，2009 年 Nicolls 等描述了一种通过首先使用建模和去除 F 区域梯度来提取 E 区域轮廓的方法[113]，IDA3D 是一个基于三维变分方法的数据同化模式，2006 年 Garner 等利用该模式与 COSMIC 数据一起开展了地磁暴期间的电离层重构研究[114]。

总体来看，电离层无线电掩星数据的同化还应该侧重解决一些基础性问题，例如鉴于已使用先前 RO 仪器进行的 DA 研究，用于 RO 数据同化的 EPS-SG 科学计划应侧重于解决基本问题，这些问题将适用于电离层研究中采用的广泛 DA 技术，同化要素的选择、测量误差特性分析、观测算法的开发等。

(1)Abel 逆变换产品同化

未来很可能会继续使用标准的 Abel 方法来反演电子密度产品，该方法包含了两个假设条件，一是假设信号传播路径为直线；二是假设电子密度从低轨卫星到导航卫星几何对称。因此，反演结果会存在一定误差，但这些数据仍可以与其他数据源一起为数据同化方案增加价值。因此,基于Abel方法反演产品增强其他数据类型(地基TEC、探空仪等)的能力应该进行同化评估。

(2)增强Abel逆变换产品同化

与标准的Abel逆变换反演类似,增强的Abel逆变换结果也应作为潜在输入数据同化模型进行评估,这些研究将提供基线结果,可以使用更先进的方法衡量进一步的改进。

(3)电离层总电子含量同化

随着全球定位系统的使用,采用GNSS双频信标测量获取电离层TEC参量成为当前最为重要和广泛采用的方法。使用3D观测算子可以非常方便地同化TEC,其方式类似于使用地面倾斜TEC同化方式,但是,选择如何导出TEC(例如,使用哪个相位/伪相位组合)会影响测量结果的误差特性,Syndergaard等对此进行了讨论[115],但目前在这方面的研究还相对较少。另外,TEC的大小通常由F区域主导,因此同化TEC可能对E区域和E/F谷的变化不敏感,如前所述,Nicolls等使用两个步骤分别同化E区和F区来缓解这种情况[113],未来应开展其他方法的研究。

(4)弯曲角同化

另一种同化方法是摄取基于GNSS信号的多普勒频移产品。对于中性大气模型,这通常是通过估计弯曲角并将其同化来完成的,弯曲角度的反演依赖于球对称的假设,由于弯曲角对电子密度的垂直梯度很敏感,因此可以提供更好的方法来捕获有关电离层底部结构的信息。最初基于一维弯曲角算子,然而,中性大气中数据同化的经验表明二维弯曲角算子更好[97],因此也应该被开发和评估。

(5)中性大气/电离层联合同化

由于射线无法在大气中穿透得足够低,电离层数据同化不受中性大气的影响;此外,中性大气DA通常使用对弯曲角度的修正来消除电离层的影响[116]。因此,中性大气和电离层数据同化工作是独立进行的,然而随着下一步向全大气模型发展,可以在同一数据同化方案中持续开展中性大气数据和电离层数据同化。

7.3 小结

综上所述,掩星大气探测资料在天气分析与预报、气候监测及研究方面的应用非常广泛。另外,掩星大气探测资料在军事应用上也非常广泛,例如可为精确打击武器提供不可或缺的大气装订参数,为高超声速飞行器提供临近空间大气环境保障,为航天飞行器、军事通信、导航定位等提供重要的空间天气保障,为数值天气预报提供大气初始场数据,具有非常高的经济价值和军事价值。

参考文献

[1]余江林,寇正,项杰,等. 掩星弯角资料同化在一次暴雨过程中的应用[J]. 暴雨灾害,2014(2):181-186.

[2]郭鹏,严豪健,洪振杰,等. 中性大气掩星标准反演技术[J]. 天文学报,2005(1):96-107.

[3]BAI W,DENG N,SUN Y,et al. Applications of GNSS-RO to numerical weather prediction and tropical cyclone forecast[J]. Atmosphere,2020,11(11):1204.

[4]KUO Y H,SOKOLOVSKIY S V,ANTHES R A,et al. Assimilation of GPS radio occultation data for nu-

merical weather prediction[J]. Terrestrial Atmospheric and Oceanic Sciences,2000(1): 157-186.

[5]SYNDERGAARD S,KUO Y H,LOHMANN M S. Observation operators for the assimilation of occultation data into atmospheric models: A review[J]. Atmosphere and Climate,2006: 205-224.

[6]LORENC A C. Analysis methods for numerical weather prediction[J]. Quarterly Journal of the Royal Meteorological Society,1986,474(112): 1177-1194.

[7]ZOU X Z,VANDENBERGHE F V,WANG B W,et al. A ray-tracing operator and its adjoint for the use of GPS/MET refraction angle measurements[J]. Journal of Geophysical Research: Atmospheres,1999(D18): 22301-22318.

[8]ZOU X,WANG B,LIU H,et al. Use of GPS/MET refraction angles in three-dimensional variational analysis[J]. Quarterly Journal of the Royal Meteorological Society,2000(570): 3013-3040.

[9]SHAO H,ZOU X. The impact of observational weighting on the assimilation of GPS/MET bending angle [J]. Journal of Geophysical Research: Atmospheres,2002(D23): 1-28.

[10]LIU H,ZOU X,SHAO H,et al. Impact of 837 GPS/MET bending angle profiles on assimilation and forecasts for the period June 20-30,1995[J]. Journal of Geophysical Research: Atmospheres,2001(D23): 31771-31786.

[11]LIU H,ZOU X. Improvements to a GPS radio occultation ray-tracing model and their impacts on assimilation of bending angle[J]. Journal Geophysical Research: Oceans,2003(D18): 45-48.

[12]BUIZZA R,BARKMEIJER J,PALMER T N,et al. Current status and future developments of the ECMWF ensemble prediction system[J]. Meteorological Applications,2000(2): 163-175.

[13]POLI P,JOINER J. Assimilation experiments of one-dimensional variational analyses with GPS/MET refractivity[J]. First CHAMP Mission Results for Gravity, Magnetic and Atmospheric Studies, 2003: 515-520.

[14]POLI P,AO C O,JOINER J,et al. Evaluation of refractivity profiles from CHAMP and SAC-C GPS radio occultation[J]. Occultations for Probing Atmosphere and Climate,2004: 375-382.

[15]SOKOLOVSKIY S S,KUO Y H,WANG W. Assessing the accuracy of a linearized observation operator for assimilation of radio occultation data: Case simulations with a high-resolution weather model[J]. Monthly Weather Review,2005(8): 2200-2212.

[16]SOKOLOVSKIY S S, KUO Y H, WANG W. Evaluation of a linear phase observation operator with CHAMP radio occultation data and high-resolution regional analysis[J]. Monthly Weather Review, 2005 (10): 3053-3059.

[17]毕研盟,廖蜜,张鹏,等. 应用一维变分法反演GPS掩星大气温湿廓线[J]. 物理学报,2013(15): 576-582.

[18]CUCURULL L,DERBER J C. Operational implementation of COSMIC observations into NCEP's global data assimilation system[J]. Weather and Forecasting,2008(4): 702-711.

[19]STEINER A K,L? SCHER A,KIRCHENGAST G. Error characteristics of refractivity profiles retrieved from CHAMP radio occultation data[J]. Atmosphere and Climate,2006: 27-36.

[20]FOELSCHE U,SCHERLLIN P B,KIRCHENGAST G,et al. Refractivity and temperature climate records from multiple radio occultation satellites consistent within 0.05 percent[J]. Atmospheric Measurement Techniques,2011(9): 2007-2018.

[21]KURSINSKI E R,HAJJ G A,BERTIGER W I,et al. Initial results of radio occultation observations of Earth's atmosphere using the global positioning system[J]. Science,1996(5252): 1107-1110.

[22]KUO Y H,WEE T K,SOKOLOVSKIY S,et al. Inversion and error estimation of GPS radio occultation data[C]//気象集誌. 第2輯,2004(1): 507-531.

[23]ZOU X,KUO Y H,GUO Y R. Assimilation of atmospheric radio refractivity using a nonhydrostatic ad-

joint model[J]. Monthly Weather Review,1995(7):2229-2250.

[24]KUO Y H,ZOU X,HUANG W. The impact of global positioning system data on the prediction of an extratropical cyclone: An observing system simulation experiment[J]. Dynamics of Atmospheres and Oceans,1998(1-4):439-470.

[25]SUI C,LI X,YANG M,et al. Estimation of oceanic precipitation efficiency in cloud models[J]. Journal of the Atmospheric Sciences,2005(12):4358-4370.

[26]CUCURULL L. Improvement in the use of an operational constellation of GPS radio occultation receivers in weather forecasting[J]. Weather and Forecasting,2010(2):749-767.

[27]MARQUARDT C,HEALY S B. Measurement noise and stratospheric gravity wave characteristics obtained from GPS occultation data[C]//気象集誌．第2輯,2005(3):417-428.

[28]HEALY S B,THEPAUT J N. Assimilation experiments with CHAMP GPS radio occultation measurements[J]. The Quarterly Journal of the Royal Meteorological Society,2006(615):605-623.

[29]朱孟斌,张卫民,曹小群．GPS掩星一维弯曲角算子在四维变分资料同化系统中的实现方法研究[J]. 物理学报,2013(18):546-553.

[30]邹逸航,马旭林,姜胜,等．COSMIC掩星资料同化对台风"天兔"预报影响的试验[J]. 海洋学研究,2017(3):9-19.

[31]KARL T R,DIAMIND H J,BOJINSKI S,et al. Observation needs for climate information,prediction and application: Capabilities of existing and future observing systems[J]. Procedia Environmental Sciences,2010:192-205.

[32]OHRING G. Environmental satellites: Innovation in action[J]. OECD Observer,2007,261:41-43.

[33]TRENBERTH K E,ANTHES R A,BELWARD A,et al. Challenges of a sustained climate observing system[J]. Climate Science for Serving Society,2013:13-50.

[34]OHRING G,WIELICKI B,SPENCER R,et al. Satellite instrument calibration for measuring global climate change: Report of a workshop[J]. Bulletin of the American Meteorological Society,2005(9):1303-1313.

[35]BOJINSKI S,VERSTRAETE M,PETERSON T C,et al. The concept of essential climate variables in support of climate research,applications and policy[J]. Bulletin of the American Meteorological Society,2014(9):1431-1443.

[36]KURSINSKI E R,HAJJ G A,SCHOFIELD J T,et al. Observing Earth's atmosphere with radio occultation measurements using the global positioning system[J]. Journal of Geophysical Research: Atmospheres,1997,102(19):23429-23465.

[37]LEROY S S,DYKEMA J A,ANDERSON J G. Climate benchmarking using GNSS occultation[J]. Atmosphere and Climate,2006:287-301.

[38]SCHERLLIN P B,STEINER A K,KIRCHENGAST G,et al. Empirical analysis and modeling of errors of atmospheric profiles from GPS radio occultation[J]. Atmospheric Measurement Techniques Discussions,2011(3):2599-2633.

[39]LADSTAEDTER F,KIRCHENGAST G,SCHERLLIN P B,et al. Quality aspects of the wegener center multi-satellite GPS radio occultation record OPSv5.6[J]. Atmospheric Measurement Techniques,2017(12):4845-4863.

[40]ANTHES R A. Exploring earth's atmosphere with radio occultation: Contributions to weather,climate and space weather[J]. Atmospheric Measurement Techniques,2011,4(6):1077-1103.

[41]HO S,PEDATELLA N,FOELSCHE U,et al. Using radio occultation data for atmospheric numerical weather prediction,climate sciences and ionospheric studies and initial results from COSMIC-2,Commercial RO data,and recent RO missions[J]. Bulletin of the American Meteorological Society,2022(11):

E2506-E2512.
[42]MONTENBRUCK O,HAUSCHILD A. GNSS orbit anfd clock determination for (near-)real-time occultation data processing[C]//OPAC-IROWG,2013: 4-11.
[43]SCHERLLIN P B,KIRCHENGAST G,STEINER A K,et al. Quantifying uncertainty in climatological fields from GPS radio occultation: An empirical-analytical error model[J]. Atmospheric Measurement Techniques Discussions,2011(3): 2749-2788.
[44]SCHERLLIN P B,RANDEL W J,KIM J. Tropical temperature variability and kelvin wave activity in the UTLS from GPS RO measurements[J]. Atmospheric Chemistry and Physics Discussions,2016(7): 1-23.
[45]HO S P,KIRCHENGAST G,LEROY S,et al. Estimating the uncertainty of using GPS radio occupation data for climate monitoring: Intercomparison of CHAMP refractivity climate records from 2002 to 2006 from different data centers[J]. Journal of Geophysical Research: Atmospheres,2009(D23): 107.
[46]ZENG Z,HO S P,SOKOLOVSKIY S,et al. Structural evolution of the madden-julian oscillation from COSMIC radio occultation data[J]. Journal of Geophysical Research: Atmospheres,2012(22): 108.
[47]SCHREINER W,HO S P,SCHERLLIN P B,et al. Quantification of structural uncertainty in climate data records from GPS radio occultation[J]. Atmospheric Chemistry and Physics,2013(3): 1469-1484.
[48]BATES J J,PRIVETTE J L. A maturity model for assessing the completeness of climate data records[J]. Eos,Transactions American Geophysical Union,2012(44): 441.
[49]STEINER A K,HUNT D,HO S P,et al. Quantification of structural uncertainty in climate data records from GPS radio occultation[J]. Atmospheric Chemistry and Physics Discussions,2012(10): 26963-26994.
[50]ALEXANDER S P,TSUDA T,KAWATANI Y,et al. Global distribution of atmospheric waves in the equatorial upper troposphere and lower stratosphere: COSMIC observations of wave mean flow interactions[J]. Journal of Geophysical Research: Atmospheres,2008(D24): 1-15.
[51]PAN C J,DAS U,YANG S S,et al. Investigation of kelvin waves in the stratosphere using FORMOSAT-3/COSMIC temperature data[J]. Journal of the Meteorological Society of Japan,2011,89:83-96.
[52]XIAO C Y,HU X. Analysis on the global morphology of stratospheric gravity wave activity deduced from the COSMIC GPS occultation profiles[J]. GPS Solutions,2010(1): 65-74.
[53]RANDEL W J,WU F,RIOS W R. ACL 7,thermal variability of the tropical tropopause region derived from GPS/MET observations[J]. Journal of Geophysical Research,2003,108(D1):4024.
[54]SCHMIDT T,HEISE S,WICKERT J,et al. GPS radio occultation with CHAMP and SAC-C: Global monitoring of thermal tropopause parameters[J]. Atmospheric Chemistry and Physics, 2005, 5(6): 1473-1488.
[55]KHAYKIN S M,POMMEREAU J P,HAUCHECORNE A. Impact of land convection on the thermal structure of the lower stratosphere as inferred from COSMIC GPS radio occultations[J]. Atmospheric Chemistry and Physics Discussions,2013(1): 1-31.
[56]HEALY S B,EYRE J R,HAMRUD M,et al. Assimilating GPS radio occultation measurements with two-dimensional bending angle observation operators[J]. Journal of Atmospheric and Oceanic Technology, 2014,31(11): 1213-1227.
[57]SCHERLLIN P B,STEINER A K,KIRCHENGAST G. Deriving dynamics from GPS radio occultation: Three-dimensional wind fields for monitoring the climate[J]. Geophysical Research Letters, 2014(20): 7367-7374.
[58]DAVIS N A,BIRNER T. Seasonal to multidecadal variability of the width of the tropical belt[J]. Journal of Geophysical Research: Atmospheres,2013(14): 7773-7787.
[59]FELTZ M,FELTZ M,KNUTESON R,et al. Application of GPS radio occultation to the assessment of temperature profile retrievals from microwave and infrared sounders[J]. Atmospheric Measurement Tech-

niques,2015(7): 3751-3762.
[60]GLEISNER H,THEJLL P,CHRISTIANSEN B,et al. Recent global warming hiatus dominated by low latitude temperature trends in surface and troposphere data[J]. Geophysical Research Letters,2016,11: 4-16.
[61]LADSTÄDTER F,STEINER A K,SCHWÄRZ M,et al. Climate intercomparison of GPS radio occultation,RS90/92 radiosondes and GRUAN from 2002 to 2013[J]. Atmospheric Measurement Techniques,2015,1:2-8.
[62]WEE T K,KUO Y H,LEE D K,et al. Two overlooked biases of the Advanced Research WRF (ARW) model in geopotential height and temperature[J]. Monthly Weather Review,2012(12): 3907-3918.
[63]STEINER A K,LACKNER B C,LADSTÄDTER F,et al. GPS radio occultation for climate monitoring and change detection[J]. Radio Science,2011,46(6): 1-17.
[64]PINCUS R,MCFARLANE S A,KLEIN S A. Albedo bias and the horizontal variability of clouds in subtropical marine boundary layers: Observations from ships and satellites[J]. Journal of Geophysical Research,1999,104(D6): 6183-6191.
[65]ZENG Z,SOKOLOVSKIY S,SCHREINER W,et al. Ionospheric correction of GPS radio occultation data in the troposphere[J]. Atmospheric Measurement Techniques,2016,9(2): 335-346.
[66]LINDZEN R S,HOLTON J R. A theory of quasi-biennial oscillation[J]. Bulletin of the American Meteorological Society,1968,25: 1095-1107.
[67]GARCIA R R,BOVILLE B A. "Downward Control" of the mean meridional circulation and temperature distribution of the polar winter stratosphere[J]. J Atmos,1994,51(15): 2238-2245.
[68]ALEXANDER M J,ROSENLOF K H. Nonstationary gravity wave forcing of the stratospheric zonal mean wind[J]. Journal of Geophysical Research: Atmospheres,1996,101(D18): 23465-23474.
[69]SPICHTINGER P,GIERENS K,WERNLI H. A case study on the formation and evolution of ice supersaturation in the vicinity of a warm conveyor belt's outflow region[J]. Atmospheric Chemistry and Physics,2005(4): 973-987.
[70]ŠÁCHA P,FOELSCHE U,PI? OFT P. Analysis of internal gravity waves with GPS RO density profiles [J]. Atmospheric Measurement Techniques,2015(12): 4123-4132.
[71]刘艳,唐南军,杨学胜. 利用COSMIC/GPS掩星折射率资料研究海洋边界层高度的特点[J]. 热带气象学报,2015,31(1):43-50.
[72]袁韦华,徐寄遥,马瑞平. 利用COSMIC数据分析全球对流层顶温度和高度的变化特性[J]. 空间科学学报,2009(3): 8.
[73]刘久伟,韩科月. 利用COSMIC/GPS掩星干温及干压资料探测对流层顶的高度[J]. 测绘科学技术学报,2018(2): 121-125.
[74]GOBIET A,FOELSCHE U,STEINER A K,et al. Climatological validation of stratospheric temperatures in ECMWF operational analyses with CHAMP radio occultation data[J]. Geophysical Research Letters,2005,32(12): 128.
[75]SCHMIDT T,BEYERLE G,HEISE S,et al. A climatology of multiple tropopauses derived from GPS radio occultations with CHAMP and SAC-C[J]. Geophysical Research Letters,2006,33: 4-8.
[76]GUO J B,CHENG L D,JIN S G. Improvement of fengyun 3C spaceborne GNSS occultation temperature profile using machine learning method[J]. Journal of Nanjing University of Information Science and Technology(Natural Science Edition),2022(6): 667-673.
[77]LEWIS H W. A robust method for tropopause altitude identification using GPS radio occultation data[J]. Geophysical Research Letters,2009,36:1-18.
[78]SHERWOOD S C,CHAE J H,MINNIS P,et al. Underestimation of deep convective cloud tops by thermal imagery[J]. Geophysical Research Letters,2004,31(11): 102.

[79]BIONDI R, NEUBERT T, SYNDERGAARD S, et al. Radio occultation bending angle anomalies during tropical cyclones[J]. Atmospheric Measurement Techniques, 2011, 4(6): 1053-1060.

[80]BIONDI R A, HO S P, RANDEL W D, et al. Tropical cyclone cloud-top height and vertical temperature structure detection using GPS radio occultation measurements[J]. Journal of Geophysical Research: Atmospheres, 2013, 118(11): 5247-5259.

[81]BIONDI R, RANDEL W J, HO S P, et al. Thermal structure of intense convective clouds derived from GPS radio occultations[J]. Atmospheric Chemistry and Physics, 2012, 12(12): 5309-5318.

[82]POORE K D, WANG J, ROSSOW W B. Cloud layer thicknesses from a combination of surface and upper-air observations[J]. Journal of Climate, 1995, 8: 550-568.

[83]WANG J, ZHANG L, DAI A, et al. A near-global, 2-hourly data set of atmospheric precipitable water from ground-based GPS measurements[J]. Journal of Geophysical Research: Atmospheres, 2007, 112: 101-107.

[84]严卫，韩丁，陆文，等．基于 COSMIC 掩星探测资料的云底高反演研究[J]．地球物理学报，2012(1)：1-15.

[85]BALAN N, OTSUKA Y, FUKAO S, et al. Annual variations of the ionosphere: A review based on MU radar observations[J]. Advances in Space Research, 2000, 25(1): 153-162.

[86]AZPILICUETAA F, ALTADILLB D, BRUNINIA C, et al. A comparison of the LPIM-COSMIC F2 peak parameters determinations against the IRI (CCIR) [J]. Advances in Space Research, 2015, 55 (8): 2012-2019.

[87]MARUYAMA T M, MA G Y, TSUGAWA T T, et al. Ionospheric peak height at the magnetic equator: Comparison between ionosonde measurements and IRI[J]. Advances in Space Research, 2017, 60(2): 375-380.

[88]KRANKOWSKI A, ZAKHARENKOVA I, KRYPIAK G A, et al. Ionospheric electron density observed by FORMOSAT-3/COSMIC over the European Region and validated by ionosonde data[J]. Journal of Geodesy, 2011, 85(12): 949-964.

[89]刘桢迪，方涵先，翁利斌，等．基于 CHAMP、GRACE 和 COSMIC 掩星数据的全球电离层 hmF2 建模研究[J]．地球物理学报，2016(10)：3555-3565.

[90]刘祎，孙睿迪，周晨，等．GNSS 掩星探测数据的 f0F2 和 hmF2 全球分布特征[J]．遥感学报，2018(A1)：81-92.

[91]王虎，刘志强，白贵霞，等．利用 COSMIC 掩星数据监测电离层的异常变化[J]．空间科学学报，2014，34(1)：46-52.

[92]ZENG X Y, XUE X H, YUE X A, et al. Global statistical study of ionospheric waves based on COSMIC GPS radio occultation data[J]. Chinese Physics Letters, 2018, 35(10): 1-14.

[93]廖孙旻，徐继生，程洁．GPS-CHAMP 掩星探测的 ES 层不规则结构经度变化规律(2001-2008)[J]．地球物理学报，2016(8)：2739-2746.

[94]KATO S, HORIUCHI T, ASO T, et al. Sporadic-E formation by wind shear, comparison between observation and theory[J]. Radio Science, 1972, 7(3): 359-362.

[95]AXFORD, W I. The formation and vertical movement of dense ionized layers in the ionosphere due to neutral wind shears[J]. Journal of Geophysical Research, 1963, 68(3): 769-779.

[96]HOCKE K, TSUDA T. Gravity waves and ionospheric irregularities over tropical convection zones observed by GPS/MET radio occultation[J]. Geophysical Research Letters, 2001, 28(14): 2815-2818.

[97]ANTHES R A, BERNHARDT P A, CHEN Y, et al. The COSMIC/Formosat-3 mission: Early results[J]. Bulletin of the American Meteorological Society, 2008, 89(3): 313-333.

[98]杨晶晶，黄江，徐杰，等．基于 FY-3C 掩星数据偶发 E 层的研究[J]．空间科学学报，2016(3)：7.

[99]SHUBIN V N, KARPACHEV A T, TSYBULYA K G. Global model of the F2 layer peak height for low

solar activity based on GPS radio-occultation data[J]. Journal of Atmospheric and Solar-Terrestrial Physics, 2013, 104: 106-115.

[100]MAGDALENO S, ALTADILL D, HERRAIZ M. Ionospheric peak height behavior for low, middle and high latitudes: A potential empirical model for quiet conditions——comparison with the IRI-2007 model [J]. Journal of Atmospheric and Solar-Terrestrial Physics, 2011(13): 1810-1817.

[101]ZHANG M L, LIU C, WAN W, et al. A global model of the ionospheric F2 peak height based on EOF analysis[J]. Annales Geophysicae, 2009, 27(8): 3203-3212.

[102]ZHANG M L, LIU C, WAN W, et al. Evaluation of global modeling of m(3000)F2 and hmF2 based on alternative empirical orthogonal function expansions[J]. Advances in Space Research, 2010, 46(8): 1024-1031.

[103]ALTADILL D, MAGDALENO S, TORTA J M, et al. Global empirical models of the density peak height and of the equivalent scale height for quiet conditions[J]. Advances in Space Research, 2013, 52(10): 1756-1769.

[104]BRUNINI C A, AZPILICUETA F A, NAVA B C. A technique for routinely updating the ITU-R database using radio occultation electron density profiles[J]. Journal of Geodesy, 2013, 87(9): 813-823.

[105]HOQUE M M, JAKOWSKI N. A new global model for the ionospheric F2 peak height for radio wave propagation[J]. Annales Geophysicae, 2012, 30(5): 797-809.

[106]仵梦婕，郭鹏，胡小工，等．无线电掩星技术探测电离层的误差分析研究[J]. 中国科学院上海天文台年刊，2014(1): 99-111.

[107] 欧明，吴家燕，陈龙江，等．一种联合地基 GNSS 和测高仪数据的电离层层析成像新算法[J]. 电波科学学报，2022(5): 751-760.

[108]BUST G S, CROWLEY G. Mapping the time-varying distribution of high-altitude plasma during storms [M]. Washington D C: Geophysical Monograph Series, 2008.

[109]ANGLING M J. First assimilations of COSMIC radio occultation data into the Electron Density Assimilative Model (EDAM)[J]. Annales Geophysicae, 2008, 26(2): 353-359.

[110] KOMJATHY A, WILSON B, PI X, et al. JPL/USC GAIM: On the impact of using COSMIC and Ground-Based GPS measurements to estimate ionospheric parameters[J]. Journal of Geophysical Research: Space Physics, 2010, 115(A2): 2-7.

[111]LIN C H, MATSUO T, LIU J Y, et al. "Downward Control" of the mean meridional circulation and temperature distribution of the polar winter stratosphere[J]. J Atmos, 2015, 51(D11): 2238-2245.

[112]LEE I T, MATSUO T, RICHMOND A D, et al. Ionospheric assimilation of radio occultation and Ground-Based GPS data using Non-Stationary background model error covariance[J]. Journal of Geophysical Research: Space Physics, 2012, 117(1): 1-11.

[113]NICOLLS M J, RODRIGUES F S, BUST G S, et al. Estimating E region density profiles from radio occultation measurements assisted by IDA4D[J]. Journal of Geophysical Research: Space Physics, 2009, 114(A10): 3-16.

[114]GARNER T W, BUST G S, GAUSSIRAN T L, et al. Variations in the midlatitude and equatorial ionosphere during the October 2003 Magnetic Storm[J]. Radio Science, 2006(6): 1-20.

[115]SYNDERGAARD S. A new algorithm for retrieving GPS radio occultation total electron content[J]. Geophysical Research Letters, 2002, 29(16): 1-4.

[116]VOROB'EV V V, KRASIL'NIKOVA T G. Estimation of the accuracy of the atmospheric refractive index recovery from doppler shift measurements at frequencies used in the NAVSTAR System[J]. Atmos Ocean Phys, 1994, 29(5): 602-609.

第8章 掩星大气探测技术发展展望

从GNSS掩星大气探测技术发展历程可以得出，未来掩星大气探测技术主要呈以下发展趋势。

一是掩星卫星设计由单星向多星星座发展，实现向多星探测体制和混合探测体制的转变，卫星平台进一步向小型化趋势发展。

为了获得时效性强、覆盖全球的掩星大气探测数据，未来采用多颗小卫星组成星座进行分布式探测是掩星大气探测的必然发展趋势。卫星轨道倾角对掩星事件的分布和数量都有重要的影响。轨道倾角较小时，掩星事件的分布集中在低纬地区，随着轨道倾角的增大，纬度覆盖范围增大，掩星数量增加，中高纬度掩星事件增多，而低纬地区相对减少。考虑低纬地区水汽探测与电离层探测的重要性，需低轨道倾角卫星与高轨道倾角卫星相互配合、相互补充。随着星座技术的发展与完善，卫星星座也必将向高、低轨道倾角共存方向发展，以达到综合探测的目的。星座卫星的设计要考虑一箭多星发射的需求。星座构型的设计，一方面要考虑掩星事件时空分布的均匀性；另一方面还要权衡星座部署的难度，包括卫星燃料的代价、部署耗费的时间等。同时还要考虑重要的战略区或重点关注区域，全面综合衡量，推动掩星探测的协调持续发展。COSMIC星座的部署策略(即利用轨道半长轴差拉开各星的轨道面)是一种很值得借鉴的方法，但具体的工程实施，还应结合运载的能力、卫星的变轨能力、部署时间约束等因素来设计。同时还要重点关注COSMIC-2的进展，关注COSMIC-2较COSMIC的改进之处，以完善星座的合理布局。

二是掩星接收机体积进一步小型化，质量和功耗都更小，时钟稳定性进一步增强，并由单一接收GPS导航信号向兼容接收GPS、GLONASS、Galileo、BDS等导航信号发展。在相同低轨卫星的情况下，大大增加掩星数量，接收机星上处理能力将大大增强，许多数据处理工作将在星上完成，大幅度提高每天观测的掩星事件的数量和质量，不断提高掩星大气探测效益。

三是掩星探测技术从GPS-LEO掩星探测向GNSS-LEO掩星(GRO)、LEO-LEO无线电掩星(LRO)和LEO-LEO激光掩星探测(LIO)发展。

四是数据传输由延时回放向通过中继传输方向发展，提高数据的实时性；掩星数据处理技术由几何光学反演技术向物理光学反演技术发展。

五是掩星大气探测大气参数反演技术发展方面，几何光学和物理光学相结合的反演方法是未来业务应用的主流，其中物理光学反演方法以全谱反演方法和正则变换反演方法为主要方案。对于低对流层水汽反演，则主要以一维变分的同化反演方法为主流方向。电离层修正残差仍是影响30 km以上的大气参数反演精度的主要因素，探索减小电离层影响的方法也是掩星大气探测大气参数反演的重要研究方向。掩星大气探测电离层反演技术发展方面，基于电子密度分布球对称近似的反演方法已经非常成熟，但反演误差相对较大。借助多种探测数据，减小电子密度分布水平梯度的影响，是未来电离层科学反演技术的发展方向。另外，综合利用地基GNSS-TEC、掩星TEC，进行电离层数据同化，进而获取更为准确的电子密度分布信息，将成为未来电离层信息获取和处理反演的主流方向之一。

六是掩星大气探测试验向业务化探测方向发展,不断拓展掩星探测数据的推广和应用,提高业务化使用效益。

七是掩星大气探测系统和技术研发将向国际化合作的方向发展。

附录 A　表格清单

表 4-1　TurboRogue 接收机主要技术指标 …… 34
表 4-2　IGOR 接收机主要技术指标 …… 37
表 4-3　IGOR 接收机和 Pyxis 接收机指标对比 …… 41
表 4-4　GRAS 主要系统指标 …… 44
表 4-5　GRAS 主要性能指标 …… 44
表 4-6　GNOS-Ⅱ 主要性能指标 …… 48
表 4-7　GROI 主要性能指标 …… 49
表 4-8　国内外星载 GNSS 掩星接收机性能参数 …… 49
表 6-1　COSMIC-COSMIC 掩星比对统计结果 …… 62
表 6-2　COSMIC-CHAMP 掩星比对统计结果 …… 67
表 6-3　COSMIC-GRACE 掩星比对统计结果 …… 69
表 6-4　CHAMP-GRACE 掩星比对统计结果 …… 71
表 6-5　CHAMP-SAC-C 掩星比对统计结果 …… 72
表 6-6　GPS/MET 掩星结果与全球探空结果比对统计表 …… 73
表 6-7　CHAMP 掩星结果与全球探空结果比对统计表 …… 74
表 6-8　SAC-C 掩星结果与全球探空结果比对统计表 …… 79
表 6-9　GRACE 掩星结果与全球探空结果比对统计表 …… 80
表 6-10　COSMIC 掩星结果与全球探空结果比对统计表 …… 80
表 6-11　GPS/MET 掩星结果与 NCEP 分析数据比对统计表 …… 86
表 6-12　CHAMP 掩星结果与 NCEP 分析数据比对统计表 …… 87
表 6-13　SAC-C 掩星结果与 NCEP 分析数据比对统计表 …… 87
表 6-14　GRACE 掩星结果与 NCEP 分析数据比对统计表 …… 88
表 6-15　COSMIC 掩星结果与 NCEP 分析数据比对统计表 …… 89
表 6-16　GPS/MET 掩星结果与 ECMWF 分析数据比对统计表 …… 93
表 6-17　CHAMP 掩星结果与 ECMWF 分析数据比对统计表 …… 94
表 6-18　SAC-C 掩星结果与 ECMWF 分析数据比对统计表 …… 95
表 6-19　GRACE 掩星结果与 ECMWF 分析数据比对统计表 …… 96
表 6-20　COSMIC 掩星结果与 ECMWF 分析数据比对统计表 …… 96

附录B 插图清单

图 1-1 地球大气垂直分层结构 …… 3
图 1-2 垂直方向上电离层电子密度分布示意图 …… 5
图 2-1 GNSS-LEO 掩星观测系统组成示意图 …… 9
图 2-2 世界主要全球卫星导航系统 …… 10
图 2-3 GNSS 掩星大气探测概念 …… 13
图 2-4 折射定律 …… 14
图 2-5 GNSS 信号在大气中折射 …… 14
图 2-6 掩星事件瞬间几何关系 …… 15
图 3-1 MircoLab-1 卫星结构图 …… 18
图 3-2 GPS/MET 反演廓线对比验证 …… 19
图 3-3 ACE＋卫星的掩星大气探测示意图 …… 20
图 3-4 MetOp 卫星载荷分布图 …… 22
图 3-5 GRAS 接收机接收掩星地理位置分布图 …… 22
图 3-6 风云三号卫星及其载荷分布图 …… 24
图 3-7 COSMIC 掩星探测系统架构图 …… 25
图 3-8 COSMIC 计划的卫星组成图 …… 26
图 3-9 不同星座构型时掩星事件覆盖数量 …… 27
图 3-10 COSMIC-1 和 COSMIC-2 卫星星座探测掩星数量对比 …… 27
图 3-11 COSMIC-2 结构图 …… 28
图 3-12 CICERO 卫星结构图 …… 29
图 3-13 CICERO 星座探测系统组成示意图 …… 30
图 3-14 Lemur-2 卫星示意图 …… 31
图 3-15 GNOMES-1 卫星示意图 …… 31
图 4-1 TurboRogue 接收机 …… 34
图 4-2 搭载 TurboRogue 接收机的卫星 …… 35
图 4-3 BlackJack 接收机(TurboRogue Ⅱ) …… 36
图 4-4 搭载 TurboRogue Ⅱ接收机的卫星 …… 36
图 4-5 IGOR 定位天线 …… 38
图 4-6 IGOR 掩星天线(a)及方向图(b) …… 39
图 4-7 IGOR 接收机 …… 39
图 4-8 Pyxis 接收机 …… 40
图 4-9 Pyxis 天线地板宽度 …… 40
图 4-10 MetOp-A 卫星搭载 GRAS 接收机 …… 42
图 4-11 GRAS 接收机组成图 …… 42

图 4-12　GRAS 掩星天线的设计 …… 43
图 4-13　GRAS 掩星阵列天线和定位天线(a)及射频单元和处理单元(b) …… 43
图 4-14　GRAS 水平方向(a)和俯仰方向(b)方向图 …… 43
图 4-15　GRAS 定位天线(a)及方向图(b) …… 44
图 4-16　OCEANSAT-2 卫星(a)和 SAC-D 卫星(b)搭载 ROSA 接收机 …… 45
图 4-17　ROSA 定位天线 …… 45
图 4-18　ROSA 掩星天线 …… 45
图 4-19　ROSA 接收机 …… 46
图 4-20　GRAS-2 接收机 …… 46
图 4-21　GNOS-Ⅱ接收机 …… 47
图 4-22　GROI 接收机 …… 48
图 5-1　GNSS-LEO 掩星大气探测大气参数反演流程 …… 52
图 5-2　基于多普勒的 Abel 反演方法 …… 55
图 5-3　基于 TEC 的 Abel 反演方法 …… 55
图 5-4　改正 TEC 反演方法 …… 56
图 5-5　基于地基 TEC 的水平梯度分离反演方法 …… 57
图 5-6　TEC 补偿反演方法 …… 57
图 5-7　三维约束的掩星大气探测电离层反演方法 …… 58
图 6-1　COSMIC-COSMIC 掩星统计结果 …… 62
图 6-2　ΔT=0.5 h,ΔS=20 km 时 COSMIC-COSMIC 掩星全球统计结果 …… 63
图 6-3　ΔT=0.5 h,ΔS=20 km 时 COSMIC-COSMIC 掩星低纬统计结果 …… 64
图 6-4　ΔT=0.5 h,ΔS=20 km 时 COSMIC-COSMIC 掩星中纬统计结果 …… 64
图 6-5　ΔT=0.5 h,ΔS=20 km 时 COSMIC-COSMIC 掩星高纬统计结果 …… 65
图 6-6　ΔT=1.0 h,ΔS=100 km 时 COSMIC-COSMIC 掩星全球统计结果 …… 65
图 6-7　ΔT=1.0 h,ΔS=100 km 时 COSMIC-COSMIC 掩星低纬统计结果 …… 66
图 6-8　ΔT=1.0 h,ΔS=100 km 时 COSMIC-COSMIC 掩星中纬统计结果 …… 66
图 6-9　ΔT=1.0 h,ΔS=100 km 时 COSMIC-COSMIC 掩星高纬统计结果 …… 66
图 6-10　ΔT=1.0 h,ΔS=100 km 时 COSMIC-CHAMP 掩星全球统计结果 …… 67
图 6-11　ΔT=1.0 h,ΔS=100 km 时 COSMIC-CHAMP 掩星低纬统计结果 …… 68
图 6-12　ΔT=1.0 h,ΔS=100 km 时 COSMIC-CHAMP 掩星中纬统计结果 …… 68
图 6-13　ΔT=1.0 h,ΔS=100 km 时 COSMIC-CHAMP 掩星高纬统计结果 …… 68
图 6-14　ΔT=1.0 h,ΔS=100 km 时 COSMIC-GRACE 掩星全球统计结果 …… 69
图 6-15　ΔT=1.0 h,ΔS=100 km 时 COSMIC-GRACE 掩星低纬统计结果 …… 70
图 6-16　ΔT=1.0 h,ΔS=100 km 时 COSMIC-GRACE 掩星中纬统计结果 …… 70
图 6-17　ΔT=1.0 h,ΔS=100 km 时 COSMIC-GRACE 掩星高纬统计结果 …… 71
图 6-18　ΔT=1.0 h,ΔS=100 km 时 CHAMP-GRACE 掩星全球统计结果 …… 71
图 6-19　ΔT=1.0 h,ΔS=100 km 时 CHAMP-SAC-C 掩星全球统计结果 …… 72
图 6-20　不同卫星掩星比对结果 …… 73
图 6-21　GPS/MET 掩星与全球探空比对结果(1995.111—1997.047) …… 74
图 6-22　CHAMP 掩星与探空比对统计结果 …… 75

图 6-23　CHAMP 掩星与全球探空比对结果(2002. 001—2008. 278) …………………… 75
图 6-24　CHAMP 掩星与全球探空低纬地区比对结果(2002. 001—2008. 278) ……… 76
图 6-25　CHAMP 掩星与全球探空中纬地区比对结果(2002. 001—2008. 278) ……… 76
图 6-26　CHAMP 掩星与全球探空高纬地区比对结果(2002. 001—2008. 278) ……… 77
图 6-27　CHAMP 掩星与全球探空春季比对结果(2002. 001—2008. 278) …………… 77
图 6-28　CHAMP 掩星与全球探空夏季比对结果(2002. 001—2008. 278) …………… 78
图 6-29　CHAMP 掩星与全球探空秋季比对结果(2002. 001—2008. 278) …………… 78
图 6-30　CHAMP 掩星与全球探空冬季比对结果(2002. 001—2008. 278) …………… 79
图 6-31　SAC-C 掩星与全球探空比对结果(2001. 225—2002. 309) ……………………… 79
图 6-32　GRACE 掩星与全球探空比对结果(2008. 001—2008. 366) …………………… 80
图 6-33　COSMIC 掩星与探空比对统计结果 ………………………………………………… 81
图 6-34　COSMIC 掩星与全球探空比对结果(2007. 001—2008. 366) …………………… 81
图 6-35　COSMIC 掩星与全球探空低纬地区比对结果(2007. 001—2008. 366) ……… 82
图 6-36　COSMIC 掩星与全球探空中纬地区比对结果(2007. 001—2008. 366) ……… 82
图 6-37　COSMIC 掩星与全球探空高纬地区比对结果(2007. 001—2008. 366) ……… 83
图 6-38　COSMIC 掩星与全球探空春季比对结果(2007. 001—2008. 366) …………… 83
图 6-39　COSMIC 掩星与全球探空夏季比对结果(2007. 001—2008. 366) …………… 83
图 6-40　COSMIC 掩星与全球探空秋季比对结果(2007. 001—2008. 366) …………… 84
图 6-41　COSMIC 掩星与全球探空冬季比对结果(2007. 001—2008. 366) …………… 84
图 6-42　50%以上掩星事件所能穿透的最低高度统计结果 ………………………………… 85
图 6-43　50%以上掩星事件所能穿透的最低高度随纬度带和季节的变化 ……………… 85
图 6-44　掩星与探空比对结果 …………………………………………………………………… 86
图 6-45　GPS/MET 掩星与 NCEP 分析数据比对结果(1995. 111—1997. 047) ……… 86
图 6-46　CHAMP 掩星与 NCEP 分析数据比对统计结果 ………………………………… 87
图 6-47　SAC-C 掩星与 NCEP 分析数据比对结果(2001. 225—2002. 309)…………… 88
图 6-48　GRACE 掩星与 NCEP 分析数据比对结果(2007. 061—2008. 366) ………… 89
图 6-49　COSMIC 掩星与 NCEP 分析数据比对统计结果………………………………… 89
图 6-50　COSMIC 掩星与 NCEP 分析数据比对结果(2006. 182—2008. 366) ………… 90
图 6-51　低纬地区 COSMIC 掩星与 NCEP 分析数据比对结果
(2006. 182—2008. 366) …………………………………………………………………… 90
图 6-52　中纬地区 COSMIC 掩星与 NCEP 分析数据比对结果
(2006. 182—2008. 366) …………………………………………………………………… 91
图 6-53　高纬地区 COSMIC 掩星与 NCEP 分析数据比对结果
(2006. 182—2008. 366) …………………………………………………………………… 91
图 6-54　春季 COSMIC 掩星与 NCEP 分析数据比对结果(2006. 182—2008. 366) … 91
图 6-55　夏季 COSMIC 掩星与 NCEP 分析数据比对结果(2006. 182—2008. 366) … 92
图 6-56　秋季 COSMIC 掩星与 NCEP 分析数据比对结果(2006. 182—2008. 366) … 92
图 6-57　冬季 COSMIC 掩星与 NCEP 分析数据比对结果(2006. 182—2008. 366) … 92
图 6-58　掩星与 NCEP 分析数据比对结果 ……………………………………………………… 93
图 6-59　GPS/MET 掩星与 ECMWF 分析数据比对结果(1995. 111—1997. 047) …… 94

图 6-60　CHAMP 掩星与 ECMWF 分析数据比对统计结果 ………………………… 94
图 6-61　SAC-C 掩星与 ECMWF 分析数据比对结果(2001.225—2002.309) ……… 95
图 6-62　GRACE 掩星与 ECMWF 分析数据比对结果(2007.061—2008.366) ……… 96
图 6-63　COSMIC 掩星与 ECMWF 分析数据比对统计结果 ………………………… 97
图 6-64　COSMIC 掩星与 ECMWF 分析数据比对结果(2006.182—2008.366) ……… 97
图 6-65　低纬地区 COSMIC 掩星与 ECMWF 分析数据比对结果
(2006.182—2008.366) ………………………………………………………… 98
图 6-66　中纬地区 COSMIC 掩星与 ECMWF 分析数据比对结果
(2006.182—2008.366) ………………………………………………………… 98
图 6-67　高纬地区 COSMIC 掩星与 ECMWF 分析数据比对结果
(2006.182—2008.366) ………………………………………………………… 98
图 6-68　春季 COSMIC 掩星与 ECMWF 分析数据比对结果
(2006.182—2008.366) ………………………………………………………… 99
图 6-69　夏季 COSMIC 掩星与 ECMWF 分析数据比对结果
(2006.182—2008.366) ………………………………………………………… 99
图 6-70　秋季 COSMIC 掩星与 ECMWF 分析数据比对结果
(2006.182—2008.366) ………………………………………………………… 99
图 6-71　冬季 COSMIC 掩星与 ECMWF 分析数据比对结果
(2006.182—2008.366) ……………………………………………………… 100
图 6-72　掩星与 ECMWF 分析数据比对结果 ……………………………………… 100
图 7-1　南半球 100 hPa 的温度(a)和位势高度(b)无线电探空仪测量的 ECMWF
业务背景场和分析场偏差平均值和标准差的时间序列
(GNSS-RO 数据于 2006 年 12 月 12 日引入) ………………………………… 105
图 7-2　来自不同卫星的无线电掩星观测数据的一致性(卫星平均值是
根据相应月份的所有可获得任务计算得出的,
2006 年 5 月之前只有 CHAMP 和 SAC-C 提供的数据) …………………… 107
图 7-3　来自不同处理中心的 CHAMP 掩星干廓线温度记录的
2001—2016 年结构不确定性:DMI Copenhagen(黄色)、
GFZ Potsdam(蓝色)、JPL Pasadena(红色)、UCAR Boulder(黑色)和
WEGC(绿色)(相对于对流层上层和平流层下层、北部中纬度地区、
热带地区和南部中纬度地区的所有中心平均值,
显示了温度异常的差异时间序列) ………………………………………… 108
图 7-4　2001 年 5 月至 2004 年 12 月赤道地区(4°S～4°N)CHAMP 掩星温度异常
(蓝色:负,红色:正)的 QBO 变率,
指示了冷点对流层顶的高度(白色虚线) ………………………………… 109
图 7-5　来自掩星数据的 ENSO 变化性,显示了 16～17 km(a)和
9～10 km(b)的纬向平均和涡流温度场的 ENSO 回归系数,
以及总柱水汽场(c)(黑色实线包围统计显著回归的区域)………………… 109
图 7-6　赤道区(10°S～10°N)掩星观测的 MJO 温度(a)和
比湿(b)距平的垂直结构随 MJO 相位的演化 ……………………………… 110

图 7-7 在南半球夏季(a,b)和北半球(c,d),对流层顶上 1 km 范围内大气的日落后温度骤降区域(b,d)与热带降水观测卫星穿透性降水特征频发(a,c)的地理对应关系(温度冷却的幅度大小由晨(10:00±02:00)昏(18:00±02:00)温差决定) …… 111
图 7-8 1979—2013 年全球月平均气温记录:来自 ROM SAF 的 GNSS 掩星 300 hPa 地势高度对应于对流层的整体温度(a),来自 UAH 和 RSS 的 MSU/AMSU 全球平均对流层温度(b),来自 HadCRUT4 的表面温度(c)(趋势线表示研究中讨论的前中断(1985—1997 年)和中断(2002—2013 年)时间段) …… 112
图 7-9 2011—2013 年高空基准观测站无线电探空仪和掩星在白天(a,c)和夜间(b,d)的温度(a,b)和比湿度(c,d)的全球平均偏差 …… 113
图 7-10 掩星干温(a)和位势高度(b)趋势图(1995 年 10 月、1997 年 2 月、2001 年 9 月至 2010 年 7 月) …… 113
图 7-11 基于掩星的弯曲角(a)、折射率(b)和干温(c)确定的南美洲西海岸海区(108°W,25°S)附近大气边界层高度 …… 114
图 7-12 基于 2013 年 4 月的所有可用掩星折射率数据确定的月平均大气边界层高度 …… 115
图 7-13 基于干温波动的重力波势能气候学例子(GW Ep 指重力波势能)(a)水平去趋势;(b)垂直去趋势 …… 116
图 7-14 重力波势能沿赤道±2°的均值年变化 …… 116
图 7-15 2009 年 5 月 1 日位于(100°W,270°S)的掩星的 TPHs 由弯曲角度(a)、折射率(b)和干温度(c)定义 …… 117
图 7-16 通过 ROPP(a)和 GFZ(b)算法和数据计算的纬向和月度(2013 年 4 月)平均干温失效率 TPH …… 118
图 7-17 2008 年 4 月 14 日,在一个对流系统的 CALIOP 532 nm 处的总衰减后向散射(a),以及对应云顶的弯曲角度异常剖面图(b)(水平的红线是弯曲角度异常尖峰对应的云顶高度) …… 118
图 7-18 散点图显示了在选定的深度对流系统中,由掩星和 CALIPSO 得出的云顶高度之间的相关性 …… 119
图 7-19 电子密度廓线示意图 …… 120
图 7-20 日全食期间和平静日在 SHAO 站所发生掩星事件的电子密度比较 …… 121
图 7-21 比例高度约束引入 IRI 前后,三个反演结果与检索对应的 COSMIC 模拟轮廓的比较结果 …… 123

附录C 术语和缩略语

缩略语	英文	中文
GNSS	Global Navigation Satellite System	全球卫星导航系统
GPS	Global Position System	全球定位系统
BDS	Beidou-1/-2/-3	北斗卫星导航系统
GLONASS	GLONASS	格洛纳斯卫星导航系统
Galileo	Galileo	伽利略卫星导航系统
LEO	Low Earth Orbit	低地球轨道
NCEP	National Centers for Environmental Prediction	美国国家环境预报中心
ECMWF	the European Centre for Medium-Range Weather Forecasts	欧洲中期天气预报中心
LHCP	Left Hand Circle Polarization	左手圆极化模式
RHCP	Right Hand Circle Polarization	右手圆极化模式
ITU	Intelnational Telecommunications Union	国际电信联盟
MEO	Medium Earth Orbit	中圆地球轨道
RO	Radio Occultation	无线电掩星
UCAR	University Corporation for Atmospheric Research	美国大学大气研究联合会
NASA	National Aeronautics and Space Administration	美国国家航空航天局
JPL	Jet Propulsion Laboratory	喷气推进实验室
SST	Sea Surface Temperature	海水表面温度
CHAMP	CHAllenging Minisatellite Payload	挑战性小卫星有效载荷
GRACE	Gravity Recovery and Climate Experiment	重力恢复及气候实验卫星
TEC	Total Electron Content	电子总量